人工智能

科学与技术丛书

DEEP LEARNING THEORY AND
PRACTICE USING PYTORCH

深度学习
理论与实战

PyTorch案例详解

陈亦新 ◎ 著
Chen Yixin

清華大学 出版社
北京

内 容 简 介

本书内容包括：支持向量机、线性回归、决策树、遗传算法、深度神经网络（VGG、GoogLeNet、Resnet、MobileNet、EfficientNet）、循环神经网络（LSTM、GRU、Attention）、无监督学习、对抗生成网络（DCGAN、WGAN-GP）、自编码器（AE、VAE、VAE-GAN）、聚类算法、目标检测算法（YOLO、MTCNN）以及强化学习。

本书内容虽然繁多复杂，但是绝对可以帮助人工智能新人搭建一个全面且有用的基础框架。本书包含 8 个实战，分别是：决策树、MNIST 手写数字分类、GAN 基础之手写数字生成、GAN 进阶与优化、风格迁移、目标检测（YOLO）、人脸检测（MTCNN）和自然语言处理。8 个实战可以让读者对 PyTorch 的使用达到较高水平。

本书理论讲解诙谐通俗，讲解原则是：简单模型深入讲，前沿模型通俗说。相信本书对任何想开始学习这个领域的朋友来说，都是一本不错的书籍。

图书在版编目（CIP）数据

深度学习理论与实战：PyTorch 案例详解/陈亦新著. —北京：清华大学出版社，2021.2（2021.11 重印）
（人工智能科学与技术丛书）
ISBN 978-7-302-56850-6

Ⅰ. ①深… Ⅱ. ①陈… Ⅲ. ①机器学习 Ⅳ. ①TP181

中国版本图书馆 CIP 数据核字(2020)第 225300 号

责任编辑：王　芳
封面设计：李召霞
责任校对：焦丽丽
责任印制：宋　林

出版发行：清华大学出版社
　　　　网　　址：http://www.tup.com.cn，http://www.wqbook.com
　　　　地　　址：北京清华大学学研大厦 A 座　　　　邮　　编：100084
　　　　社 总 机：010-62770175　　　　　　　　　　邮　　购：010-83470235
　　　　投稿与读者服务：010-62776969，c-service@tup.tsinghua.edu.cn
　　　　质量反馈：010-62772015，zhiliang@tup.tsinghua.edu.cn
　　　　课件下载：http://www.tup.com.cn，010-83470236
印　装　者：北京鑫海金澳胶印有限公司
经　　销：全国新华书店
开　　本：186mm×240mm　　印　张：19.75　　　　字　　数：443 千字
版　　次：2021 年 2 月第 1 版　　　　　　　　　　印　　次：2021 年 11 月第 2 次印刷
印　　数：2001～3000
定　　价：89.00 元

产品编号：088122-01

前 言
PREFACE

人工智能、Python、深度学习可以说是越来越重要了。现在的毕业生找工作，了解这些内容肯定是一个加分项，然而人工智能领域入门学习的引导做得并不充分。在入门学习过程中，重要的应该是读者对这个领域宏观框架的搭建，而非基础、古老算法的数学推导证明。本书注重激发读者对这个领域的学习热情，感受这个领域的魅力，并且用通俗诙谐的语言帮助大家理解每一个概念。

本书对 AI 领域的每个方面都有涉及，介绍的模型大多数也是现在行业从事者经常使用的模型，所以读者通过本书的学习，会提升对人工智能的理解，并打消对这个专业的恐惧（并不是像电视上那样，人工智能大战人类）。

本书各章节的主要内容如下：

（1）第 1 章支持向量机和第 2 章线性回归，这两章可以说是全书最简单也是数据分析比赛中最不可能用到的传统模型了（不够智能），所以这两章注重数学分析和推导，建议数学功底不扎实的读者跳过。

（2）第 3 章决策树和第 4 章遗传算法，也属于传统模型，但是现在依然在使用，讲解过程通俗易懂。

（3）第 5～11 章全面介绍了神经网络，神经网络是人工智能的基础，图像处理、自然语言处理、强化学习、无监督学习都是基于神经网络的，这一部分讲解通俗易懂，大家认真读一定可以理解。

（4）第 12～19 章提供了基于 PyTorch 实现的 8 个实战，都非常值得学习，讲解非常透彻。

（5）第 20 章和第 21 章是常见问题解答。虽然和人工智能关系不紧密，但都是扩展知识，也许将来就是你写论文的灵感来源之一。

本书因为内容涵盖广泛，又希望读者理解透彻，所以这里给出阅读意见，不同水平、不同目的的读者可参考不同的阅读路线。

- 第 20 章和第 21 章是一些基础知识，建议读者在学习之前可以先大致浏览一下，留下一些印象，之后在学习这本书的主体的时候遇到不懂的地方可以及时来查询。
- 虚线框内的内容是这本书最重要、最核心的主体部分，其中最主要的是神经网络路线。在学习主体部分的时候，建议按照图中标注的顺序进行学习，这样可以在学习

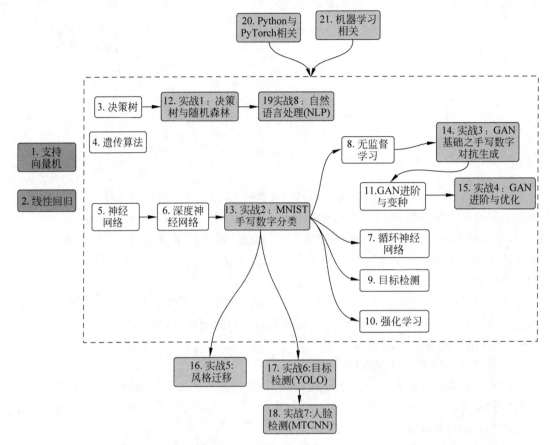

基础概念之后,利用基础实战加深印象,然后学习进阶概念,再学习进阶实战。

- 第1、2章涉及的支持向量机和线性回归可以作为挑战自己数学水平的基础章节(不管是否看得懂,都不影响后面的学习)。这两章的内容非常基础,所以放在这里作为挑战(目的是让读者知道:不要以为看懂了这本书就飘飘然,本书只是基础入门而已)。

- 在虚线框外面还有3个实战,这3个实战有难度。如果完成的话,可以在简历里面写上自己完成了3个小项目。

由于作者水平有限,本书中难免出现各种不足,敬请读者不吝批评指正。

陈亦新

2020年7月

给读者的一封信

亲爱的读者朋友：

你好！

这段话主要是介绍作者自己的情况以及作者对初学者、学生学习 AI 的一些看法和意见。作者自己从大学开始学习人工智能，为什么呢？因为文科学得实在不太好，金融专业分又不够，最后又因为计算机专业相关的人工智能非常热门所以就选择了这个专业，不过歪打正着，刚好喜欢这个用计算机去创造的专业。

说实话，学习计算机专业，离不开的就是编程和做项目，但是大学老师教的内容，非常理论和基础，与实际有些脱节。当然并不是对大学教学内容的诟病，而是不适合新人去学习，不利于新人对整个人工智能专业产生一个良好的、充满兴趣的印象。这里，作者提出几个小小的看法，如果能得到读者的共鸣最好不过了。

- 兴趣是最好的老师

这句话从小学就开始说，到现在肯定人人皆知。人工智能非常有意思，通过短短几十行的编程，可以让机器分辨图像，画出人的位置甚至生成世界上不存在的人脸等，这些应用真的可以激发兴趣的存在。

当你学习一个感兴趣的东西的时候，真的可以像玩一样地学习。我在 steam 游戏平台上玩过的游戏也有上百个（这里不是安利打游戏！这里不是安利打游戏！这里不是安利打游戏！），但是现在发现，我可以用 Python 做一个程序，而调试这个程序的时候就像是打游戏，当程序跑出结果的时候就像是游戏刷完一个副本；有的程序要跑一天一夜，就好像在玩放置挂机游戏，时不时想上线看一眼挂机顺不顺利，就算啥也不能做看着发呆也行。

所以，希望读者在阅读本书后产生学习人工智能的兴趣。如果没有的话，也不是非常建议走这条路，没有兴趣的话可以了解这个专业，毕竟这个专业目前已经影响了一部分的生活了。

- 人工智能的学习需要基础＋前沿

部分学校开设的人工智能相关课程，讲的内容非常基础，这些基础内容并非完全无用，将来在你进一步学习人工智能某个领域时，会突然想起这个知识点好像以前学过。但是，在学习基础内容时，可能无法感觉这个专业的魅力，也无法探知这个专业的目前的顶峰。

有的读者会说，在基础都没有打牢的情况下，前沿肯定看不懂，看懂了又有什么用呢？爬山时，要看好脚下的路，但是人在山脚，肯定会驻足仰视，看着云中高山，豪气地说：此山将来必在我脚下！基础内容的学习肯定会增加个人的能力，但是经常看看前沿的内容可以开阔见识，提升格局。在学习的道路上，经常看看走在你前面的人的位置，然后给自己打打气，总是没错的。如果 2019 年 AI 顶级会议的英文论文看不懂，可以看 2018 年的，而且 2017 年的论文早就有人做出了中文解读，Github 上复现的代码也很多，对照看懂 20％，也能跟同学吹吹牛了。

- 人工智能的学习需要理论＋代码

这个不多说了，没有代码支持的模型啥都不是。两者相互支持，学习理论后，再看代码，会有一种茅塞顿开的感觉；看完代码后，会对整个模型有非常透彻的理解。这里建议，先看一遍理论，看不懂的地方反复看，还是不懂开始看代码，在代码中寻找理论的痕迹，知道哪一步对应哪部分理论，然后从代码中去尝试理解理论中的未解之谜。

理论讲得肯定更细致，但是代码中很多很复杂的部分已经封装成简单的函数了。而且代码是按照逻辑一步一步走的，计算机能看懂的代码，人怎么会理解不了呢？

这里必须声明：初学者，个人认为代码大于理论，因为理论是告诉你这个模型是对的、是有意义的，代码给你的是能力和自信，你可以自豪地说，这个模型我会用，因为我复现过。但是到了后来，随着研究的深入，理论就更加重要了，因为要开始创新了。你已经学习研究了很多的模型，这时要用理论去引导创新，理论中出现的问题，模型中一定存在，甚至写成代码可能会出现更多问题（计算量、不可导等），所以要尝试从理论解决问题，然后通过理论辅助完成代码。很多情况复杂的数学论证过后，代码中只用增加几行，结果就会大不相同。

总之，初学者是代码优先于理论，但是也要了解理论；大成者是理论优先于代码，理论辅助代码（这里是目前的看法，因为作者也依旧是初学者）。

- 井底之蛙不要空想

我曾经就是一个井底之蛙，这个井就是我空荡荡的大脑。看了一个模型，觉得自己很厉害，花费时间做出一些创新。殊不知，当年早已存在解决同样任务的模型，效果更好、速度更快。而我做的创新，与之相比就是萤火与皓月，甚至是不会发光的那种，连萤火虫都不如。

真的，如果现在你不是博士生，不是很有天赋的研究生，这里不太建议急迫地按照自己的想法去创新。一个青蛙怎么跳也跳不出这口井。所以这时候要做的事情，就是学习，学习各种模型、各种方法，不断地向前沿靠拢，学习强者的知识结晶，往自己的井里倒水。只有学习到这个学科的最前沿，才是创新的时候。否则，就希望找一位最前沿的导师给你一些指导性意见。

你在暗中努力学习，努力积累，这就是学生阶段最主要的任务。

- 未来的路怎么走

第一步，要有一点编程基础，网课那么多，找个 Python 的基础语法学一学。注意，不用看一个月的网课，有点基础知道 for、if、def 就行了。准备永远不会充分，早点上路才是正道，在路上又不是不能继续准备了。

第二步，去浏览 Kaggle 竞赛网站，把 Kaggle 网站摸熟。这个网站上有教学步骤、Python 机器学习必用的 Pandas 库，还有可视化的一些教程。网站还有自然语言处理、图像处理、大数据分析 3 种比赛，先从大数据分析入手，去论坛找一个大家点赞最多的代码，用一两周的时间学透，不懂的代码直接百度，整个过程别光看，自己也要手打一遍；之后可以看图像处理，自然语言处理会相对难上手一点。

第三步，这本书是让你从第一步走到第三步的一个过程。你要学会如何去 Github 上找想要的模型代码。

最后,如果你想将来成为 AI 研究员,成为现在我们眼中发表顶级会议论文的大佬,那么建议去一个好学校攻读博士学位;如果将来想搞实业,让 AI 和其他学科交叉、项目落地,个人看来可能先工作再考虑读博士。不过这些人生规划还是要按照个人的情况来确定。

· 坚持运动,尝试健身

虽然这是一本工科相关图书,但是依然建议大家多去锻炼。

作者是切身体会到,当你克服第一个月健身的劳累和酸痛,养成这个习惯时,你的生活会变得非常的自律,注意力更容易集中。

而且做 AI 的,逃不开的就是写程序。写程序,最恐怖的除了出错,就是时间,不知不觉在计算机前面坐了好几个小时。这样你的腰、肩膀、手臂会出事情的,所以养成健身锻炼的习惯,可以缓解相关部位的酸痛,然后增强相关部位的力量。你的腰部肌肉有力量了,这样你腰部的骨头就会受力更小,就会更好(非健身专业的非专业看法)。

希望本书对读者有用。

目 录
CONTENTS

支持向量机

支持向量机(Support Vector Machine,SVM)是一种对数据二分类的线性分类器,其目的是寻找一个超平面对样本进行分割。SVM 在模式识别领域中有着不少的应用,如人像识别、手写数字识别、生物信息识别等。

本章主要涉及的知识点:

(1) SVM 的原理;

(2) SVM 求解;

(3) 核函数;

(4) 软间隔。

1.1　SVM 的原理

设想存在以下情况:每个点代表一个训练样本(x_i, y_i),x_i 是样本的特征向量,y_i 是样本的标签,颜色相同的点表示其属于同一类别。分类任务期望找到一个合适的超平面将两类样本正确分开。很显然,这样的超平面是很多的,如图 1.1 所示。

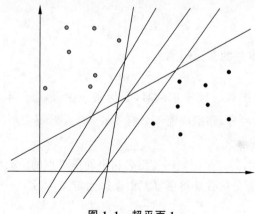

图 1.1　超平面 1

注意：在下面的例子中，样本在二维空间，所以分割界是一条直线。若在三维空间，分割界将是一个平面。向更高维度的空间推广，分割界是一个超平面。超平面是 n 维空间的 $n-1$ 维线性子空间（n 通常大于 3），它是一个数学概念，没有实际的物理意义。为了方便，在本章中，二维空间的分割界也称为超平面。

哪一个超平面是最好的呢？直观上来看，中间的超平面是最优的，因为它有对新样本最佳的"容忍"能力，其两侧的间隔比较大。当添加新样本时，别的超平面分类错误，而中间的超平面仍然能够正确分类，它的泛化性能更好，如图 1.2 所示。

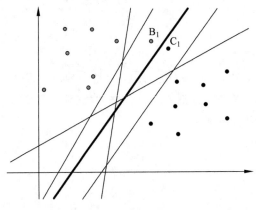

图 1.2　超平面 2

那么，如何求取该超平面呢？超平面可以表示为：

$$\boldsymbol{\omega}^{\mathrm{T}}\boldsymbol{x} + b = 0 \tag{1.1}$$

其中，$\boldsymbol{\omega}$ 超平面的法向量，b 是偏移项（标量），超平面可由 $\boldsymbol{\omega}$ 和 b 确定。容易证明，样本空间中，任一点 $\boldsymbol{x}$ 到超平面的距离为：

$$r = \frac{|\boldsymbol{\omega}^{\mathrm{T}}\boldsymbol{x} + b|}{\|\boldsymbol{\omega}\|} \tag{1.2}$$

定义超平面关于样本点的几何间隔为：

$$\gamma_i = y_i \left(\frac{\omega^{\mathrm{T}} x_i + b}{\|\omega\|} \right) \tag{1.3}$$

定义超平面关于样本集的几何间隔为：

$$\gamma = \min \gamma_i \tag{1.4}$$

对于二分类问题，当样本 $\boldsymbol{x}_i$ 属于正例时，令标签 $y_i = 1$，当样本 $\boldsymbol{x}_i$ 属于负例时，令标签 $y_i = -1$。假设样本线性可分，超平面能够将样本正确分类，规定：当 $y_i = 1$ 时，$\boldsymbol{\omega}^{\mathrm{T}}\boldsymbol{x}_i + b > 0$，当 $y_i = -1$ 时，$\boldsymbol{\omega}^{\mathrm{T}}\boldsymbol{x}_i + b < 0$。

希望 γ 能够尽可能大，即超平面能够使得离超平面最近点的距离尽可能大，这样超平面两侧会有更大的间隔，用于分类的性能将更好。根据以上定义，得到一个有约束最优化问题：

$$\underset{\omega, b}{\arg\max} \gamma$$

$$\text{s.t.} \quad y_i\left(\frac{\boldsymbol{\omega}^{\mathrm{T}}\boldsymbol{x}_i + b}{\|\boldsymbol{\omega}\|}\right) \geqslant \gamma, \quad i = 1, 2, 3, \cdots, N \tag{1.5}$$

进而得到：

$$\underset{\boldsymbol{\omega}, b}{\mathrm{argmax}}\gamma$$
$$\text{s.t.} \quad y_i(\boldsymbol{\omega}^{\mathrm{T}}\boldsymbol{x}_i + b) \geqslant 1, \quad i = 1, 2, 3, \cdots, N \tag{1.6}$$

使得式(1.6)取等的$\boldsymbol{x}_i$被称为"支持向量"，两个异类支持向量到超平面的距离之和称为"间隔"。$y_i(\boldsymbol{\omega}^{\mathrm{T}}\boldsymbol{x}_i + b)$被称为函数间隔。

注意：式(1.6)是通过缩放变换得到的，即等比例缩放$\boldsymbol{\omega}$和b的系数。这个运算改变了$\boldsymbol{\omega}$和b的取值，但没有影响超平面。在超平面的表达式中，决定超平面的不是$\boldsymbol{\omega}$和b的取值，而是它们的比值，组成平面的点集是由它们的比值确定的。

由此可得：

$$\gamma = \frac{1}{\|\boldsymbol{\omega}\|} \tag{1.7}$$

所以，最优化问题化为：

$$\underset{\boldsymbol{\omega}, b}{\mathrm{argmax}} \frac{1}{\|\boldsymbol{\omega}\|}$$
$$\text{s.t.} \quad y_i(\boldsymbol{\omega}^{\mathrm{T}}\boldsymbol{x}_i + b) \geqslant 1, \quad i = 1, 2, 3, \cdots, N \tag{1.8}$$

等价于：

$$\underset{\boldsymbol{\omega}, b}{\mathrm{argmin}}\|\boldsymbol{\omega}\|$$
$$\text{s.t.} \quad y_i(\boldsymbol{\omega}^{\mathrm{T}}\boldsymbol{x}_i + b) \geqslant 1, \quad i = 1, 2, 3, \cdots, N \tag{1.9}$$

等价于：

$$\underset{\boldsymbol{\omega}, b}{\mathrm{argmin}} \frac{1}{2}\|\boldsymbol{\omega}\|^2$$
$$\text{s.t.} \quad y_i(\boldsymbol{\omega}^{\mathrm{T}}\boldsymbol{x}_i + b) \geqslant 1, \quad i = 1, 2, 3, \cdots, N \tag{1.10}$$

注意：此处之所以改写为$\underset{\boldsymbol{\omega}, b}{\mathrm{argmin}} \frac{1}{2}\|\boldsymbol{\omega}\|^2$，是因为此类最优化问题通常会涉及函数求导，这样改写之后求导形式简单，利于计算。

式(1.10)称为支持向量机的基本型。现在已经得到了SVM的模型，接下来就是SVM的求解。

1.2 SVM 求解

显然，该问题是一个含有不等式约束的凸二次规划问题，可以利用拉格朗日(Lagrange)乘子法得到其对偶问题。该问题的拉格朗日函数为：

$$L(\boldsymbol{\omega}, b, \boldsymbol{\alpha}) = \frac{1}{2} \|\boldsymbol{\omega}^2\| + \sum_{i=1}^{N} \alpha_i (1 - y_i(\boldsymbol{\omega} x_i + b)) \tag{1.11}$$

其中，α_i 为拉格朗日乘子且大于或等于 0，$\boldsymbol{\alpha} = (\alpha_1, \alpha_2, \alpha_3, \cdots, \alpha_N)^T$ 是由 α_i 组成的向量。令 $L(\boldsymbol{\omega}, b, \boldsymbol{\alpha})$ 对 $\boldsymbol{\omega}$ 和 b 求偏导数，并令偏导数等于 0，得到：

$$\boldsymbol{\omega} = \sum_{i=1}^{N} \alpha_i y_i \boldsymbol{x}_i \tag{1.12}$$

$$0 = \sum_{i=1}^{N} \alpha_i y_i \tag{1.13}$$

将式(1.12)和式(1.13)带入拉格朗日函数式(1.5)，消去 $\boldsymbol{\omega}$ 和 b，得：

$$L(\boldsymbol{\omega}, b, \boldsymbol{\alpha}) = \sum_{i=1}^{N} \alpha_i - \frac{1}{2} \sum_{i=1}^{N} \sum_{j=1}^{N} \alpha_i \alpha_j y_i y_j \boldsymbol{x}_i^T \boldsymbol{x}_j \tag{1.14}$$

求其对 α_i 的极大化问题，即为对偶问题：

$$\underset{\alpha}{\text{argmax}} \sum_{i=1}^{N} \alpha_i - \frac{1}{2} \sum_{i=1}^{N} \sum_{j=1}^{N} \alpha_i \alpha_j y_i y_j \boldsymbol{x}_i^T \boldsymbol{x}_j$$

$$\text{s. t.} \quad 0 = \sum_{i=1}^{N} \alpha_i y_i, \quad i = 1, 2, 3, \cdots, N \tag{1.15}$$

$$\alpha_i \geqslant 0, \quad i = 1, 2, 3, \cdots, N$$

解出 α_i 之后，求出 $\boldsymbol{\omega}$ 和 b 即可得到模型：

$$y = \boldsymbol{\omega}^T \boldsymbol{x} + b = \sum_{i=1}^{N} \alpha_i y_i \boldsymbol{x}_i^T \boldsymbol{x} + b \tag{1.16}$$

上述的最优化问题包含不等式约束，需要满足 KKT 条件(Karush-Kuhn-Tucker conditions)，要求：

$$\begin{cases} \alpha_i \geqslant 0 \\ y_i(\boldsymbol{\omega} \boldsymbol{x}_i + b) - 1 \geqslant 0 \\ \alpha_i [y_i(\boldsymbol{\omega} \boldsymbol{x}_i + b) - 1] = 0 \end{cases} \tag{1.17}$$

从 KKT 条件可以得到：

(1) 若 $\alpha_i = 0$，在式(1.15)中，其对应的项不会出现，样本 $\boldsymbol{x}_i$ 对模型不会有影响。

(2) 若 $\alpha_i > 0$，则 $y_i(\boldsymbol{\omega} \boldsymbol{x}_i + b) = 1$，那么样本 $\boldsymbol{x}_i$ 是支持向量。这显示出支持向量机的一个重要特征：当训练完成后，大部分样本不需要保留，最终模型只与支持向量有关。

式(1.15)是一个二次规划问题，有着很多的求解方法。但随着样本规模增加，常规方法造成的开销可能很大。根据该问题的特点，有人提出了一些比较高效的解法，如序列最小优化算法(Sequential Minimal Optimization，SMO)等。本书不对该方法做详细介绍，如有兴趣，可自行查询相关资料。

1.3 核函数

SVM 求解时提出了一个假设：样本是线性可分的。然而在实际的任务中，样本往往都不是线性可分的，在样本空间中找不到一个超平面将样本分开。如著名的异或问题，无法线性分割，但可以用一条曲线分开，如图 1.3 所示。

面对这种情况，一个解决办法是将原始样本点映射到一个高维空间。样本在原始空间线性不可分，但在高维空间，有可能是线性可分的。下面是将异或问题从二维空间映射到三维空间之后的结果：可以用一个平面将样本分开，达到了线性可分的目的，如图 1.4 所示。

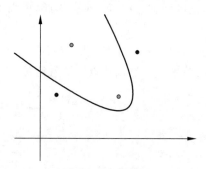

图 1.3 超平面 3

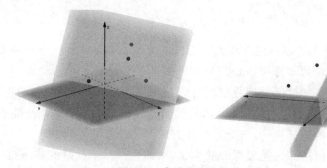

图 1.4 高维空间曲面变平面

设 $\varphi(\boldsymbol{x})$ 是一个映射，它将 $\boldsymbol{x}$ 映射到高维空间。那么，在高维空间中的决策面（划分超平面）可以表示为：

$$\boldsymbol{y} = \boldsymbol{\omega}^{\mathrm{T}} \varphi(\boldsymbol{x}) + b \tag{1.18}$$

类似地，得到最优化问题：

$$\underset{\boldsymbol{\omega}, b}{\mathrm{argmin}} \frac{1}{2} \| \boldsymbol{\omega} \|^2$$
$$\mathrm{s.t.} \quad y_i(\boldsymbol{\omega}^{\mathrm{T}} \varphi(\boldsymbol{x}_i) + b) \geqslant 1, \quad i = 1, 2, 3, \cdots, N \tag{1.19}$$

其对偶问题：

$$\underset{\alpha}{\mathrm{argmax}} \sum_{i=1}^{N} \alpha_i - \frac{1}{2} \sum_{i=1}^{N} \sum_{j=1}^{N} \alpha_i \alpha_j y_i y_j \varphi(\boldsymbol{x}_i)^{\mathrm{T}} \varphi(\boldsymbol{x}_j)$$
$$\mathrm{s.t.} \quad 0 = \sum_{i=1}^{N} \alpha_i y_i, \quad i = 1, 2, 3, \cdots, N \tag{1.20}$$
$$\alpha_i \geqslant 0, \quad i = 1, 2, 3, \cdots, N$$

最后,解得超平面:

$$y = \boldsymbol{\omega}^{\mathrm{T}} \varphi(\boldsymbol{x}) + b = \sum_{i=1}^{N} \alpha_i y_i \varphi(\boldsymbol{x}_i)^{\mathrm{T}} \varphi(\boldsymbol{x}) + b \tag{1.21}$$

即对偶问题的求解和决策函数都涉及 $\varphi(\boldsymbol{x}_i)^{\mathrm{T}} \varphi(\boldsymbol{x}_j)$ 的计算。如果高维特征空间的维度很高,直接计算会相当困难。因此,可以不直接计算它,而是用核函数代替。定义核函数:

$$K(\boldsymbol{x}, \boldsymbol{y}) = \varphi(\boldsymbol{x})^{\mathrm{T}} \varphi(\boldsymbol{y}) \tag{1.22}$$

核函数表示样本 $\boldsymbol{x}$ 映射到高维空间之后的内积等于它们在原空间通过函数 K 计算之后的结果。通过核函数计算就避免了直接计算的困难,式(1.20)和式(1.21)便改写为:

$$\arg\max_{\alpha} \sum_{i=1}^{N} \alpha_i - \frac{1}{2} \sum_{i=1}^{N} \sum_{j=1}^{N} \alpha_i \alpha_j y_i y_j K(\boldsymbol{x}_i, \boldsymbol{x}_j)$$

$$\text{s. t.} \quad 0 = \sum_{i=1}^{N} \alpha_i y_i, \quad i = 1, 2, 3, \cdots, N \tag{1.23}$$

$$\alpha_i \geqslant 0, \quad i = 1, 2, 3, \cdots, N$$

$$y = \boldsymbol{\omega}^{\mathrm{T}} \varphi(\boldsymbol{x}) + b = \sum_{i=1}^{N} \alpha_i y_i K(\boldsymbol{x}_i, \boldsymbol{x}_j) + b \tag{1.24}$$

注意:合适的核函数是否一定存在呢?已经有文章证明:只要一个对称函数所对应的核矩阵半正定,那么它就能作为核函数。相关的证明此处不加以详述。

通常情况下,由于不知道所处理数据的具体分布形式,难以确定映射的形式,进而难以确定核函数的形式,所以一般难以确定合适的核函数。核函数对 SVM 性能有着很大的影响,样本映射到不合适的特征空间,将导致很不好的分类性能。

对于该问题,一个解决方法是根据经验尝试,从而选择一个良好的核函数。下面列举一些常用的核函数。

(1)线性核函数

$$K(\boldsymbol{x}, \boldsymbol{y}) = \boldsymbol{x}^{\mathrm{T}} \boldsymbol{y} \tag{1.25}$$

线性核用于线性可分的情况,从函数可以发现,原始空间和特征空间的维度是相同的。线性核具有参数少计算快的优势,所以一般都会先使用线性核尝试。

(2)多项式核函数:

$$K(\boldsymbol{x}, \boldsymbol{y}) = (a\boldsymbol{x}^{\mathrm{T}} \boldsymbol{y} + b)^d \tag{1.26}$$

多项式核可以拟合出复杂的分隔超平面,有 3 个参数:a、b、d($d > 0$)。当参数 d 太大时,计算量会很大。

(3)高斯核函数,也称为径向基核函数(Radial Basis Function,RBF):

$$K(\boldsymbol{x}, \boldsymbol{y}) = \mathrm{e}^{-\frac{\|\boldsymbol{x}-\boldsymbol{y}\|^2}{2\sigma^2}} \tag{1.27}$$

高斯核核函数是一应用最广泛的核函数,拥有比较好的性能,比多项式核函数的参数少。在不知道选择什么核函数的时候,可以优先考虑使用该函数。高斯核函数有比较强的局部性,对数据中的噪声有一定的抗干扰能力。

注意：径向基函数指函数值依赖于特定点距离的实值函数，即 $\varphi(\boldsymbol{x},\boldsymbol{y})=\varphi(\|\boldsymbol{x}-\boldsymbol{y}\|)$，通常取欧氏距离（Euclidean Metric）。径向基核函数表达式为 $K(\boldsymbol{x},\boldsymbol{y})=\mathrm{e}^{-\gamma\|\boldsymbol{x}-\boldsymbol{y}\|^2}$，常见的如拉普拉斯（Laplace）核函数也属于径向基核函数。

（4）Sigmoid 核函数

$$K(\boldsymbol{x},\boldsymbol{y})=\tanh(\beta\boldsymbol{x}^{\mathrm{T}}\boldsymbol{y}+\theta) \tag{1.28}$$

$\tanh$ 为双曲正切函数，$\beta>0,\theta<0$，该核函数来源于神经网络。

还可以通过不同函数相互组合的方式选取核函数，这是目前选取核函数的主流方法。将不同的核函数组合起来会有更好的特性。例如，若 K_1 与 K_2 是某两个核函数，可以使用其线性组合作为新的核函数。其中，参数 β_1、β_2 是任意正数：

$$K(\boldsymbol{x},\boldsymbol{y})=\beta_1 K_1(\boldsymbol{x},\boldsymbol{y})+\beta_2 K_2(\boldsymbol{x},\boldsymbol{y}) \tag{1.29}$$

1.4　软间隔

在前面的部分，假设数据在原始空间线性可分或映射到高维特征空间后线性可分。但在实际任务中，往往很难找到一个合适的核函数使得样本线性可分。就算样本完全分开了，也有可能是过拟合造成的。

为了缓解该问题，引入了"软间隔"的概念，其允许某些样本分类错误（当然，这些样本越少越好），即允许某些样本不满足约束条件（若所有样本都满足该条件，就称为"硬间隔"）：

$$y_i(\boldsymbol{\omega}^{\mathrm{T}}\boldsymbol{x}_i+b)\geqslant 1 \tag{1.30}$$

现引入如下优化目标：

$$\underset{\boldsymbol{\omega},b}{\arg\min}\frac{1}{2}\|\boldsymbol{\omega}\|^2+C\sum_{i=1}^{N}l_{0/1}(y_i(\boldsymbol{\omega}^{\mathrm{T}}\boldsymbol{x}_i+b)-1) \tag{1.31}$$

其中，C 是一个常数，$l_{0/1}$ 是 0-1 损失函数：

$$l_{0/1}(\boldsymbol{x})=\begin{cases}0, & \text{其他}\\ 1, & x<0\end{cases} \tag{1.32}$$

从式（1.32）可以看到，当 C 无穷大时，为了使式（1.31）表示的目标函数最小，$l_{0/1}$ 只能取 0，也就是 $y_i(\boldsymbol{\omega}^{\mathrm{T}}\boldsymbol{x}_i+b)\geqslant 1$。此时，所有样本满足硬间隔约束。当 C 取有限值时，允许部分样本不满足硬间隔约束条件。

但 0-1 损失函数数学特性不好，可以考虑用别的函数替代，如 Hinge 损失函数：

$$l_{\mathrm{Hinge}}(x)=\max(0,1-x) \tag{1.33}$$

目标函数变为：

$$\underset{\boldsymbol{\omega},b}{\arg\min}\frac{1}{2}\|\boldsymbol{\omega}\|^2+C\sum_{i=1}^{N}\max(0,1-y_i(\boldsymbol{\omega}^{\mathrm{T}}\boldsymbol{x}_i+b)) \tag{1.34}$$

引入松弛变量 $\xi_i\geqslant 0$，并添加约束条件，可以将式（1.34）改写为：

$$\underset{\boldsymbol{\omega},b}{\arg\min}\frac{1}{2}\|\boldsymbol{\omega}\|^2+C\sum_{i=1}^{N}\xi_i$$

$$\text{s. t.}\quad y_i(\boldsymbol{\omega}^{\mathrm{T}}\boldsymbol{x}_i+b)\geqslant 1-\xi_i,\quad i=1,2,3,\cdots,N \tag{1.35}$$

$$\xi_i\geqslant 0,\quad i=1,2,3,\cdots,N$$

该模型称为带有软间隔的支持向量机。从约束条件看,允许部分样本的函数间隔小于1,也就是允许部分样本不用满足约束 $y_i(\boldsymbol{\omega}^{\mathrm{T}}\boldsymbol{x}_i+b)\geqslant 1$。同时,在目标函数上添加了"代价项" $C\sum\limits_{i=1}^{N}\xi_i$。 如果错误分类样本过多,会使得代价增大,目标函数值增大,而目标是极小化,所以必须选择合适的超平面,使得代价尽可能小,错误分类的点不宜过多。

类似地,可以写出其拉格朗日函数:

$$L(\boldsymbol{\omega},b,\boldsymbol{\alpha},\boldsymbol{\xi},\boldsymbol{\mu})=\frac{1}{2}\|\boldsymbol{\omega}\|^2+C\sum_{i=1}^{N}\xi_i+\sum_{i=1}^{N}\boldsymbol{\alpha}_i(1-\xi_i-y_i(\boldsymbol{\omega}^{\mathrm{T}}\boldsymbol{x}_i+b))-\sum_{i=1}^{N}\mu_i\xi_i$$

$$\tag{1.36}$$

其中, $\alpha_i>0$ 和 $\mu_i>0$ 是拉格朗日乘子。求得其对偶问题:

$$\begin{cases}\underset{\alpha}{\operatorname{argmax}}\sum_{i=1}^{N}\alpha_i-\frac{1}{2}\sum_{i=1}^{N}\sum_{j=1}^{N}\alpha_i\alpha_j y_i y_j\boldsymbol{x}_i,\boldsymbol{x}_j\\[2mm]\text{s. t.}\quad 0=\sum_{i=1}^{N}\alpha_i y_i,\quad i=1,2,3,\cdots,N\\[2mm]C\geqslant\alpha_i\geqslant 0,\quad i=1,2,3,\cdots,N\end{cases}\tag{1.37}$$

同样,求解式(1.37)可得带有软间隔的支持向量机模型。使用别的损失函数替代 0-1 损失函数,还可以得到不同的模型。这些模型的性质与替代函数直接相关。

1.5　小结

简单回顾一下本章主要内容:

(1) 什么是支持向量机? 支持向量机是一种二分类模型,用以处理线性可分数据。

(2) 支持向量机的原理以及支持向量机的特征。支持向量机是一种凸二次规划问题,有着很多的求解方式。

(3) 对线性不可分的数据,可以映射到高维空间,期望在高维空间求得一个超平面使得数据线性可分。这是一个常用技巧。特征映射不要求显式的映射函数,只需要一个合适的核函数即可。

(4) 在现实任务中,合适的核函数难以找到,所以提出了软间隔支持向量机。这是最常用的支持向量机模型。

## 第 2 章

线性回归与非线性回归

本章讲解线性回归(Linear Regression)分析和非线性回归分析相关的内容。回归分析本质上是一种建模技术,它研究的是因变量和自变量之间的关系,并将这种关系建立成模型,以用于预测分析。线性回归是最广为人知的建模技术之一,而非线性回归问题一般可以转化为线性回归问题进行求解。

本章主要涉及的知识点:

- 分析线性回归问题的本质、推导和求解;

注意:这一部分需要一定的数学推导及矩阵运算能力,有能力的可以认真看,不看或者不理解,也不妨碍本书后面的讲解。线性回归的推导过程与机器学习不紧密,在 2.3 节会使用梯度下降的方法来进行线性回归,梯度下降是机器学习的基础。

- 介绍如何将非线性回归问题转化为线性回归问题求解;
- 通过 Python 了解可视化线性回归参数梯度下降的过程。

2.1 线性回归

要想弄清楚线性回归是什么,可以把这个词拆开来理解,即"线性"和"回归"。"回归"一般指的是研究一组随机变量 $Y_1, Y_2, \cdots$ 和另一组随机变量 $X_1, X_2, \cdots$ 之间关系的统计分析方法。从这里可以看出,线性回归同样也是一种研究两组随机变量之间关系的方法。"线性"描述的是一种关系,一般来说如果两个变量之间存在一次函数关系,就称它们之间存在线性关系。图 2.1 所示的正比例函数就是典型的二维线性关系。

线性回归问题,就是研究变量之间存在怎样的线性关系的问题。

2.1.1 线性回归问题的一般形式

如果已有随机变量 $X_1, X_2, \cdots$ 和目标变量 Y,线性回归问题的目的就是要找到 X_1, $X_2, \cdots$ 与 Y 之间的线性关系。这里,所有大写字母都代表一个随机变量的整体,假设总共有 N 个样本数据,那 X_1 就是一个 $1 \times N$ 的数组。$x_{11}, x_{12}, \cdots, x_{1N}$ 这些都是随机变量 X_1 的

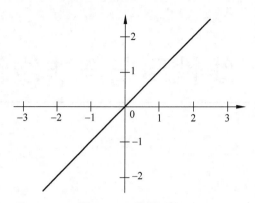

图 2.1　正比例函数

样本值。这个概念的理解非常重要。如表 2.1 所示，根据表中数据找到 X_1, X_2, X_3 与 Y 之间的关系。通过表 2.1，也许就可以更清晰地理解大写字母 X 与小写字母 x 的区别。

表 2.1　回归小案例

样本 id	X_1	X_2	X_3	Y
1	$x_{11}=3$	$x_{21}=2$	$x_{31}=2$	$y_1=4$
2	$x_{12}=2$	$x_{22}=2$	$x_{32}=7$	$y_2=6$
3	$x_{13}=3$	$x_{23}=3$	$x_{33}=5$	$y_3=3$
4	$x_{14}=4$	$x_{24}=4$	$x_{34}=6$	$y_4=2$

　　线性方程的一般形式 $y=kx+b$，则要将表 2.1 的数据进行线性回归，可以写出这样的线性模型：

$$Y=\omega_1 X_1+\omega_2 X_2+\omega_3 X_3+b \tag{2.1}$$

　　这就是一个基本的多元线性方程组的格式，而最终目的就是求解 $\omega_1, \omega_2, \omega_3, b$ 这 4 个参数。

　　稍微扩展一下，假设有 $X_1, X_2, \cdots, X_M$ 这么多的自变量，那线性模型就是：

$$Y=\omega_1 X_1+\omega_2 X_2+\cdots+\omega_M X_M+b \tag{2.2}$$

将式(2.2)扩展成矩阵的形式。线性回归方程的一般形式为：

$$\boldsymbol{Y}=\boldsymbol{X}\times\boldsymbol{\omega}+\boldsymbol{b} \tag{2.3}$$

其中，$\boldsymbol{X}=[X_1, X_2, \cdots, X_M]$，$\boldsymbol{\omega}=[\omega_1, \omega_2, \cdots, \omega_M]^{\mathrm{T}}$。

　　注意：①矩阵也可以认为是一种向量；②T 表示矩阵的转置；③$\boldsymbol{X}$ 表示矩阵的叉乘。

　　可以把所有的大写字母 $\boldsymbol{X}$，改成小写字母 $\boldsymbol{x}$ 的形式：

$$\boldsymbol{y}=\boldsymbol{x}\times\boldsymbol{w}+\boldsymbol{b} \tag{2.4}$$

其中：

$$\boldsymbol{y} = \begin{bmatrix} y_1 \\ y_2 \\ y_3 \\ \vdots \\ y_N \end{bmatrix}, \quad \boldsymbol{x} = \begin{bmatrix} x_{11} & x_{21} & \cdots & x_{M1} \\ x_{12} & x_{22} & \cdots & x_{M2} \\ x_{13} & x_{32} & \cdots & x_{M3} \\ \vdots & \vdots & \ddots & \vdots \\ x_{1N} & x_{2N} & \cdots & x_{MN} \end{bmatrix} \tag{2.5}$$

（1）x_{11} 表示 X_1 变量在第一个样本中的值；x_{21} 是 X_2 变量在第一个样本中的值；x_{MN} 表示 X_M 变量在第 N 个样本中的值。

（2）M 是 X 自变量的数量，N 是样本的数量。

（3）y_1 是因变量 Y 在第一个样本中的值。

线性回归方程中还有另外两个参数，分别是：

$$\boldsymbol{\omega} = \begin{bmatrix} \omega_1 \\ \omega_2 \\ \omega_3 \\ \vdots \\ \omega_M \end{bmatrix}, \quad \boldsymbol{b} = \begin{bmatrix} b_0 \\ b_0 \\ b_0 \\ \vdots \\ b_0 \end{bmatrix} \tag{2.6}$$

这两个参数就是线性回归分析所需要求解的目标，整个线性回归模型就是由这两个参数构建而成的。为了方便，将 $\boldsymbol{x}$ 和 $\boldsymbol{\omega}$ 写成这样的形式：

$$\boldsymbol{x} = \begin{bmatrix} 1 & x_{11} & x_{21} & \cdots & x_{M1} \\ 1 & x_{12} & x_{22} & \cdots & x_{M2} \\ 1 & x_{13} & x_{23} & \cdots & x_{M3} \\ \vdots & \vdots & \vdots & \ddots & \vdots \\ 1 & x_{1N} & x_{2N} & \cdots & x_{MN} \end{bmatrix}, \quad \boldsymbol{\omega} = \begin{bmatrix} b_0 \\ \omega_1 \\ \omega_2 \\ \omega_3 \\ \vdots \\ \omega_M \end{bmatrix} \tag{2.7}$$

此时，线性回归方程就可以写成以下形式，是不是看起来就非常"线性"呢！

$$\boldsymbol{y} = \boldsymbol{x} \times \boldsymbol{\omega} \tag{2.8}$$

2.1.2 线性回归中的最优化问题

本节主要介绍为什么采用最小均方差作为衡量参数 $\boldsymbol{\omega}$ 的标准，可能涉及较为抽象的公式推理，大家可以尝试阅读一下，也可以选择跳过此节，不影响对线性回归这一部分内容的学习。

通过 2.1.1 节的学习，了解到线性回归问题的求解其实就是为了找到矩阵 $\boldsymbol{\omega}$，使得它能够最好地满足需要，实现最好的拟合效果。本节介绍如何衡量一个模型的拟合效果以及如何找到这个最好的矩阵 $\boldsymbol{\omega}$。

首先，假定已经将模型建立为：

$$y = x \times \boldsymbol{\omega} \tag{2.9}$$

那么，对任意样本 $\boldsymbol{x}^{(i)} = \begin{bmatrix} 1 & x_1^{(i)} & x_2^{(i)} & \cdots & x_m^{(i)} \end{bmatrix}$，都可以用这个回归模型得到一个拟合值 $\hat{\boldsymbol{y}}^{(i)}$，使得：

$$\hat{\boldsymbol{y}}^{(i)} = \boldsymbol{x}^{(i)} \times \boldsymbol{\omega} \tag{2.10}$$

注意：其中 (i) 表示第 i 个样本。

由于拟合值和真实值之间必定存在误差，设这个误差为 $\boldsymbol{\varepsilon}^{(i)}$，又已知 $\boldsymbol{x}^{(i)}$ 对应的真实值应该为 $\boldsymbol{y}^{(i)}$，那么就有：

$$\boldsymbol{y}^{(i)} = \hat{\boldsymbol{y}}^{(i)} + \boldsymbol{\varepsilon}^{(i)} \tag{2.11}$$

在统计学上，认为误差 $\boldsymbol{\varepsilon}^{(i)}$ 应该符合均值为 0 的正态分布，即 $\boldsymbol{\varepsilon}^{(i)} \sim N(0, \sigma)$。那么，误差取值为 $\boldsymbol{\varepsilon}^{(i)}$ 的概率就为：

注意：有的读者可能不理解为什么误差是要服从正态分布的。这里不详细解释，更多关于正态分布的内容在"问题解答"章节，先记住，这个误差会服从正态分布的状态。

$$p(\boldsymbol{\varepsilon}^{(i)}) = \frac{1}{\sqrt{2\pi}\sigma} e^{\left[\frac{-(\boldsymbol{\varepsilon}^{(i)})^2}{2\sigma^2}\right]} \tag{2.12}$$

注意：式(2.12)是正态分布的概率公式。

将 $\boldsymbol{y}^{(i)} = \hat{\boldsymbol{y}}^{(i)} + \boldsymbol{\varepsilon}^{(i)}$ 带入式(2.12)中，可得到已知参数 $\boldsymbol{x}^{(i)}$ 和 $\boldsymbol{\omega}$ 的条件下，预测值为 $\hat{\boldsymbol{y}}^{(i)}$ 的概率为：

$$p(\hat{\boldsymbol{y}}^{(i)} \mid \boldsymbol{x}^{(i)}, \boldsymbol{\omega}) = \frac{1}{\sqrt{2\pi}\sigma} e^{\left[\frac{-\left(\boldsymbol{y}^{(i)} - \hat{\boldsymbol{y}}^{(i)}\right)^2}{2\sigma^2}\right]} = \frac{1}{\sqrt{2\pi}\sigma} e^{\left[\frac{-\left(\boldsymbol{y}^{(i)} - \boldsymbol{x}^{(i)} \times \boldsymbol{\omega}\right)^2}{2\sigma^2}\right]} \tag{2.13}$$

其中，$\boldsymbol{y}^{(i)}$ 是真实值，在训练样本中已经给出，是确切已知的；$\hat{\boldsymbol{y}}^{(i)}$ 是估计值，是根据 $\boldsymbol{x}^{(i)} \times \boldsymbol{\omega}$ 计算的。

注意：如果 $y(i)$ 是多个自变量，则 $\boldsymbol{x}^{(i)}$、$\boldsymbol{\omega}$ 是向量。

下面将要使用极大似然估计对问题进行最优化求解，因此在这之前，先介绍一下极大似然估计法。极大似然估计法是统计学中最常用的几种参数估计方法之一。什么是概率？概率用于已知一些参数的情况，预测接下来的观测所得到的结果，是一个正向过程；什么是似然性？似然性用于已知某些观测所得到的结果，然后对事物的性质参数进行估计，是一个逆向的过程。一般可以说某事件发生的概率是多少，某参数的似然估计值是多少，不能说某事件的似然估计值。

了解了似然性，下面介绍似然函数。思考一下现在已知什么？已经有了很多样本，也已知这些样本的 $\boldsymbol{y}^{(i)}$ 以及 $\hat{\boldsymbol{y}}^{(i)}$ 的分布函数。最理想的状态就是所有的 $\hat{\boldsymbol{y}}^{(i)}$ 都刚好是 $\boldsymbol{y}^{(i)} - \boldsymbol{\varepsilon}^{(i)}$，这样误差就只有随机误差（随机误差是无法被消除的误差）。但是这一般是不可能的，所以需要让 $p(\hat{\boldsymbol{y}}^{(i)} \mid \boldsymbol{x}^{(i)}, \boldsymbol{\omega})$ 最大。当 $\hat{\boldsymbol{y}}^{(i)} = \boldsymbol{y}^{(i)}$ 的时候，$p(\hat{\boldsymbol{y}}^{(i)} \mid \boldsymbol{x}^{(i)}, \boldsymbol{\omega})$ 是最大的，所以结论就是 $p(\hat{\boldsymbol{y}}^{(i)} \mid \boldsymbol{x}^{(i)}, \boldsymbol{\omega})$ 越大，$\hat{\boldsymbol{y}}^{(i)}$ 就靠近 $\boldsymbol{y}^{(i)}$，这时候，$\boldsymbol{\varepsilon}^{(i)}$ 的分布也就更接近正态分布。如果让所有样本的 $p(\hat{\boldsymbol{y}}^{(i)} \mid \boldsymbol{x}^{(i)}, \boldsymbol{\omega})$ 都尽可能的大，则需要把所有的 $p(\hat{\boldsymbol{y}}^{(i)} \mid \boldsymbol{x}^{(i)}, \boldsymbol{\omega})$ 连乘起

来,求最大值。这个的含义就是找到一个 $\boldsymbol{\omega}$,让所有的估计值 $\hat{\boldsymbol{y}}^{(i)}$ 尽可能靠近已经发生的真实值 $\boldsymbol{y}^{(i)}$ 。

注意: 随机误差是无法消除的,是必然存在的,能做的就是尽可能地去消除随机误差之外的误差,也就是尽可能地让 $\boldsymbol{\varepsilon}^{(i)}$ 服从正态分布。当然如果仍然没有理解这个概念,就把这个概念当成工具使用,毕竟这个概念是统计学上的一个比较抽象的概念。

那么,将所有的 $p(\hat{\boldsymbol{y}}^{(i)}|\boldsymbol{x}^{(i)},\boldsymbol{\omega})$ 相乘,就得到似然函数:

$$L(\boldsymbol{\omega}) = \prod_{i=1}^{n} \frac{1}{\sqrt{2\pi}\sigma} \mathrm{e}^{\left[\frac{-\left(y^{(i)}-x^{(i)}\times\boldsymbol{\omega}\right)^2}{2\sigma^2}\right]} = \left(\frac{1}{\sqrt{2\pi}\sigma}\right)^n \mathrm{e}^{\sum\limits_{i=1}^{n}\left[\frac{-\left(y^{(i)}-x^{(i)}\times\boldsymbol{\omega}\right)^2}{2\sigma^2}\right]} \tag{2.14}$$

其中,n 是样本的数量。

根据上面的分析,使 $L(\boldsymbol{\omega})$ 取最大值的 $\boldsymbol{\omega}$ 值,就可以认为是 $\boldsymbol{\omega}$ 的值,也称 $\boldsymbol{\omega}$ 的最大似然值。由于 $L(\boldsymbol{\omega})$ 恒大于 0,对其取自然对数得:

$$\ln[L(\boldsymbol{\omega})] = n\ln\left(\frac{1}{\sqrt{2\pi}\sigma}\right) - \frac{1}{\sigma^2}\sum_{i=1}^{n}\frac{1}{2}(\boldsymbol{y}^{(i)}-\boldsymbol{x}^{(i)}\times\boldsymbol{\omega})^2 \tag{2.15}$$

显然 $-\dfrac{1}{2\sigma^2}\sum\limits_{i=1}^{n}(\boldsymbol{y}^{(i)}-\boldsymbol{x}^{(i)}\times\boldsymbol{\omega})^2 \leqslant 0$,并且 $n\ln\left(\dfrac{1}{\sqrt{2\pi}\sigma}\right)$ 是一个常数,所以要使得 $L(\boldsymbol{\omega})$ 取最大值,也就是 $\ln[L(\boldsymbol{\omega})]$ 取最大值,则 $-\dfrac{1}{2\sigma^2}\sum\limits_{i=1}^{n}(\boldsymbol{y}^{(i)}-\boldsymbol{x}^{(i)}\times\boldsymbol{\omega})^2$ 应该尽量接近于 0,此时问题就转换为求解:

$$\min[J(\boldsymbol{\omega})] = \min\left[\frac{1}{2}\sum_{i=1}^{n}(\boldsymbol{y}^{(i)}-\boldsymbol{x}^{(i)}\times\boldsymbol{\omega})^2\right] \tag{2.16}$$

将 $\hat{\boldsymbol{y}}^{(i)} = \boldsymbol{x}^{(i)}\times\boldsymbol{\omega}$ 代入 $J(\boldsymbol{\omega})$ 中,则问题的本质就是求解使得 $\sum\limits_{i=1}^{n}(\boldsymbol{y}^{(i)}-\hat{\boldsymbol{y}}^{(i)})^2$ 取最小值时的 $\boldsymbol{\omega}$ 。而 $\sum\limits_{i=1}^{n}(\boldsymbol{y}^{(i)}-\hat{\boldsymbol{y}}^{(i)})^2$ 被称为估计值的均方误差。所以,使用均方误差作为衡量线性回归参数的指标。

注意: * 在书中表示两个标量相乘,× 表示矩阵的叉乘。* 表示乘法并不是知识点和大众的共识,只是便于读者理解,与矩阵乘法区分开而已。此外,矩阵乘法还有一个点乘,表示矩阵对应元素的乘积。

2.1.3 问题的求解

求解线性回归问题就是寻找一个使下面函数:

$$J(\boldsymbol{\omega}) = \frac{1}{2}\sum_{i=1}^{n}(\boldsymbol{y}^{(i)}-\hat{\boldsymbol{y}}^{(i)})^2 = \frac{1}{2}\sum_{i=1}^{n}(\boldsymbol{y}^{(i)}-\boldsymbol{x}^{(i)}\times\boldsymbol{\omega})^2 \tag{2.17}$$

可以取得最小值的 $\boldsymbol{\omega}$ 矩阵。通过求得 $\boldsymbol{\omega}$,就可以建立起线性回归模型。下面详细说明如何计算 $\boldsymbol{\omega}$,并最后给出结论,即这个问题的解。

首先把目标函数转化为矩阵的形式，以便于进一步的运算。为了便于理解如何将目标函数矩阵化，一步一步对目标函数进行变换：

当 $n=1$ 时：

$$J(\boldsymbol{\omega}) = \frac{1}{2}(\boldsymbol{y}^{(1)} - \boldsymbol{x}^{(1)} \times \boldsymbol{\omega})^2 \tag{2.18}$$

令 $\boldsymbol{U}_1 = [\boldsymbol{y}^{(1)} - \boldsymbol{x}^{(1)} \times \boldsymbol{\omega}] = [\boldsymbol{y}^{(1)}] - [\boldsymbol{x}^{(1)}] \times \boldsymbol{\omega}$，则：

$$J(\boldsymbol{\omega}) = \frac{1}{2}\boldsymbol{U}_1^{\mathrm{T}} \times \boldsymbol{U}_1 \tag{2.19}$$

注意：中括号表示一个矩阵，上面的矩阵中只含有一个元素，所以比较抽象。

同理，当 $n=2$ 时：

$$J(\boldsymbol{\omega}) = \frac{1}{2}\left[(\boldsymbol{y}^{(1)} - \boldsymbol{x}^{(1)} \times \boldsymbol{\omega})^2 + (\boldsymbol{y}^{(2)} - \boldsymbol{x}^{(2)} \times \boldsymbol{\omega})^2\right] \tag{2.20}$$

令 $\boldsymbol{U}_2 = \begin{bmatrix} \boldsymbol{y}^{(1)} - \boldsymbol{x}^{(1)} \times \boldsymbol{\omega} \\ \boldsymbol{y}^{(2)} - \boldsymbol{x}^{(2)} \times \boldsymbol{\omega} \end{bmatrix} = \begin{bmatrix} \boldsymbol{y}^{(1)} \\ \boldsymbol{y}^{(2)} \end{bmatrix} - \begin{bmatrix} \boldsymbol{x}^{(1)} \\ \boldsymbol{x}^{(2)} \end{bmatrix} \times \boldsymbol{\omega}$，则：

$$J(\boldsymbol{\omega}) = \frac{1}{2}\boldsymbol{U}_2^{\mathrm{T}} \times \boldsymbol{U}_2 \tag{2.21}$$

接下来把 n 个样本都加到 $J(\boldsymbol{\omega})$ 中，在 n 个样本的一般情况下，只要令

$$\boldsymbol{U} = \begin{bmatrix} \boldsymbol{y}^{(1)} - \boldsymbol{x}^{(1)} \times \boldsymbol{\omega} \\ \boldsymbol{y}^{(2)} - \boldsymbol{x}^{(2)} \times \boldsymbol{\omega} \\ \vdots \\ \boldsymbol{y}^{(n)} - \boldsymbol{x}^{(n)} \times \boldsymbol{\omega} \end{bmatrix} = \begin{bmatrix} \boldsymbol{y}^{(1)} \\ \boldsymbol{y}^{(2)} \\ \vdots \\ \boldsymbol{y}^{(n)} \end{bmatrix} - \begin{bmatrix} \boldsymbol{x}^{(1)} \\ \boldsymbol{x}^{(2)} \\ \vdots \\ \boldsymbol{x}^{(n)} \end{bmatrix} \times \boldsymbol{\omega} \tag{2.22}$$

则可以得到：

$$J(\boldsymbol{\omega}) = \frac{1}{2}\boldsymbol{U}^{\mathrm{T}} \times \boldsymbol{U} = \frac{1}{2}(\boldsymbol{y} - \boldsymbol{x} \times \boldsymbol{\omega})^{\mathrm{T}}(\boldsymbol{y} - \boldsymbol{x} \times \boldsymbol{\omega}) \tag{2.23}$$

这里的 $\boldsymbol{y}$ 是一个 $n \times 1$ 的矩阵，$\boldsymbol{x}$ 看起来也是一个 $n \times 1$ 的矩阵，只是因为这里并没有规定有多少的自变量。如果有 m 个自变量，则 x 是一个 $n \times m$ 的矩阵，$\boldsymbol{\omega}$ 是一个 $m \times 1$ 的矩阵。很明显，这个式子恒大于等于 0。展开得：

$$J(\boldsymbol{\omega}) = \frac{1}{2}(\boldsymbol{y}^{\mathrm{T}} \times \boldsymbol{y} - 2\boldsymbol{\omega}^{\mathrm{T}} \times \boldsymbol{x}^{\mathrm{T}} \times \boldsymbol{y} + \boldsymbol{\omega}^{\mathrm{T}} \times \boldsymbol{x}^{\mathrm{T}} \times \boldsymbol{x} \times \boldsymbol{\omega}) \tag{2.24}$$

注意：这是矩阵的乘法的基础知识，如果此不太理解，可以去"问题解答"中查看。

由于要求 $\boldsymbol{\omega}$ 的值使得 $J(\boldsymbol{\omega})$ 最小，因此将 $J(\boldsymbol{\omega})$ 对 $\boldsymbol{\omega}$ 求导得：

$$\frac{\mathrm{d}J(\boldsymbol{\omega})}{\mathrm{d}\boldsymbol{\omega}} = \frac{1}{2}(-2\boldsymbol{x}^{\mathrm{T}} \times \boldsymbol{y} + 2\boldsymbol{x}^{\mathrm{T}} \times \boldsymbol{x} \times \boldsymbol{\omega}) = \boldsymbol{x}^{\mathrm{T}} \times \boldsymbol{x} \times \boldsymbol{\omega} - \boldsymbol{x}^{\mathrm{T}} \times \boldsymbol{y} \tag{2.25}$$

当 $\dfrac{\mathrm{d}J(\boldsymbol{\omega})}{\mathrm{d}\boldsymbol{\omega}} = 0$ 时，$J(\boldsymbol{\omega})$ 取最小值，此时有：

$$\boldsymbol{x}^{\mathrm{T}} \times \boldsymbol{x} \times \boldsymbol{\omega} - \boldsymbol{x}^{\mathrm{T}} \times \boldsymbol{y} = 0$$

解得：

$$\boldsymbol{\omega} = (\boldsymbol{x}^{\mathrm{T}} \times \boldsymbol{x})^{-1} \times \boldsymbol{x}^{\mathrm{T}} \times \boldsymbol{y} \qquad (2.26)$$

这样就一步一步完成了 $\boldsymbol{\omega}$ 的求解。用式子就可以很方便地计算出 $\boldsymbol{\omega}$ 矩阵的值,从而建立线性规划模型。

本节目的是介绍线性回归的知识,同时增强数学推导能力,这是本书最难理解的部分。

2.2 非线性回归分析

正如线性回归的含义是就是研究变量之间存在怎样的线性关系,非线性回归同样是研究变量之间存在怎样的关系,只不过这种关系不再是线性的了。求解非线性回归问题的方法有很多,在这里只介绍比较简单常用的一种方法,即将非线性回归问题转化为线性回归问题进行求解。下面通过具体实例(表 2.2 所示一组数据)介绍解决非线性回归问题的方法。

表 2.2 非线性回归案例

x	y	x	y	x	y	x	y
1	6.65	2	17	3	46	4	101
1.1	7.3	2.1	19	3.1	49	4.1	110
1.2	7.8	2.2	21	3.2	54.5	4.2	112
1.3	8.3	2.3	23.6	3.3	60.1	4.3	124.5
1.4	9.1	2.4	27	3.4	63	4.4	133
1.5	10.5	2.5	29	3.5	69.5	4.5	140
1.6	11.2	2.6	31	3.6	74.2	4.6	150
1.7	12.4	2.7	34.6	3.7	81	4.7	162
1.8	14.2	2.8	38	3.8	88.2	4.8	173.2
1.9	15.5	2.9	40	3.9	94.2	4.9	182.5

单从观察的角度,完全无法看出这些数字之间有何联系,需要做什么呢?先以 x 为自变量, y 为因变量,画出二者的关系图,如图 2.2 所示。

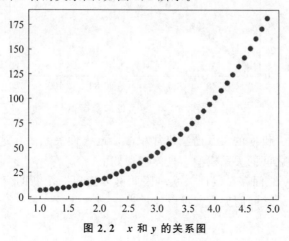

图 2.2 x 和 y 的关系图

图 2.2 很明显地表现出，x 和 y 之间不是简单的线性关系，因此无法对这组数据使用线性回归的方法。本节所讲的非线性回归，就是用来处理这种问题的。针对上述问题，怎么继续求解呢？细心的读者应该发现：图 2.2 很像常见的二次函数的图像。这正是非线性回归中很重要的思想，即先发现数据之间可能存在的除线性关系外的其他函数关系。此时再画出 x^2 和 y 之间的关系图，如图 2.3 所示。

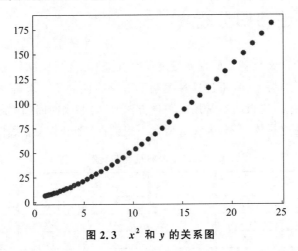

图 2.3　x^2 和 y 的关系图

从图 2.3 可以看出，x^2 和 y 的关系变得更加线性了，当然中间还是稍有弯曲。基于此，继续尝试 x^3 或 x^4，画出 x^3 和 y 之间的关系图，如图 2.4 所示。

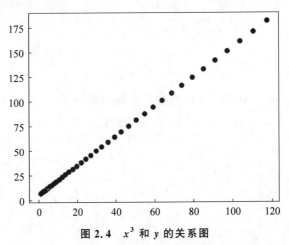

图 2.4　x^3 和 y 的关系图

由图 2.4 可知，x^3 和 y 的关系已经非常非常接近线性关系了。这时，就可以用线性回归的方法来建立它们之间的关系模型。具体步骤如下：

（1）因为 x^3 和 y 之间存在线性关系。因此可以提出一个新的变量 x'，它的值就等于 x^3 的值。那么，y 和 x' 之间的关系就可以表示为：

$$y = \omega x' + b$$

（2）利用线性回归的方法,来求解两个未知数 ω 和 b。在这个例子中,求得 $\omega=1.5,b=3.3$。于是得到 y 和 x' 之间的关系为:

$$y=1.5x'+3.3$$

（3）最后,把 $x'=x^3$ 代回,就得到 y 和 x 之间的关系:

$$y=1.5x^3+3.3$$

一般来说,只要给出了数据,就可以绘制变量之间的关系图并发现变量之间大致符合怎样的关系,这需要对各种函数关系及函数图像有足够的认识。在此,给出常见的函数关系及其函数图像,如表2.3所示。

表2.3　常见函数关系

函数关系	函 数 图 像		变换方法	变换后的线性形式
$y=ax^b$			$c=\ln a$ $p=\ln x$ $q=\ln y$	$q=c+bp$
$y=a\,\mathrm{e}^{bx}$			$c=\ln a$ $q=\ln y$	$q=c+bx$
$y=a+b\ln x$			$p=\ln x$	$y=a+bp$

2.3 初见梯度下降

2.2 节介绍了利用解析法求多元线性回归,虽然看起来就是一个公式,但是因为涉及矩阵求逆运算的步骤,当自变量的数量变多、矩阵维度增加时,矩阵求逆的代价会越来越大,时间和空间都会指数上升。同时,因为有的矩阵没有逆矩阵,还需要用到近似矩阵,这样精度就会下降。遇到这些问题,如何解决呢? 本节就来学习更加常用、简单的求解多元线性回归的方法——梯度下降。

在机器学习和深度学习中,梯度下降是绕不开的基本内核。首先了解什么是梯度。梯度本质是一个向量,通俗一点来讲就是对一个多元函数求偏导,得到的偏导函数构成的向量就称为梯度。

例如,一元函数的梯度就是它的导数。求解一元函数的极值问题时,就是在找导数为 0 的点。对于多元函数,如果每个自变量的偏导数都是 0 的时候,是不是可以找到这个多元函数的极值呢?

梯度下降,听名字就是让梯度不断下降到 0 的过程。梯度下降是一个迭代法,就是一遍又一遍地运行,每一轮都会让梯度下降一点点,然后不断向 0 靠近。

学习率就是设定好的,规定每一次梯度下降的速度的。假设距离目的地只有 10cm 的距离,如果学习率假设比较小,每次往目的地前进 1cm,这样大约 10 步就到目的地了。但是假设步长是 20cm,不管怎么走,都无法到达目的地。相应的,假如步长是 0.1cm,那这时候就需要 100 步才能到,所以步长的选择过大则可能无法收敛,过小则收敛速度过慢。

了解到梯度的概念后,根据 2.1.2 节线性回归中的最优化问题,要求解的多元函数就是:

$$J(\boldsymbol{\omega}) = \frac{1}{2}\sum_{i=1}^{n}(\boldsymbol{y}^{(i)} - \boldsymbol{x}^{(i)} \times \boldsymbol{\omega})^2 \tag{2.27}$$

其中参数是 $\boldsymbol{\omega}$,把式(2.27)写成一般的非矩阵形式:

$$J(\boldsymbol{\omega}) = \frac{1}{2}\sum_{i=1}^{n}(\boldsymbol{y}^{(i)} - \boldsymbol{x}_1^{(i)} \times \boldsymbol{\omega}_1 - \boldsymbol{x}_2^{(i)} \times \boldsymbol{\omega}_2 - \cdots - \boldsymbol{x}_m^{(i)} \times \boldsymbol{\omega}_m - b)^2 \tag{2.28}$$

对位置参数 $\boldsymbol{\omega}_m$ 求偏导:

$$\frac{\partial J(\boldsymbol{\omega})}{\partial \boldsymbol{\omega}_m} = \frac{1}{2}\sum_{i=1}^{n}2\boldsymbol{\varepsilon}^{(i)} \times (-\boldsymbol{x}_m^{(i)}) = \sum_{i=1}^{n}\boldsymbol{\varepsilon}^{(i)} \times (-\boldsymbol{x}_m^{(i)}) \tag{2.29}$$

这个称为批量梯度下降(Batch Gradient Descent,BGD),n 是一个批次数据的数量。为了有助于理解,2.4 节会使用 Python 将这个过程一步一步展示出来。

2.4 Python 图解梯度下降

首先,用 Python 生成一组数据,对这组数据使用批量梯度下降方法,寻找模型的 $\boldsymbol{\omega}$ 值。

```
# 首先导入必要库,也就这一个
from sklearn import datasets
# 生成 100 个数据
x,y,p = datasets.make_regression(n_samples = 100,n_features = 1,n_informative = 1,noise = 10,
coef = True)
# 把 x 和 y 分成测试集和数据集
train_x,test_x,train_y,test_y = train_test_split(x,y,test_size = 0.1,random_state = 100)
# 修改以下数据的格式
train_x = train_x.reshape( - 1, )
test_x = test_x.reshape( - 1, )
train_y = train_y.reshape( - 1, )
test_y = test_y.reshape( - 1, )
```

datasets.make_regression 函数返回的 3 个值,第一个 x 是 100 个样本的 x 坐标,是 1×100 个数组,y 是 100 个样本的 y 坐标,是 1×100 个数组,p 是生成的数据的斜率。这个生成的数据就是一个非常适合线性回归的数据,下面代码的作用就是绘制数据的分布图。

```
# 生成图像的代码,都是 matplotlib 的常见操作
import matplotlib.pyplot as plt
# 设置这个画布的大小,因为计划生成两个图像,即两个左右结构的子图
plt.figure(figsize = [14,5])
# 先画第一个子图
ax = plt.subplot(1,2,1)
# x 轴的范围为 - 4～4
ax.set_xlim(( - 4,4))
# y 轴的范围为 - 300～300
ax.set_ylim(( - 300,300))
# 画一个 scatter 散点图
plt.scatter(x,y)
# 给 x,y 轴加上标签
plt.xlabel('x')
plt.ylabel('y')
# 给图像增加一个标题
plt.title('raw data')
# 接下来画第二幅子图,一样的操作
ax = plt.subplot(1,2,2)
ax.scatter(train_x,train_y,label = 'train')
ax.scatter(test_x,test_y,c = 'red',label = 'test')
ax.set_xlim(( - 4,4))
ax.set_ylim(( - 300,300))
plt.title('patitioned data')
ax.legend()
plt.show()
```

运行结果,如图 2.5 所示。

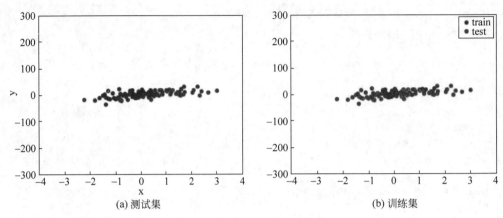

图 2.5　生成数据的测试集和训练集

这就是一个近乎线性的样本,而且已经给出了斜率：7.026 543 62(每次生成的斜率都是随机的,所以读者复现时可能是不同的数值)。接下来是梯度下降的代码：

```
# M = number of instances 样本的数量
# x = list of variable values for M instances 样本的数据
# w = list of parameters values (of size 2) 梯度下降参数的数量
# y = list of target values for M instances 样本的目标值
# a = learning rate 学习率
def gradient_descent_2(M,x,w,y,a):
    for i in range(M):
        y_hat = w[0] + w[1] * x[i]
        error = y[i] - y_hat
        # adjust parameters
        w[0] = w[0] + a * error * 1/M
        w[1] = w[1] + a * error * x[i] * 1/M
    return w
```

这个是梯度下降的代码,M 是样本的数量,x 是样本的 x 坐标数组,w 是线性回归模型的两个参数数组,也就是$[\boldsymbol{\omega},b]$,y 是样本的 y 坐标数组,a 是设定的学习率。这个 BGD 批量梯度下降的一批就是一个样本,每计算一个样本就更新一次参数。

可以看到,y_hat 是 $\boldsymbol{y}$ 的估计值。误差 $\boldsymbol{\varepsilon}$ 就是 $\boldsymbol{y}$ 与 y_hat 的差值。这里回顾式(2.28),其中只有一个自变量,所以简写成：

$$J(\boldsymbol{\omega}) = \frac{1}{2}\sum_{i=1}^{n}(\boldsymbol{y}^{(i)} - \boldsymbol{x}_1^{(i)} \times \boldsymbol{\omega}_1 - b)^2 \qquad (2.30)$$

对式(2.30)中的$\boldsymbol{\omega}_1,b$ 求偏导数：

$$\frac{\partial J(\boldsymbol{\omega})}{\partial b} = \frac{1}{2}\sum_{i=1}^{n}2(\boldsymbol{y}^{(i)} - \boldsymbol{x}_1^{(i)} \times \boldsymbol{\omega}_1 - b)(-1) \qquad (2.31)$$

$$\frac{\partial J(\boldsymbol{\omega})}{\partial \boldsymbol{\omega}_1} = \frac{1}{2} \sum_{i=1}^{n} 2(\boldsymbol{y}^{(i)} - \boldsymbol{x}_1^{(i)} \times \boldsymbol{\omega}_1 - b)(-\boldsymbol{x}_1^{(i)}) \tag{2.32}$$

在上面代码中,按照一批只有一个样本的批量梯度下降,所以 $n=1$。可能会有读者对梯度下降的符号有疑惑。更新参数时是加上梯度和还是减去梯度呢? 如果对 b 求得偏导数大于 0,那么说明当 b 变小的时候,$J(\boldsymbol{\omega})$ 下降,所以:

$$b = b - \frac{\partial J(\boldsymbol{\omega})}{\partial b} \text{learning\_rate} \tag{2.33}$$

因为 $\frac{\partial J(\boldsymbol{\omega})}{\partial b}$ 中有一个 (-1),所以代码中用的是加号。如果没有 M 限制,就可能出现学习率过大的情况。

此外,这里再给出两个衡量模型的函数:

```
Import numpy as np
def compute_error(M,x,w,y):
    error = 0
    for j in range(M):
        y_hat = w[0] + w[1] * x[j]
        error += np.square(y[j] - y_hat)
    error = error/M
    return error
def compute_r2(M,x,w,y):
    y_hat = w[0] + w[1] * x
    u = np.square(y - y_hat).sum()
    v = np.square(y - np.mean(y)).sum()
    return 1 - (u/v)
```

第一个函数 compute_error 计算出这个模型的 $J(\boldsymbol{\omega})$,也就是均方误差。第二个函数则是另外一种衡量方式。R^2 是一个 0~1 的指标,R^2 越大说明模型越好。下面的代码是对每一个 epoch 输出一个图像,则模型一次次梯度下降参数的变化规律如下:

```
w = [0,0]
x = np.linspace(-4,4,50)
plt.figure(figsize=(12,12))
for i in range(1,9):
    w = gradient_descent_2(len(train_x),train_x,w,train_y,0.1)
    error = compute_error(len(train_x),train_x,w,train_y)
    R = compute_r2(len(train_x),train_x,w,train_y)
    plt.subplot(3,3,i)
    plt.scatter(train_x,train_y)
    y = w[0] + x * w[1]
    plt.plot(x,y,c = 'black')
    plt.title('error:{};R:{}'.format(round(error,2),round(R,2)))
for i in range(0,90):
```

```
      w = gradient_descent_2(len(train_x),train_x,w,train_y,0.1)
plt.subplot(3,3,9)
plt.scatter(test_x,test_y,c = 'red')
y = w[0] + x * w[1]
plt.plot(x,y,c = 'black')
error = compute_error(len(train_x),train_x,w,train_y)
R = compute_r2(len(train_x),train_x,w,train_y)
plt.title('error:{};R:{}'.format(round(error,2),round(R,2)))
```

运行结果如图 2.6 所示。

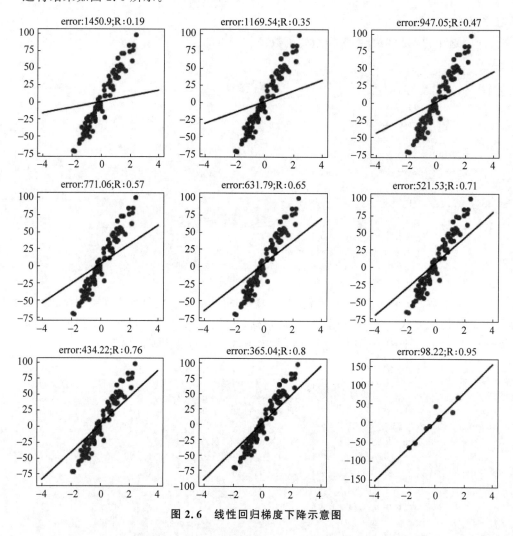

图 2.6　线性回归梯度下降示意图

对每一个 epoch,模型都更拟合样本。最后一幅图是测试集,虽然用训练集对模型进行训练,但是对测试集的拟合效果也非常好。为了让每一个 epoch 的变化更加明显,代码中使

用了 0.1 的学习率。如果使用更小的学习率，在 100 个 epoch 之后，会有更好的效果。

2.5　小结

简要回顾一下本章主要内容。

（1）线性回归：研究变量之间存在怎样的线性关系。一般形式如下：

$$y = x \times \boldsymbol{\omega}$$

（2）线性回归的解析解，采用最小均方误差进行衡量：

$$\min[J(\boldsymbol{\omega})] = \min\Big[\sum_{i=1}^{n}(y^{(i)} - \hat{y}^{(i)})^2\Big] = \min\Big[\sum_{i=1}^{n}(y^{(i)} - x^{(i)} \times \boldsymbol{\omega})^2\Big]$$

根据目标函数，求出了最优参数的公式：

$$\boldsymbol{\omega} = (x^{\mathrm{T}} \times x)^{-1} \times x^{\mathrm{T}} \times y$$

最后，介绍如何解决非线性回归问题：转换为线性回归问题进行求解。

（3）学会如何用梯度下降求解线性回归问题。

（4）用 Python 展示梯度下降逐渐逼近最优解的迭代过程。

## 第 3 章

基于规则的决策树模型

决策树模型是一种机器学习的方法。在各种论文中经常会看到 tree-based model 就是指决策树的庞大家族了。时至今日,决策树虽然有了一个新的劲敌——神经网络,但是依然在机器学习领域中占有一席之地,图 3.1 就是一个简单的决策树模型。

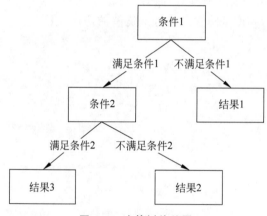

图 3.1　决策树外貌图

本章主要涉及的知识点:
- 决策树及其算法的发展史;
- 决策树算法的讲解及实现;
- 随机森林算法的讲解及实现;
- Boosting 模型的讲解及实现。

3.1　决策树发展史

决策树是一种归纳学习算法,从一些没有规则、没有顺序、杂乱无章的数据中,推理出决策模型。决策树的发展经历了以下进程:

（1）1986 年，Quinlan 提出了决策树 ID(Iterative Dichotomizer)3 算法；

（2）1993 年，Quinlan 在 ID3 算法的基础上，提出了 C4.5(也称为 ID4.5)算法；

（3）以上两者都是处理分类问题的，对于回归问题，在 1984 年，Breiman 等提出了分类和回归树(Classification And Regression Tree，CART)；

（4）而决策树更强大的算法，就是随机森林（Random Forest）算法(Leo Breiman 和 Adele Cutler 在 1995 年提出)；

（5）2014 年，有了效果更好的 Boosting 算法，极端梯度提升（eXtreme Gradient Boosting，XGBoost)由陈天奇提出；

（6）2017 年 1 月，微软公司发布了首个稳定版本的 LGM(LightGBM)；

（7）2017 年 4 月，Tandex 公司开源了 CatBoost。

根据作者在数据竞赛中的经验，现在最常用、效果最好的模型就是 LGM 与 CatBoost。

注意：XGBoost 虽然准确率和运行速度都不如 LGM，但是有的时候也会以一个小模块加入到最终预测结果中。

3.2　决策树算法

本节以通俗易懂的、尽可能减少数学推导的方式依次讲解 ID3、C4.5 和 CART 算法，最后讲述如何用 Python 实现决策树算法，方便读者实际应用。

不管是什么算法的决策树，都是一种对实例进行分类的树形结构，如图 3.1 所示。因此，决策树有三个要素：节点(Node)、分支(Branches)和结果(Leaf)。

当然一棵树状图，也有子节点、父节点、根节点、树的深度这样的概念，不过以上三个是最关键的。

注意：这里用图 3.1 举例，"条件 1""条件 2"是节点；"不满足条件 1"是一个分支；"结果 1""结果 2"是结果；对于整棵树，"条件 1"就是根节点；对于"条件 2"，"条件 1"就是"条件 2"的父节点；"条件 2"就是"条件 1"的子节点。每一个父节点可能就是另外一个节点的子节点。

训练决策树，其实就是对训练样本的分析，把样本通过某个边界划分成不同的结果。如图 3.2 所示，王华想玩游戏，但是他妈妈要求他写完作业才能玩。

图 3.2　决策树——打游戏 1

当然,一个家庭里面,除了妈妈还有爸爸,爸爸要求王华去做运动,做完运动才能玩,这样决策树就会变得复杂一点,如图3.3所示。

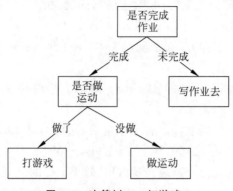

图3.3　决策树——打游戏2

如果是真实的数据竞赛中,肯定不止爸爸妈妈,还会有更多的分类特征,这样决策树就会变得非常长而复杂。

3.2.1　ID3 算法

ID3 算法通过熵(Entropy)来决定谁来做父节点,也就是"条件"。一般来说,决策树就是不断地 if…else…,不断地做判断,每做一个判断就会产生新的分支,这个叫分裂。谁来分类,是根据 Entropy 最小的原则来判断的。

(1) Entropy 衡量一个系统的混乱程度,例如,气体的 Entropy 会高于固体的 Entropy。

(2) Entropy 可以表示一个随机变量的不确定性,例如,很多低概率事件的 Entropy 就很高,很少高概率事件的 Entropy 会很低。

(3) Entropy 也可以用来计算比特信息量。

注意:Entropy 这个概念在物理、信息论、沟通、加密和压缩等多个领域中应用。

Entropy 的计算公式如下:

$$E = (-1) \sum_{k=1}^{C} \Pr(k) \log_2(\Pr(k)) \tag{3.1}$$

其中,乘以(-1)是为了保证 E 是一个正数;$\Pr(k)$是一个样本属于 k 类别的概率;C 是类别总数。

假设有 10 个样本,5 个是猫,5 个是狗,则采用二元组表示(猫,狗),如图3.4所示。

先看图3.4(a)的决策树,假如按照"毛发"分类,那么 4 只猫和 2 只狗分成一类,1 只猫和 3 只狗分成一类。显而易见,这分类的效果是不好的,不够纯净,不够 purity。它的 Entropy 是这样计算的:

$$E(柔顺) = (-1) \times \left[\frac{4}{6} \log_2 \frac{4}{6} + \frac{2}{6} \log_2 \frac{2}{6} \right] \approx 0.918$$

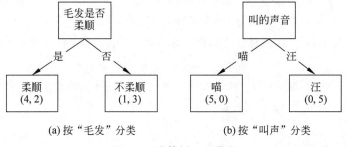

图 3.4　决策树——猫狗

那继续计算"不柔顺"结果的 Entropy:

$$E(不柔顺) = (-1) \times \left[\frac{1}{4} \log_2 \frac{1}{4} + \frac{3}{4} \log_2 \frac{3}{4} \right] \approx 0.811$$

同理,计算图 3.4(b)的 Entropy:

$$E(喵) = E(汪) = 0$$

可见图 3.4(b)的分类比图 3.4(a)的分类好。Entropy 不断最小化,其实就是提高分类正确率的过程。

3.2.2　C4.5

通过对 ID3 的学习,可以发现一个问题:如果一个模型,无限地延长分类,越细小的分割错误率就会越小。继续猫狗分类的实验,假设把决策树延伸,最后有 10 种结果,每个结果都只有 1 只猫或者 1 只狗,每个结果的 Entropy 一定都是 0。

但是,这样的分类是没有意义的,即过拟合、过度学习(Overfitting)。举一个简单的例子来理解 Overfitting,像是私人定制的衣服非常适合某一个人穿,此时出现一个新人,就无法用这些既定的胸围、腰围来定制衣服了,必须重新测量。

因此,为了避免分割太细,C4.5 的改进之处是提出了信息增益率。如果分割太细,会降低信息增益率。此外,其他原理与 ID3 相差不多。

3.2.3　CART

CART 的结构非常简单,一个父节点只能分为 2 个子节点,它使用的是 GINI 指标来决定怎么分类的。其实 GINI 跟 Entropy 相反,总体内包含的类别越多越杂乱,GINI 就会越小。

$$G = \sum_{k=1}^{C} \Pr(k)^2 \tag{3.2}$$

其中,G 表示 GINI 系数。

CART 之所以是回归树,是因为使用回归方法来决定分布是否终止。不管如何分割,总会出现一些结果,仅有一点的不纯净。因此 CART 对每一个结果(叶子节点)的数据分析均值方差,当方差小于一个给定值,就可以终止分裂。

CART也有与ID3类似的问题,就是分割过于细小,这里使用了一个技巧——剪枝,把特别长的树枝直接剪掉。这个通过计算调整误差率(Adjusted Error Rate)实现:

$$AR(R) = E(R) + \alpha \text{leafs}(R) \tag{3.3}$$

如果一个子树中有越多的叶子,这就意味着这个子树特别的长,这样会惩罚式地增加这个子树的误差率(Error Rate),例如Entropy。

3.2.4　随机森林

随机森林是一种集成学习的方法,是把多棵决策树集成在一起的一种算法,基本单元是决策树。其思想从一个直观的角度来解释,就是每一棵决策树,都是一个分类器,很多决策树必然会有很多不一样的结果。这个结果就是每一个决策树的投票,投票次数最多的类别就是最终输出。

3.3　Boosting 家族

3.3.1　XGBoost

XGBoost所应用的算法内核就是GBDT(Gradient Boosting Decision Tree),也就是梯度提升决策树。

注意:这里XGBoost应用的算法严格来说是优化的GBDT。

XGBoost是一种集成学习。这种集成学习,与Random Forest的集成学习,两者是不一样的。XGBoost的集成学习是相关联的集成学习,决策树联合决策;而Random Forest算法中各个决策树是独立的。

假设有这样的一个样本:

$$[\text{数据}:(1,3,2,4,5),\text{标签}:5]$$

第一棵决策树训练之后,得到预测值4.1,那么第二棵决策树训练的时候就不再输入:

$$[\text{数据}:(1,3,2,4,5),\text{标签}:5]$$

而是:

$$[\text{数据}:(1,3,2,4,5),\text{标签}:0.9]$$

第二棵决策树的训练数据,会与前面决策树的训练效果有关,每棵树之间是相互关联的。而Random Forest算法中每棵树都是独立的,彼此之间什么关系都没有。

这里简单介绍一下XGBoost的算法和损失函数,首先根据上面讲解,XGBoost模型的预测值应该是里面每一棵树的预测值的和:

$$\hat{\boldsymbol{y}} = \sum_{k=1}^{E} f_k(\boldsymbol{x}_i) \tag{3.4}$$

其中,x_i 是输入的样本,$f_k(x_i)$ 表示输入的样本在第 k 棵决策树得到的预测结果,E 是决策树总数。定义损失函数为:

$$\mathrm{Obj}(\theta) = \sum_{i=1}^{n} l(y_i, \hat{y}_i) + \sum_{k=1}^{K} \Omega(f_k) \tag{3.5}$$

其中,$l(y_i, \hat{y}_i)$ 是样本 x_i 的训练误差,$\Omega(f_k)$ 表示第 k 棵树的复杂度的函数,复杂度越小,函数值就越小。这里不进一步推导 XGBoost 算法,了解这么多对实战应用足够用了。

注意:复杂度越小,就意味着模型的泛化能力强。

3.3.2 LightGBM

XGBoost 在每一次迭代的时候,都需要遍历整个训练数据多次。如果把整个训练集都放在内存就需要大量内存,如果不装进内存,每次读写就需要大量时间。所以 XGBoost 的缺点主要就是计算量巨大,内存占用巨大。因为 XGBoost 采用的贪婪算法,可以找到最精确的划分条件(就是节点的分裂条件),但是这也是一个会导致过拟合的因素。

而 LightGBM 采用直方图算法(Histogram Algorithm),思想很简单,就是把连续的浮点数据离散化,然后把原来的数据用离散之后的数据替代。换句话说,就是把连续数据变成了离散数据。例如,现在有几个数字[0,0.1,0.2,0.3,0.8,0.9,0.9],把这些分为两类,最后离散结果就是:[0,0,0,0,1,1,1]。显而易见,很多数据的细节被放弃了,相似的数据被划分到同一个 bin 中,数据差异消失了。

注意:①bin 是指直方图中的一个柱子,直译过来是桶。②很多数据细节被放弃了,这从另一个角度来看可以增加模型的泛化能力,防止过拟合。

除此之外,LightGBM 还支持类别特征。大多数机器学习工具无法支持类别特征,而需要把类别特征通过 one-hot 编码。这里简单讲一下 one-hot 编码,如图 3.5 所示(其中,"0"代表不是,"1"代表是)。

动物类型		是不是猫	是不是狗	是不是鸟
猫	one-hot	1	0	0
狗	⟹	0	1	0
鸟		0	0	1
猫		1	0	0

图 3.5 one-hot 编码

这样的编码方式会降低时间和空间的效率。尤其是当原来的特征动物类别中有几百种时,one-hot 编码之后会多出几百列特征,效率非常低。此外,one-hot 编码会导致决策树分类时出现很多数据量很小的空间,容易导致过拟合问题。如图 3.6(a)所示,XGBoost 会生成一棵更长、泛化能力更弱的决策树,而图 3.6(b)的 LightGBM 可以生成一个泛化能力强的模型。

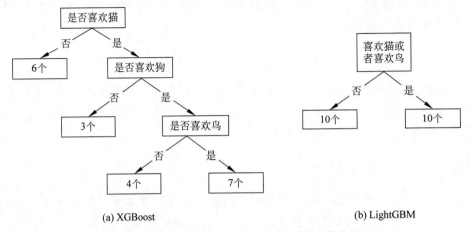

(a) XGBoost　　　　　　　　　　　　　　(b) LightGBM

图 3.6　XGBoost 与 LightGBM 对类别特征的处理

3.3.3　CatBoost

CatBoost 的优势是可以很好地处理类别特征(如图 3.5 所示的动物类别特征),不是数值型的连续的浮点特征,而是离散的集合。CatBoost 提供了一种处理类别特征的方案:

(1) 对所有的样本进行随机排序;

(2) 把类别特征转化为数值型特征,每个数值型特征都是基于排在该样本之前的类别标签取均值,同时加入了优先级及权重系数。

先来看基本编码公式:

$$\hat{\boldsymbol{x}}_k = \frac{\sum\limits_{j=1}^{n} I_{\boldsymbol{x}_j = \boldsymbol{x}_k} \times \boldsymbol{y}_j}{\sum\limits_{j=1}^{n} I_{\boldsymbol{x}_j = \boldsymbol{x}_k}} \tag{3.6}$$

其中,$\hat{\boldsymbol{x}}_k$ 类别特征 $\boldsymbol{x}_k$ 的转化为数值型特征的估计值; $I_{\boldsymbol{x}_j = \boldsymbol{x}_k}$ 是指示函数(英文是 Iverson brackets,条件满足为 1,条件不满足为 0)。当 $\boldsymbol{x}_j = \boldsymbol{x}_k$ 成立的时候,为 1;不成立的时候,为 0。因此 $\sum\limits_{j=1}^{n} I_{\boldsymbol{x}_j = \boldsymbol{x}_k}$ 就表示在整个数据库中相同类别的数量。 数据库中相同类别的用其标签的平均值作为它们的数值特征,如图 3.7 所示。

动物类型	Label
猫	2
狗	1
猫	4
猫	3

动物类型	Label
3	2
1	1
3	4
3	3

图 3.7　Catboost 编码

如图 3.7 所示,所有类别为猫的都被编码成了 3,因为(2+4+3)/3=3;而狗只有一个样本,所以它的标签值就是编码值。假如数据中的某类样本的数量特别少,那其编码就是标签,则这些样本一定会过拟合,所以可以用先验值 P 来处理:

$$\hat{x}_k = \frac{\sum\limits_{j=1}^{n} I_{x_j = x_k} \times y_j + aP}{\sum\limits_{j=1}^{n} I_{x_j = x_k} + a} \tag{3.7}$$

其中,a 是一个大于 0 的参数;P 通常是所有数据中目标变量的平均值(所有变量标签的平均值)。

3.4 小结

简要回顾一下本章主要内容。

(1) 介绍了决策树的发展史。基本上后续的算法都是优于先前的算法的。

(2) ID3 算法:输入只能是分类数据(这意味着 ID3 只能处理分类问题,不能处理回归任务),分裂的标准是 Entropy。

(3) CART 算法:输入可以是分类数据(categorical),也可以是连续数据(numerical)。分裂标准是 GINI 指标。

(4) Random Forest 和 XGBoost 算法虽然都是集成学习,但是二者存在不同。

(5) XGBoost 虽然精准分裂,但是容易过拟合、耗时长、效率低;LightGBM 使用直方图算法,速度快、泛化能力较强。

(6) XGBoost 使用 one-hot 编码,LightGBM 可以直接对类别特征进行处理;CatBoost 在处理类别特征的时候,更胜 LightGBM 一筹。总之,对于大数据的竞赛,LightGBM 和 CatBoost 是主力。

## 第 4 章

遗传算法家族

遗传算法(Genetic Algorithm,GA)是模拟达尔文生物进化论的自然选择和突变重组的模型,是一种探索最优解的方法。

本章节的学习目标:

- 理解什么是二进制编码的遗传算法(Binary Genetic Algorithms,BGA);
- 学会使用 BGA 去求解最优化问题并了解其局限性。

4.1 遗传算法

遗传算法是为了解决最优化问题的。那么,什么是最优化问题呢? 假设有一个目标函数 $y=x^2-x$,为了求这个函数的极小值,采用求导方法,函数的导数 $y'=2x-1=0$,即 $x=0.5$,所以,最小值就是 x 为 0.5 时,y 为 -0.25。现实中,有很多函数是不可导的,这样的函数如何求其最优值呢?

遗传算法求取最优解并不要求目标函数可导。遗传算法是模拟达尔文生物进化论的模型,所以这个模型遵从的思想就是:物竞天择。只要有了目标函数(假设要求最小值),目标函数值越小的个体,存活下去的概率就越大。目标函数就是天,就是选择依据,再加上繁衍、基因重组和突变,求导解决不了的最优化问题,GA 可以解决。

总结一下,GA 的优点有以下几点:

(1) 可以求取连续或不连续变量的最优解;

(2) 目标函数不要求可导;

(3) 有能力解决大量变量的最优解问题,比如一个函数 y 它有 100 个自变量;

(4) 可以最优化极其复杂的目标函数;

(5) 不容易陷入局部最优,大概率找到全局最优点。

注意:读者只要记住在遇到最优化问题、无法求解的时候,考虑一下遗传算法就行了。

整个遗传算法的大致流程分为 5 步:初始化种群、评价适应性、自然选择、基因重组和基因突变。遗传算法流程如图 4.1 所示。

注意：编码严格来说不算遗传算法的内容,编码是以何种形式把数学问题展现成遗传算法的过程。

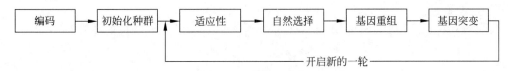

图 4.1　遗传算法流程图

在创建完种群、自然选择、基因重组、基因突变,整个流程走一遍了之后,算是一代结束。然后从评价适应性开始,再来一轮,这称为第二代、第三代……直到达到停止条件。

4.1.1　编码

遗传算法采用最多的就是二进制编码。这里也主要讲解一下二进制编码与十进制编码的转换。接下来用脚标来表示这个数字是几进制的：

$$2_{10} = 10_2, \quad 4_{10} = 100_2, \quad 7_{10} = 111_2$$

这些都比较简单,一目了然,那么 25_{10} 呢? 通过把 25 不断除以 2,然后把其商再除以 2,商再除以 2,直到商等于 0,这个过程的余数,就是二进制的表达,图 4.2 是将 25.3125 转换成二进制的过程。

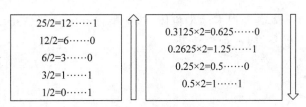

图 4.2　十进制转二进制

25 先除以 2,余数是 1,这个 1 就是二进制的第 1 位;然后把商 12 除以 2 等于 6,余数 0 就是二进制的第 2 位……小数部分转换二进制有些不同,每一次是乘上 2,然后看乘积是否大于 0。所以,$25.3125_{10} = 11001.0101_2$。

注意：整数部分是从下往上的,小数部分是从上往下的。

二进制转换成十进制呢? 很简单,就是乘上 2^n 就可以了,n 是位数。式(4.1)就是把二进制转换为十进制的过程：

$$(1 \times 2^4 + 1 \times 2^3 + 0 \times 2^2 + 0 \times 2^1 + 1 \times 2^0).(0 \times 2^{-1} + 1 \times 2^{-2} + 0 \times 2^{-3} + 1 \times 2^{-4})$$

$$(4.1)$$

【例 4-1】：

(1) 要求求取 $f(x)$ 的最小值时 x 的取值,就是 $\underset{x}{\arg\min} f(x)$,其中 $x \in [1, 10]$。

(2) 要求最优解精确到小数点后面四位。

注意：为什么要限制小数位数呢? 其实对于很多问题,是不存在最优解的,只能求一个近似的次优解,最简单的例子就是:最优解的 x 是一个无限小数的情况。

解:首先考虑到底有多少种可能的情况。有:

$$(10 - 1) \times 10^4 = 90\,000$$

至少需要几位二进制的位数,才能全部表示这 90 000 种不同的可能性呢?

$$2^{10} = 1024 < 90\,000$$

$$2^{16} = 64\,436 < 90\,000$$

$$2^{17} = 131\,072 > 90\,000$$

所以例 4-1 中使用 17 位二进制来编码。

注意:编码(Encode)就是把信息从一种形式转换成另一种形式的过程,解码(Decode)是编码的逆过程,把信息从另一种形式转换回来。

【**例 4-2**】 修改例 4-1 如下:

(1) 求取 $f(x,y)$ 的最小值时 x,y 的取值,就是 $\underset{x,y}{\arg\min} f(x,y)$,其中 $x,y \in [1,10]$。

(2) 要求最优解精确到小数点后面四位。

解:本例要使用 34 位进行编码,前面 17 位是用于编码 x,后面 17 位是用于编码 y。这样的 34 位二进制数称为个体或者染色体(Chromosomes)。

4.1.2 初始化种群

如果存在很多的个体或者很多的染色体,就把整体称为种群(Population)。种群的初始化就是随机生成 0 和 1。假设种群数量是 N_{pop},每一个染色体(个体)的比特数是 N_{bits},这个种群可以想象为 $N_{pop} \times N_{bits}$ 的数组,每一行是一个个体,数组随机生成 0 和 1 就可以了。

4.1.3 自然选择

在选择之前,对生成的种群进行评价,就是把 x 和 y 带入到目标函数中。例如,假设有一个要求取极小值的目标函数 $f(x,y)$,每个自变量用 7 位二进制编码。生成一个 4 个个体的种群,如表 4.1 所示。计算每一个个体目标函数的函数值(Cost)的过程就是评价种群适应性(Fitness)的过程。

表 4.1 种群评价

染 色 体	Cost $= f(x,y)$
00101111000110	-1234
11100101100100	-3241
00110010001100	-3214
00101111001000	-2134

注意:Cost 可以是任意一个函数,表中的数据是给出的示例数据。在真实使用的过程

中,通过染色体解码出 x、y 的数值,然后带入 $f(x,y)$ 计算得到 Cost 即可。

自然选择就是决定种群中谁生存谁死亡。生态中强壮的会生存,弱者就死亡。在遗传算法中,Cost 越小的生存,Cost 越大的死亡。

这里有两种决定生死的方法:

(1) 第一种是 X_{rate},就是这个种群中有百分之几的个体可以存活;

(2) 第二种是阈值(Threshold)法,比某一个事先给定的阈值小的个体才能存活,如果无人存活,则重新初始化种群。

注意:Threshold 方法要求的计算量小,因为不需要对种群的 Cost 进行排序。

当种群中的一部分个体已经被无情地淘汰掉后,就可以在存活个体中选择可以繁衍的个体。并不是每一个存活的个体都可以繁衍,这里要求:繁衍之后的种群数量与初始种群数量相同。繁衍的方式也有多种:

(1) 从最优的个体开始选择能够繁衍的个体;

(2) 在存活的个体中完全随机选择能够繁衍的个体;

(3) 加权随机选择,即在存活个体中加权随机选择能够繁衍的个体,越优秀的个体被复制的概率就越大;

(4) 锦标赛选择(Tournament Selection),每次从存活个体中随机选择 2 个或者 3 个个体,然后这 2 个或者 3 个个体中最优秀的可以繁衍。

一般使用第 3 种和第 4 种繁衍方式。对于加权随机,有两种常用的加权方式。

(1) 排名加权(Rank Weighting)。通过排名来计算被复制的概率:

$$P_n = \frac{N_{\text{keep}} - n + 1}{\sum\limits_{n=1}^{N_{\text{keep}}} n} \tag{4.2}$$

其中,N_{keep} 是生存个体的数量。继续采用表 4.1 所示的例子,假设的 X_{rate} 是 0.75,那么 $N_{\text{keep}} = 0.75 \times 4 = 3$,4 个个体淘汰了一个,剩下 3 个的排名加权概率如表 4.2 所示。

表 4.2 存活个体排名加权

排名	染色体 Chromosome	Cost	P_n
1	11100101100100	−3241	0.5
2	00110010001100	−3214	0.333
3	00101111001000	−2134	0.167

(2) 花费加权(Cost Weighting):

$$\text{NormalisedCost:} \quad C_n = c_n - c_{N_{\text{keep}}+1}$$

$$P_n = \left| \frac{C_n}{\sum\limits_{m=1}^{N_{\text{keep}}} C_m} \right| \tag{4.3}$$

其中,$c_{N_{\text{keep}}+1}$ 是指被淘汰中的个体中最优秀的个体的 Cost,在这个例子中,因为淘汰的个体只有一个,这个淘汰个体的 Cost 是－1234。对 3 个存活的个体的 Cost 做标准化 Normalised,就是让 Cost 减去－1234,得到新的 Cost 就是 Normalised Cost,如表 4.3 所示。

表 4.3　存活个体花费加权

染色体	$C_n = c_n - c_{N_{keep+1}}$	P_n
11100101100100	$-3241+1234=-2007$	0.411
00110010001100	$-3214+1234=-1980$	0.405
00101111001000	$-2134+1234=-900$	0.184

4.1.4　交叉重组

交叉(Crossover)就是交换两个染色体中的一部分。此时种群已经淘汰掉一部分个体了,剩下也已得到能够繁衍的个体。繁衍就是交叉重组的过程,交叉重组主要有 3 种方法。

(1) 单点交叉。从存活个体中,选择两个繁衍个体,将其染色体中随机选择一处,进行交换。一个极端情况如图 4.3 所示。

(2) 双点交叉。从存活个体中,选择两个繁衍个体,将其染色体中随机一段进行交换,如图 4.4 所示。

(3) 均匀交叉。每一比特都可能被随机选中,进行交换,如图 4.5 所示。

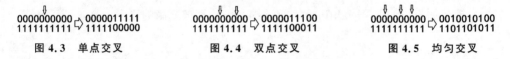

图 4.3　单点交叉　　　　图 4.4　双点交叉　　　　图 4.5　均匀交叉

注意:存活个体中,可能有不参与繁衍的个体,也可能有参与多次繁衍的个体。世界就是这么不公平。

4.1.5　基因突变

突变(Mutation)就是按照一定的概率,将个体的某些二进制数反转,从 0 变成 1 或者从 1 变成 0。

4.1.6　收敛

遗传算法一代一代进行,怎么才算收敛呢? 遗传算法的收敛条件包括以下几类:

(1) 迭代的次数超过设定值;

(2) 染色体没有任何变化;

(3) 每个染色体的 Cost 没有任何变化;

(4) 种群的 Cost 的均值和方差不再下降。

这里给一个小问题:如果一个 $f(x,y)$ 为目标函数,x,y 都用 7 位二进制进行编码,那么迭代 3 代,最多可以搜索多少种情况呢? 占总数的百分之几呢?

因为 x 和 y 都用了 7 位二进制进行编码,说明总共共有 $2^7 \times 2^7 = 16\,348$ 种情况,三代最多可以搜索:$8 + 8 \times 3 = 32$ 种情况,占总数的 0.195%。

4.1.7 遗传算法总结

如图 4.6 所示,遗传算法的重点在于选择,重组和突变是为了保证算法不收敛于局部最优解。在实战部分会专门有一篇讲解如何应用遗传算法解决最优化问题。笔者认为,在基于遗传算法的理论基础之上,再加上实战,读者一定可以对遗传算法的理解有质的突破。

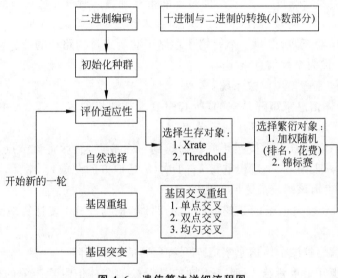

图 4.6 遗传算法详细流程图

4.2 蚁群算法

大自然是奇妙的,是富含宝藏的。刚从遗传算法中走出来,现在又一个蚁群算法。本节讲述蚁群算法,以了解为主。蚁群算法(Ant Colony Optimization,ACO)与遗传算法都属于智能优化算法,但是 ACO 有一定的记忆性,而遗传算法没有。在自然界中,蚂蚁总能找到一条从巢穴到食物的最优路径,这个算法就是模拟这样的过程。

自然界中,有一群蚂蚁在朝着食物走过去,突然前面出现一个分岔路,两条路都可以到达食物,但是一条近,一条远。一开始没有任何信息辅助判断,所以蚂蚁随机地选择一条路,然后拿到食物回巢穴。蚂蚁在行走的过程中会释放一种信息素,这种信息素会随着时间消散。显而易见,短的那条路信息素会浓一点,这样下次蚂蚁在做选择的时候,就可以选择信息素浓的那条路了。

4.2.1　蚂蚁系统

蚁群算法的提出是为了解决旅行商问题(Travel Salesperson Problem,TSP),并且表现出了较好的效果。

注意:有趣的一点是,有人称其为中国邮递员问题。

简而言之,有很多城市,城市之间彼此相连,从一个城市到另外一个城市需要耗费一定的成本,且不能多次经过同一个城市,TSP问题就是如何最节省地走完所有的城市。

利用蚂蚁系统(Ant System,AS)建立一个模型:一只蚂蚁从某个地方出发,最后还要回到该地方;它需要走遍每一个地方,但是不能重复到达。所以在每一只蚂蚁的脑子里,都假设有一个已经到达过的城市表(Tabu,禁忌)和未到达的城市表(Allowed,允许)。蚂蚁走到的地方会释放信息素,所以每一个蚂蚁还存储了它所经过的路径的信息素的信息,信息可以存储在矩阵中,称为个体信息素矩阵。

可以用下面的流程模拟蚂蚁系统:

(1) 开始,个体信息素矩阵是空的,所有蚂蚁都在随机位置,Tabu表中只有起始节点,Allowed包括除了起始节点的其他所有节点。

(2) 蚂蚁从Allowed表中按照某项规则找到一个节点,然后将该节点从Allowed表中删去,添加在Tabu表中,这个过程重复$n-1$次(n是地方的总数)。最后,将起始节点再次加入Tabu表中,表示该蚂蚁最终回到出发点。

(3) 此时Tabu表中记录的是蚂蚁行走的路线,根据Tabu表计算蚂蚁的个体信息素矩阵。

(4) 通过所有蚂蚁的个体信息素矩阵更新全局信息素矩阵。

(5) 从第一步开始重新迭代,唯一不同的是蚂蚁的个体信息素矩阵的初始化不再是空的,而是全局信息素矩阵。

从以上流程可以看到两个缺失的碎片。

(1) 第一个碎片,蚂蚁如何选择要去的城市的?

$$p_{ij}^{k}(t) = \frac{[\tau_{ij}(t)]^{\alpha}[\eta_{ij}(t)]^{\beta}}{\sum\limits_{s \in \text{allowed}_k}[\tau_{is}(t)]^{\alpha}[\eta_{is}(t)]^{\beta}}, \quad j \in \text{allowed}_k \tag{4.4}$$

其中,$p_{ij}^{k}(t)$表示的是蚂蚁k从地方i到地方j的概率,t是迭代次数;$\tau_{ij}(t)$是从在第t次迭代中,从地方i到地方j的信息素浓度;$\eta_{ij}(t)$是从城市i到城市j的启发式因子,等于从i到j的花费(距离)的倒数,也就是$1/d_{ij}$;allowed$_k$是蚂蚁k的Allowed表。

(2) 第二个碎片,全局信息素矩阵是如何更新的? 上面说到,信息素用$\tau_{ij}(t)$表示,则信息素矩阵就用$\tau(t)$表示。

$$\tau_{ij}(t+1) = (1-\rho)\tau_{ij}(t) + \sum_{k=1}^{m}\Delta\tau_{ij}^{k}(t) \tag{4.5}$$

其中,τ_{ij}是全局信息素矩阵从i到j的信息素浓度,ρ是信息素挥发系数,$\Delta\tau_{ij}^{k}$是蚂蚁k从

i 到 j 所释放的信息素。如果蚂蚁 k 从 i 走到 j，那么 $\Delta\tau_{ij}^{k}=1/d_{ij}$；如果没有走，那 $\Delta\tau_{ij}^{k}$ 就是 0。

注意：这里的设定是，如果蚂蚁从 i 走到 j，释放的信息素的浓度并不是恒定的，而是两个城市距离越远，释放的信息素就越少，这样就起到一个启发式的作用。

至此，已经完成了对最早的蚁群算法的模型构建。在大量实验中发现，蚂蚁系统在解决小规模的 TSP 问题时性能尚可，但是随着问题规模的扩大，蚂蚁系统的算法收敛时间越来越长，甚至出现了停滞现象。因此，后来出现了大量的针对其缺点改进的算法。

4.2.2　精英蚂蚁系统

精英蚂蚁系统是对基本 AS 算法的第一次改进。基本思想是在每次迭代之后，给予最优路径额外的信息素量，并且将找出这个解的蚂蚁称为精英蚂蚁。在每一次迭代中，所有蚂蚁可以得到一个最优路径 T^{bs}（best-so-far tour），向 T^{bs} 中的每一条边，增加 e/L^{bs} 的信息素，其中 e 是预先设定好的参数。简单地说，每一次迭代增加一个步骤，就是强化最优路径的信息素浓度，就可以从 AS 变成精英 AS 了。经过实验证明，精英 AS 可以更快地得到解。

4.2.3　最大最小蚂蚁系统

最大最小蚂蚁系统（Max-Min Ant System，MMAS）是目前为止解决 TSP 最好的 ACO 算法。其做了一下改进：

（1）避免算法收敛于局部最优解。为了实现这个目的，将每一条路上的信息素浓度限制在一个区间，记作 $[\tau_{\min},\tau_{\max}]$。超过界限就改成 $\tau_{\max}$，小于界限了就改成 $\tau_{\min}$。

（2）强化对最优解的利用。每次更新信息素矩阵的时候，仅更新最优解的路径的信息。

（3）信息素的初始值被设定为信息素浓度的上限，也就是 $\tau_{\max}$。

综上所示，MMAS 修改了信息素更新矩阵的计算方法：

$$\tau_{ij}(t+1)=(1-\rho)\tau_{ij}(t)+\Delta\tau_{ij}^{\text{best}}(t) \tag{4.6}$$

其中，$\Delta\tau_{ij}^{\text{best}}(t)$ 如果从 i 到 j 是包含在最优路径内的，就是 $1/L^{\text{best}}$，否则就是 0。

注意：L^{best} 是最优路径的总长度，或者是总花费。距离和花费是同一概念。

4.2.4　小结

从最初的蚂蚁系统到后面的精英蚂蚁系统，再到最大最小蚂蚁系统，统称蚁群算法。不过相对遗传算法，蚁群算法以了解为主。遗传算法和蚁群算法虽然都是智能算法，也都是受大自然所启发，但是两者体现了不同的思想：

- 遗传算法是基于个体竞争；
- 蚁群算法是基于信息素传导机制下的群体合作。

## 第 5 章

神 经 网 络

生物神经网络是指人的大脑,这是人工神经网络的技术原型。人脑中的思维主要是大脑皮层产生,大脑皮层含有 10^{11} 个神经元,每个神经元与其他 100 个左右的神经元相连接,这是一个高度复杂的网络。根据生物神经网络的原理,人们用计算机复现了简化的神经网络。当然,人工神经网络是机器学习的一大分支。

本章主要涉及的知识点:

- 了解神经网络的基本组成:神经元和层;
- 了解反向传播算法;
- 简单讲解反向传播(Back Propagation,BP)神经网络及其 Python 代码实现。

注意:本章的 BP 算法会涉及一部分数学推导。虽然在实战应用中,这些东西都被封装到了函数内部,但是如果在有时间有能力的情况下,可以耐着性子,一步一步看下去。图文配合讲解,零基础也能看懂的。

5.1 基本组成

大脑中的神经网络是由大量的神经元相互连接而成。电信号在神经元之间传递,从而变成人们的思维。一般认为,所有的神经功能,都是存储在神经元和它们之间的连接中,学习这个行为,被看作是神经元之间建立新的连接或者调整已有连接的过程。人工神经网络也是如此。神经网络的大致形状如图 5.1 所示。

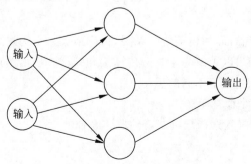

图 5.1 神经网络示意图

从图 5.1 中可以看到 6 个神经元和 3 层结构(左,中,右)。下面先来看一下神经网络基本单元——神经元。

5.1.1　神经元

神经元是神经网络的基本组成,图 5.2 所示是一个基本的神经元结构。

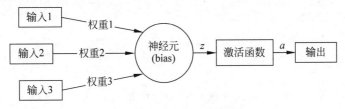

图 5.2　神经元示意图

如图 5.2 所示,这个神经元模型有 3 个输入、1 个输出以及一个激活函数。此外每一个输入上都有一个权重值,神经元还有一个偏置值 bias(后面简称 b)。

注意:激活函数有的地方又称作激励函数、传输函数等。

整个神经元模型就是一个累加器模型,把所有的输入生成对应的权重,把结构累加,然后加上偏置值 b,就得到这个神经元的值:

$$z = w_1 \text{input}_1 + w_2 \text{input}_2 + w_3 \text{input}_3 + b \tag{5.1}$$

其中,input_1 就是输入 1,input_2 就是输入 2。z 就是神经元往激活函数里传输的值,z 经过激活函数就会变成 a,也就是输出。把式(5.1)扩展到 R 个输入,同时用 p 来代替 input:

$$z = w_1 p_1 + w_2 p_2 + \cdots + w_R p_R + b \tag{5.2}$$

也可以写成矩阵的形式:

$$\boldsymbol{W} = \begin{pmatrix} w_{11} & w_{12} & \cdots & w_{1R} \end{pmatrix}, \quad \boldsymbol{p} = \begin{pmatrix} p_1 \\ p_2 \\ \vdots \\ p_R \end{pmatrix} \tag{5.3}$$

$$z = \boldsymbol{W}\boldsymbol{p} + b$$
$$a = \sigma(\boldsymbol{W}\boldsymbol{p} + b)$$

其中,$\boldsymbol{W}$ 和 $\boldsymbol{P}$ 是矩阵变量;w_{11} 表示输入 1 到第 1 个神经元的连接的权重;同理,w_{12} 表示输入 2 到第 1 个神经元的连接的权重;希腊字母 σ,读作 sigma,表示激活函数。这里 a 和 z 都是标量而不是矩阵。

注意:权重是连接的权重,偏置是神经元的偏置。这也是权重变量可以是一个向量,但是偏置却依然是一个标量的原因。

5.1.2　层

层其实就是由多个上面的神经元模型构建起来的模型。一层可以有多个神经元,多个层就构成一个神经网络。层结构如图 5.3 所示。

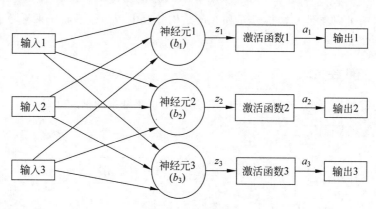

图 5.3　层示意图

这是一个含有 3 个神经元的单层网络(层和网络的区分其实不用太严格),每一个输入都跟每一个神经元有连接,每一个连接的权重都不一样;输入的数量和神经元的数量不用相等;每一个神经元都可以使用不同的传输函数,每一个的输出都是不同的。

注意:读者也可以把激活函数和偏置理解成神经元的内部属性,毕竟每一个神经元只有一个激活函数和一个偏置。

如果这一层有 R 个神经元和 S 个输入,则其权重矩阵可以写为:

$$\boldsymbol{W} = \begin{bmatrix} w_{11} & w_{12} & \cdots & w_{1R} \\ w_{21} & w_{22} & \cdots & w_{2R} \\ \vdots & \vdots & \ddots & \vdots \\ w_{S1} & w_{S2} & \cdots & w_{SR} \end{bmatrix} \tag{5.4}$$

其中,w_{11} 表示输入 1 与神经元 1 之间的连接的权重值;w_{SR} 是输入 S 到神经元 R 的连接的权重值。这里有一个记忆的小技巧,其实输入层可以看作上一层神经元的输出,这样 w_{SR} 中 S 在 R 的前面就是前面那一层的第 S 个,R 在 S 的后面就是后面那一层的第 R 个,这两个连接的权重就是 w_{SR}。

式(5.4)第一列的角标都是"x1",说明是所有输入连接到第一个神经元的权重向量;第一行就是第一个输入连接到所有神经元的权重向量。对权重向量有了一个直观的想象之后,再进行下一步。

如果是多层网络的时候,每一个神经元的输出就是下一层的输入。在图 5.3 中,前面的 3 个输入,可以是训练样本的输入,也可以是上层 3 个神经元的 3 个输出。数据就在这一层一层的流动中,变得面目全非,看不出原来的样子,但这也是数据本质特征的提取过程。

当本质褪去伪装展示在你面前时,又如何知道这是本质还是另一层的伪装呢? 通过 5.2 节的梯度下降和反向传播可以得到答案。

注意:下一节有挑战,加油干!

5.2　反向传播

BP 算法是神经网络的核心所在,弄懂了才能体会到神经网络的巧妙。模型有权重和偏置,通过反向,输入通过权重和偏置得到最终的输出,但是输出的结果肯定与想要的结果有偏差。通过 BP 算法来更新模型的权重和偏置,以使得改变后的模型的输出值与想要的结果更为相近。

5.2.1　复习

首先回顾一下前面的重点:式(5.4)中 w_{11} 表示神经元 1 与输入 1 之间的连接的权重值; w_{SR} 是神经元 R 到输入 S 的连接的权重值。更进一步,既然是网络,那就有多个层, w_{SR}^l 表示从第 $l-1$ 层第 S 个神经元与第 l 层第 R 个神经元连接的权重,同时表示经过神经元,也就是经过激活函数后的输出值。则可以写出第 l 层第 j 个神经元的输出公式:

$$a_j^i = \sigma\Big(\sum_k w_{kj}^l a_k^{l-1} + b_j^l\Big) \tag{5.5}$$

其中,$w_{kj}^l a_k^{l-1}$ 表示 $l-1$ 层的第 k 个神经元的输出 a_k^{l-1} 与该神经元和 l 层的第 j 个神经元的权重的乘积。然后前面加上累加符号,就表示 $l-1$ 层所有的神经元的输出与下一层 l 层的第 j 个神经元对应连接的权重的乘积的和。也可以把式(5.5)写成矩阵形式:

$$a^l = \sigma(w^l a^{l-1} + b^l) \tag{5.6}$$

为了方便后面讲述,把 $w^l a^{l-1} + b^l$ 单独命名为 z^l,称为加权输入。因此,式(5.6)可以写成:

$$a^l = \sigma(z^l) \tag{5.7}$$

5.2.2　铺垫

向模型中传入数据,数据经过每一层的偏置和层与层之间的权重矩阵,最后会得到一个预测值。这个预测值与真实值之间存在损失函数(Cost Function)。假设有了一个网络,用下面的函数来计算这个模型损失(Loss),或者叫 Cost:

$$C = \frac{1}{n}\sum_x \big[y(\boldsymbol{x}) - a^l(\boldsymbol{x})\big]^2 \tag{5.8}$$

其中,$\boldsymbol{x}$ 是一个样本;$y(\boldsymbol{x})$ 是这个样本对应的标签值。$a^l(\boldsymbol{x})$ 是样本 x 经过网络得到的预测值。然后计算所有样本的标签值与预测值之差的平方,再除以样本的数量 n,就是模型损失的计算过程。

注意: 式(5.8)仅作为举例理解。

此外,此处再引入哈达玛积(Hadamard Product),用符号⊙表示,例如:

$$\binom{1}{2} \odot \binom{3}{4} = \binom{1\times 3}{2\times 4} = \binom{3}{8}$$

即对应元素相乘。

5.2.3　公式推导

BP 是关于如何根据损失函数来改变网络中的权重和偏置,来使损失函数最小化的过程。损失函数是预测值和真实值的函数,而预测值是输入值、权重 w 和偏置 b 的函数。而真实值和输入值是两个常量(都是给定数据),所以可以写成:

$$C = \text{function}(\boldsymbol{w}, \boldsymbol{b}) \tag{5.9}$$

这样,可以把问题简化为:如何选定 w 和 b 的取值,使得 C 最小。只是 w 和 b 是矩阵,C 又稍微有点复杂。

在求取一个多元函数的极值问题时,绕不开导数。简单回顾一下导数的概念,如果导数是 0,那函数值就是一个极值,所以为了找到 C 的极小值,需要找到 $\dfrac{\partial C}{\partial w_{jk}^l}$ 与 $\dfrac{\partial C}{\partial b_j^l}$ 为 0 的解。

设想一下,$y = x^2 - x$ 这个公式,对 x 求导,得到导数 $2x - 1$,当 $2x - 1$ 为 0 的时候,y 达到最小值。假如 $2x - 1$ 越大,这说明 x 距离最小值的位置越远,就越要调整 x。类比一下,假设 $\dfrac{\partial C}{\partial w_{jk}^l}$ 和 $\dfrac{\partial C}{\partial b_j^l}$ 越大,说明 w_{jk}^l 和 b_j^l 距离理想位置越远。因此为每一个神经元建立误差函数:

$$\delta_j^l = \frac{\partial C}{\partial z_j^l} \tag{5.10}$$

其中 z 就是加权输入。通过反向回归算法可以得到 δ_j^l 的值,然后再计算 $\dfrac{\partial C}{\partial w_{jk}^l}$ 和 $\dfrac{\partial C}{\partial b_j^l}$。

根据导数的链式法则,可以有:

$$
\begin{aligned}
\delta_j^l = \frac{\partial C}{\partial z_j^l} &= \sum_k \frac{\partial C}{\partial a_k^l} \frac{\partial a_k^l}{\partial z_j^l} \\
&= \frac{\partial C}{\partial a_j^l} \frac{\partial a_j^l}{\partial z_j^l} = \frac{\partial C}{\partial a_j^l} \frac{\partial \sigma(z_j^l)}{\partial z_j^l} \\
&= \frac{\partial C}{\partial a_j^l} \sigma'(z_j^l)
\end{aligned}
$$

这里,l 理解为最后一层。对于最后一层,每一个输出都是损失函数 C 的一个变量。只有当 $k = j$ 时,$\dfrac{\partial a_k^l}{\partial z_j^l}$ 不为 0,其他时候都是 0,所以可以写成 $\dfrac{\partial C}{\partial a_j^l} \dfrac{\partial a_j^l}{\partial z_j^l}$,再根据之前的内容进行推导。

现在用哈达玛积来向量化:

$$\boldsymbol{\delta}^l = \nabla_a \boldsymbol{C} \odot \sigma'(\boldsymbol{z}^l)$$

看起来非常复杂,将其展开:

$$\begin{pmatrix} \dfrac{\partial C}{\partial a_1^l} \\ \dfrac{\partial C}{\partial a_2^l} \\ \vdots \\ \dfrac{\partial C}{\partial a_n^l} \end{pmatrix} \odot \begin{pmatrix} \sigma'(z_1^l) \\ \sigma'(z_2^l) \\ \vdots \\ \sigma'(z_n^l) \end{pmatrix} = \begin{pmatrix} \dfrac{\partial C}{\partial a_1^l}\sigma'(z_1^l) \\ \dfrac{\partial C}{\partial a_2^l}\sigma'(z_2^l) \\ \vdots \\ \dfrac{\partial C}{\partial a_n^l}\sigma'(z_n^l) \end{pmatrix} = \begin{pmatrix} \delta_1^l \\ \delta_2^l \\ \vdots \\ \delta_n^l \end{pmatrix} \tag{5.11}$$

现在已经知道最后一层的神经元的损失,需要计算前一层神经元的损失:

$$\boldsymbol{\delta}^l = ((w^{l+1})^{\mathrm{T}}\boldsymbol{\delta}^{l+1}) \odot \sigma'(\boldsymbol{z}^l) \tag{5.12}$$

如果可以证明上面式子是真的,说明每一层的神经元都可以根据下一层的神经元损失求出来! 首先需要在 $\boldsymbol{\delta}^l$ 和 $\boldsymbol{\delta}^{l+1}$ 建立起关系,怎么建立呢? 回归到 $\boldsymbol{\delta}^l$ 的定义:

$$\delta_j^l = \frac{\partial C}{\partial z_j^l} \tag{5.13}$$

利用链式法则:

$$\delta_j^l = \sum_k \frac{\partial C}{\partial z_k^{l+1}} \frac{\partial z_k^{l+1}}{\partial z_j^l} = \sum_k \delta_k^{l+1} \frac{\partial z_k^{l+1}}{\partial z_j^l} \tag{5.14}$$

继续解决 $\dfrac{\partial z_k^{l+1}}{\partial z_j^z}$ 的化简问题:

$$z_k^{l+1} = \sum_j w_{ik}^{l+1} a_i^l + b_k^{l+1} = \sum_j w_{ik}^{l+1}\sigma(z_i^l) + b_k^{l+1} \tag{5.15}$$

式(5.15)带入 $\dfrac{\partial z_k^{l+1}}{\partial z_j^z}$,得到:

$$\frac{\partial z_k^{l+1}}{\partial z_j^l} = \frac{\partial \sum\limits_j w_{ik}^{l+1}\sigma(z_i^l) + b_k^{l+1}}{\partial z_j^l} \tag{5.16}$$

其中,z_j^l 表示 l 层第 j 个神经元的加权输入,$\sum\limits_j w_{ik}^{l+1}$ 和 b_k^{l+1} 都是一个与 z_j^l 无关的变量,当成常数看待,求导为 0。因此可以化简为:

$$\frac{\partial z_k^{l+1}}{\partial z_j^l} = \frac{\partial \sum\limits_i w_{ik}^{l+1}\sigma(z_i^l) + b_k^{l+1}}{\partial z_j^l} = \partial w_{jk}^{l+1}\sigma'(z_j^l) \tag{5.17}$$

现在带回式(5.14):

$$\begin{aligned} \delta_j^l &= \sum_k \frac{\partial C}{\partial z_k^{l+1}} \frac{\partial z_k^{l+1}}{\partial z_j^l} = \sum_k \delta_k^{l+1} \frac{\partial z_k^{l+1}}{\partial z_j^l} \\ &= \sum_k \delta_k^{l+1} \partial w_{jk}^{l+1}\sigma'(z_j^l) \\ &= [(w^{l+1})^{\mathrm{T}}\boldsymbol{\delta}^{l+1}] \odot \sigma'(\boldsymbol{z}^l) \end{aligned}$$

证明完毕。

现在,已知任意神经元的 $\delta_{任意}^l$。可以用同样的方法证明:

$$\frac{\partial C}{\partial b_j^l} = \delta_j^l \tag{5.18}$$

以及:

$$\frac{\partial C}{\partial w_{jk}^l} = a_k^{l-1} \delta_j^l \tag{5.19}$$

然后更新相应的权值就好了,假设要更新一个 w_{jk}^l 参数,预先设置一个步长 η(也就是学习率),然后用下述更新:

$$w_{jk}^l = w_{jk}^l - \eta * \frac{\partial C}{\partial w_{jk}^l} \tag{5.20}$$

对于每一个偏置的更新也是如此。

5.3　反向传播神经网络

1986 年提出的 BP 神经网络即是按照误差逆向传播算法训练的多层前馈神经网络。

一般来说,广义的 BP 神经网络,是指一种反向传播的思想,这个思想贯穿整个深度学习当中,不管是卷积神经网络(Convolutional Neural Networks,CNN)还是循环神经网络(Recurrent Neural Network,RNN),都继承了这样的思想。

至于狭义的 BP 神经网络,其实就是全连接网络,每一层都是 FC(Full-Connected)层,从输入层到隐含层再到输出层,如图 5.4 所示。

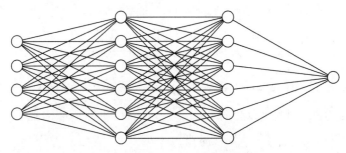

图 5.4　狭义 BP 神经网络结构图

这就是一维的全连接网络。在处理图像的时候,首先肯定想到了二维的全连接层。但是这个运算量巨大。例如,一个照片只有 30×30 个像素,每一个像素都是一个输入层的节点。假设隐含层和输入层节点一样多,也是 900 个,这样就会产生 $900 \times 900 = 810000$ 个参数,而这仅仅是第一步。所以二维全连接是不可行的,因此发明了卷积核,所以有了权重共享。假设卷积核是 3×3 的,那么卷积核只需要 9 个参数就够了。虽然 CNN 目前特别火,单纯的 BP 网络已经一定程度的过时了,但是 CNN 的根源思想,依旧是 BP。

至于全连接层,就是之前讲的"层"概念。使用反向传播不断更新参数,就是训练神经网络的本质。

顺带一提,经常听到的多层感知机(Multi Layer Perceptron,MLP)其实就是狭义的 BP 神经网络,也就是全连接网络。

5.4 卷积神经网络

本节通过概念讲解加上 Python 代码实现,具体形象地展示什么是卷积。

5.4.1 卷积运算

首先,什么是卷积?卷积只是一个为了方便计算而定义的概念,是一个符号,是一个像加减乘除的运算。如图 5.5 所示的 5×5 的图片和 3×3 的卷积核。

原图像

1	1	2	3	3
7	5	2	5	5
2	6	6	0	0
1	5	5	1	1
1	5	5	1	1

卷积核

2	3	3
2	5	5
6	0	0

翻转后的卷积核

2	3	3
2	5	5
6	0	0

图 5.5 原图像与卷积核

利用这个卷积核对原图像进行卷积,首先将卷积核旋转 $180°$(上下翻转+左右翻转),然后把翻转后的卷积核放在原图像的左上角,保证卷积核都在原图像内部,卷积过程如图 5.6 所示。

图 5.6 卷积核滑动过程

从图 5.6 中可知,翻转之后的卷积核,就像是滑动一样,在原图像上移动。如何计算卷积呢?就把翻转之后的卷积核与原图像上对应数字的乘积再求和。图 5.6 中的最左边的图,卷积后的结果就是:

$$1 \times 0 + 1 \times 0 + 2 \times 6 + 7 \times 5 + 5 \times 5 + 2 \times 2 + 3 \times 2 + 3 \times 6 + 2 \times 6 = 112$$

注意：①原图像的数字被卷积核挡住了，可以看图5.5中的数字。②被卷积核盖住的原图的那一部分就称为卷积核的视野域。不难想象，当卷积核的尺寸越大，那么卷积核的视野域也就越大。

下面使用Python完成剩下的8个数字的计算：

```python
# 导入必要库
import numpy as np
from scipy import signal
# 按照上面的数字，建立原图像和卷积核，kernel是核、果仁的意思
photo = np.array([[1,1,2,3,3],
                  [7,5,2,5,5],
                  [2,6,6,0,0],
                  [1,5,5,1,1],
                  [1,5,5,1,1]])
kernel = np.array([[2,3,3],
                   [2,5,5],
                   [6,0,0]])
# 卷积
grad = signal.convolve2d(photo, kernel, mode = 'valid')
print(grad)
```

运行结果：grad是[[112,99,81],[92,122,80],[104,84,52]]。

第一个数字和手算的一样，这就证实了：卷积运算要把卷积核旋转180°。

除了卷积运算，另外一种类似的运算是相关运算。相关运算与卷积运算完全相同，其中包含的类似于卷积核结构称为滤波器(Filter)。滤波器在原图像进行运算的时候，不用先旋转180°。继续用下面的Python代码来证明：

```python
# kernel_rotated就是滤波器
kernel_rotated = np.array([[0,0,6],
                           [5,5,2],
                           [3,3,2]])
grad = signal.correlate2d(photo, kernel_rotated, mode = 'valid')
print(grad)
```

运行结果：grad是[[112,99,81],[92,122,80],[104,84,52]]。

这里，kernel_rotated已经旋转了180°了，然后运行结果与卷积相同，说明这个相关运算真的没有旋转180°。两者的区别在下一个代码块中会得到解释，现在只要知道这两个知识点：

(1) 卷积运算是旋转后的卷积核与原图像对应元素的乘积的和；

(2) 滤波器在相关运算前不旋转，卷积核在卷积运算前要旋转180°。

现在解释卷积运算与相关运算的区别。首先，不从数学角度进行分析旋转，而是通过图像来解释，运行下面的代码：

```
import numpy as np
from scipy import signal
from scipy import misc
import matplotlib.pyplot as plt
photo = np.array([[0,0,0,0,0],
                  [0,0,0,0,0],
                  [0,0,1,0,0],
                  [0,0,0,0,0],
                  [0,0,0,0,0]])
kernel = np.array([[0,50,100],
                   [50,100,150],
                   [100,150,200]])
plt.figure(figsize = (18,6))
plt.subplot(1,6,1)  # 图 5.7 中的(a)
plt.imshow(photo,cmap = 'gray')
plt.title('photo')
plt.subplot(1,6,2)  # 图 5.7 中的(b)
plt.imshow(kernel,cmap = 'gray')
plt.title('kernel')
plt.subplot(1,6,3)  # 图 5.7 中的(c)
grad = signal.convolve2d(photo,kernel,mode = 'same')
plt.imshow(grad,cmap = 'gray')
plt.title('convolve2d(photo,kernel)')
plt.subplot(1,6,4)  # 图 5.7 中的(d)
grad = signal.convolve2d(kernel,photo,mode = 'same')
plt.imshow(grad,cmap = 'gray')
plt.title('convolve2d(kernel,photo)')
plt.subplot(1,6,5)  # 图 5.7 中的(e)
grad = signal.correlate2d(photo,kernel,mode = 'same')
plt.imshow(grad,cmap = 'gray')
plt.title('correlate2d(photo,kernel)')
plt.subplot(1,6,6)  # 图 5.7 中的(f)
grad = signal.correlate2d(kernel,photo,mode = 'same')
plt.imshow(grad,cmap = 'gray')
plt.title('correlate2d(kernel,photo)')
plt.show()
```

运行结果,如图 5.7 所示。

图 5.7(a)是原图,只有一个元素是 1,其他的都是 0,而卷积核图 5.7(b)是一个渐变的图案,从图 5.7 中可以获取以下信息:

(1) 卷积结果(图 5.7(c))中的图案和卷积核是相同的;

(2) 图 5.7(d)交换了卷积核和原图的位置,结果不变,所以卷积满足交换律;

(3) 相关运算结果(图 5.7(e))中的图案与卷积核是 180°旋转的;

(4) 图 5.7(f)交换了滤波器与原图的位置,结果改变,所以相关运算不满足交换律。

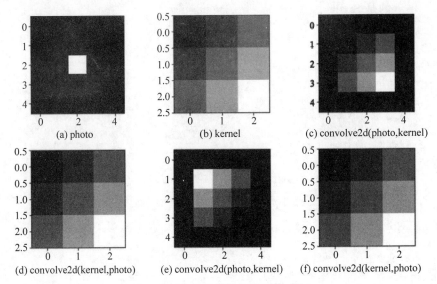

(a) photo　　(b) kernel　　(c) convolve2d(photo,kernel)

(d) convolve2d(kernel,photo)　(e) convolve2d(photo,kernel)　(f) convolve2d(kernel,photo)

图 5.7　卷积运算与相关运算对比

注意：上面卷积的时候有一个参数 mode 之前是"valid"，现在是"same"，区别在哪里？原图是 5×5 的，卷积核是 3×3 的，这样"valid"卷积的时候卷积核就会不超出原图的范围，也就是输出图片会有尺寸的缩减。而"same"卷积会在原图的外面补上一圈，把 5×5 的图片变成 7×7 的图片，然后再卷积，结果仍然是 5×5。这个"补上一圈"就是之后会讲的 Padding。

总体来说，卷积运算与相关运算看似差别不大，但是一个支持交换律一个不支持交换律。卷积运算是用在深度学习当中的，而相关运算是用在控制系统专业中的，所以本书之后不会再提及相关运算，此处当成一个联想记忆，帮助读者记住卷积运算是要旋转 180°的。

5.4.2　卷积层

卷积层是用在卷积神经网络中的。此处引入相关定义：步长(Stride)、填充(Padding)、通道(Channel)和特征图(Feature Map)。

首先是步长，依然用 5.3 节的 5×5 原图与 3×3 卷积核作为例子，如图 5.8 所示，可以看出卷积核在图 5.8 中滑动的时候是一个一个卷积的。

步长Stride=1

0	0	6	3	3
5	5	2	5	5
3	3	2	0	0
1	5	5	1	1
1	5	5	1	1

⟹

1	0	0	6	3
7	5	5	2	5
2	3	3	2	0
1	5	5	1	1
1	5	5	1	1

112	99	81
92	122	80
104	84	52

图 5.8　Stride＝1 的卷积过程

图 5.9 所示的是 Stride＝2 的情况。

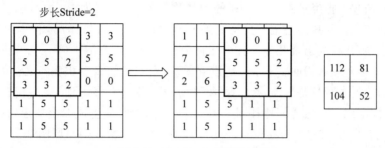

图 5.9　Stride＝2 的卷积过程

一个 5×5 的图片被 3×3 卷积核卷积之后就是 3×3 的图像,如果想让卷积前后的图像具有相同尺寸,就要用到 Padding,如图 5.10 所示。

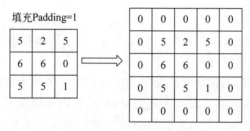

图 5.10　Padding＝1 的过程

如图 5.10 所示,一个 3×3 的原图像,经过 Padding＝1,就会变成 5×5,这样再被 3×3 的卷积核卷积之后的结果就仍然是一个 3×3 的图像。这里要说明一点,填充的输入并不都是 0,有很多不同的填充模式,例如"根据原图边缘进行填充"等。

在一个真正的卷积层中,往往一个图像并不单薄,这是什么意思呢？通常看到的图片是长×宽两个维度的。但是只有黑白图像是可以用两个维度表示的。彩色图片往往是由红色、绿色和蓝色 3 个通道构成的。所以 RGB 彩色图片是三通道的,如图 5.11 所示。

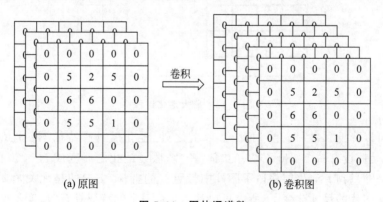

(a) 原图　　　　　　　　　　(b) 卷积图

图 5.11　图片通道数

图 5.11(a)所示的原图就是 3 个通道的图片,经过卷积之后,就变成了图 5.11(b)所示的 5 个通道的图片。把经过卷积层卷积的图片称为特征图,因为图 5.11(b)已经不再是原图而是原图的特征。卷积的过程就是特征提取的过程。这里提到的例子只有 5 个通道,但是在深度网络中,往往会出现几十个甚至几百个通道的特征图。

这时,可能会有读者提问:一个三通道的图片,卷积核怎么卷积呢?之前卷积核是 3×3,则三通道图片的卷积核是 $3 \times 3 \times 3$,输入图片(特征图)有多少通道,卷积核就有多少通道,一个卷积核生成一个通道的特征图。图 5.11 中的卷积核生成 5 个通道,说明这个卷积过程总共生成 5 个 $3 \times 3 \times 3$ 的卷积核。此外,卷积之后的特征图与原图都是 5×5,尺寸一样,所以 Stride=1,Padding=1。

注意:图 5.11 中的数字都是随便打上的。主要是展示通道的概念,并无计算内容,所以请忽视数字。

5.4.3　池化层

池化层(Pool)比较简单,一般夹在卷积层中间,用于压缩数据和参数的量,也可减少过拟合现象。有时,也把池化层称为下采样层。

池化层也有卷积核,但是这个卷积核只是取视野域内的最大值或者平均值,所以分为最大池化层和平均池化层。因为并没有参数需要调整,所以池化层不参与反向传播。

池化层的过程如图 5.12 所示,卷积层会选择视野域中最大的元素,作为输出元素。以 GoogLeNet 中某一池化层为例,输入特征尺寸是 28×28,池化层卷积核大小是 3×3,Stride=2,Padding=1,生成的特征图尺寸就是 14×14。

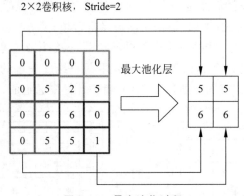

图 5.12　最大池化过程

池化层可以降低尺寸,防止过拟合。除此之外,池化层具有特征不变性(Invariance)。通俗地讲,就是假设有一个 100×100 的"狗"图片,假设池化之后变成 50×50 的图片,依然看得出来这是一只狗。池化层保留了图片中最重要的特征,去掉的是无关紧要的信息。但是这个过程使图片的尺寸改变了,所以可以认为:留下来的特征具有"尺度不变性",是最能表达图像特征的特征图。

5.5 循环神经网络

前面讲解了全连接网络,也讲解了CNN,现在又出现了RNN。读者可能会有这样的疑问:CNN已经可以处理图像分类、图像检测、图像生成的问题了,为什么还要RNN呢?

RNN的特点就是具有一定的记忆。卷积网络可以识别一个图片的内容,但是对于一个每一帧之间都具有某种联系的视频呢,卷积网络就不能很好地处理其间的时间关系。RNN可以考虑前一个时刻的影响,还可以对这个时刻之前的所有时刻都具有一定的记忆性。总之,RNN是基于"人的认知是基于过往经验和记忆"的观点提出的。

5.5.1 RNN用途

卷积网络可以当作一个图像的特征提取器,通过提取图像的特征对图像进行分类。RNN可以对"之前的信息"进行记忆并用于当前的计算中,所以RNN的应用领域是非常广阔的:

(1) 自然语言处理(Nature Language Process,NLP)基本是与RNN绑定最为紧密的一个应用领域。其目的是实现有效自然语言通信的计算机系统,简单说就是计算机可以像人一样跟人进行沟通交流。包括文本生成、语言模型、机器翻译、文本相似度等内容;

(2) 视频处理、语音识别、图像描述生成等;

(3) 音乐推荐、商品推荐等推荐系统。

关于为什么使用RNN,有这样一个简单的例子,假设想设计一个智能订票小助手,给小助手发送:我想在明天到北京,从伦敦。假设小助手足够智能,可以从句子中识别到以下信息:①出发时间为明天;②出发地为伦敦;③目的地为北京。

假设给小助手发送:我想在明天从北京,到伦敦。目的地和出发地反过来了,系统如何知道这样的信息呢?可以发现,两句话使用的字数、内容都是一模一样的,但是含义却不同,关键就在于"到"和"从"的顺序改变了。所以想要识别出这样的区别,必须要利用这句话之前的信息。

注意:这种从一句话中提取信息来填空的查询方式,被称为槽填充(Slot Filling)。

为了更好地理解RNN存在的意义,参看图5.13,RNN可以利用之前的信息,在文本处理任务上有着非常优秀的效果。

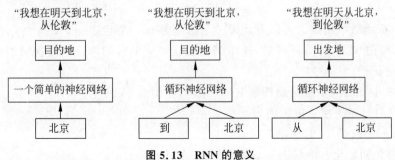

图5.13 RNN的意义

5.5.2 RNN 结构

CNN 可以看作是一个图像的特征提取器,输出一个图像,输出这个图像的关键特征信息,然后再用全连接层去处理这个特征信息。RNN 每一次的输入包含上一次输出的信息,如图 5.14 所示。图 5.14(a)表示的是卷积网络的输入输出,就是一个输出对应一个输入。而图 5.14(b)就是循环网络的结构,把这个结构扩展开,就变成图 5.14(c)所示的一串结构。

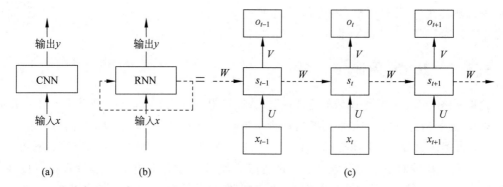

图 5.14　CNN 与 RNN 的结构比较

这个结构有以下知识点:

(1) x_t 表示 t 时刻的输入,s_t 表示 t 时刻的状态,o_t 表示 t 时刻的输出;

注意:①t 表示时间序列,在之前的例子中:我想在明天从北京,到伦敦,x_1 可能就是"我",x_2 可能就是"想"……当然输入的 x 不可能是汉字,机器识别只能识别数字,所以准确地说,x_1 是代表"我"这个含义的一串数字编码。② 这里的 s,也被称作 h,表示隐含层、隐状态的意思。

(2) RNN 中有 3 个参数:U、W、V,是 RNN 梯度下降优化对象;

注意:这 3 个参数在每一个时刻都是相同的,所以没有 U_{t-1}、U_t 这样的写法,只有 U。

(3) RNN 中的计算公式:

$$s_t = f(Ux_t + Ws_{t-1})$$
$$o_t = g(Vs_t)$$

(5.21)

其中,f 和 g 都是激活函数。可以看到每一个时刻都有一个状态 s_t,每一个 s_t 都是由上一个状态 s_{t-1} 和输入 x_t 计算得到的,这个结构就让每一个时刻神经网络决策的时候都考虑到之前所有的记忆。

采用 5.5.1 节的例子来帮助理解 RNN 结构,如图 5.15 所示。

根据图 5.15,需要注意以下内容:

(1) $S(t=1)$ 就是 s_1 的意思;

(2) 需要先初始化一个状态 s_0,这样才能计算 $S(t=1)$;

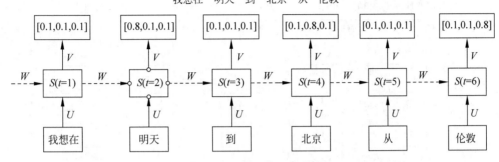

图 5.15　RNN 进一步理解

（3）这里假设输出是一个三维数组，含义是：[出发日期的概率，目的地的概率，出发地的概率]；

（4）这里并不是 6 个网络（Network），只有一个 RNN，是一个 RNN 循环了 6 次。

提出一个问题：为什么要用隐含层来作为下一次循环的输入信息，而不是输出层来作为下一次的输入呢？对于这个问题，前人已经做出了类似的尝试。使用隐含层作为下一次循环输入的称为 Elman Network；而使用输出层作为下一次的输入信息，称为 Jordan Network，如图 5.16 所示。

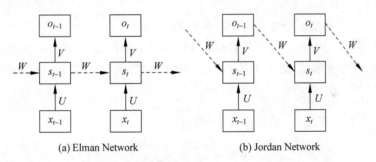

(a) Elman Network　　　　　(b) Jordan Network

图 5.16　Elman Network 和 Jordan Network

对于 Elman Network 来说，输出层不参与循环；而 Jordan Network 的整个网络都参与循环。目前 Jordan Network 和 Elman Network 统称为 Simple RNN。两者的效果没有太大区别，而普遍认为 Elman Network 中独立的循环结构使用起来比较灵活，所以 Elman Network 使用比较广阔，目前提到 RNN 就默认是 Elman Network。

除此之外，还有双方向 RNN（Bidirectional RNN，BiRNN），就是一句话正向处理一遍，然后反过来再处理一遍，如图 5.17 所示。

通过图 5.17 可以很好地理解什么是 BiRNN 结构，在判断每一个词汇的时候，可以获取整句话的记忆，而不仅仅是单方向的记忆。

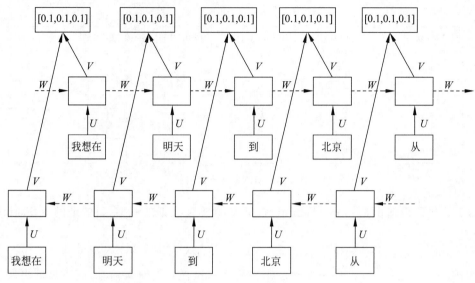

图 5.17　BiRNN 结构

5.5.3　RNN 的反向传播——BPTT

之前 BP 算法的梯度就是求损失函数得到的损失对每一个参数的偏导数,那么 RNN 的梯度呢? 这里提出了 BP 算法的改版名称为 BPTT(Back Propagation Through Time)。

RNN 的每一个输出 o_t 都会和真实值之间产生一个误差,写作 e_t,那么总误差就是:

$$E = \sum_t e_t \tag{5.22}$$

一般用梯度算子符号∇来表示计算梯度,所以有:

$$\nabla W = \frac{\partial E}{\partial W} = \sum_t \frac{\partial e_t}{\partial W} \tag{5.23}$$

式(5.23)与式(5.13)基本类似,但是接下来的计算是不同的。原因在于 e_t 与 o_t 有关, o_t 与 s_t 有关,而 s_t 与 s_{t-1} 有关。

这里假设 $t=3$,进行推导梯度:

$$\frac{\partial e_3}{\partial W} = \frac{\partial e_3}{\partial o_3} * \frac{\partial o_3}{\partial s_3} * \frac{\partial s_3}{\partial W} \tag{5.24}$$

推导的关键在于 $\frac{\partial s_3}{\partial W}$,因为 $s_3 = f(Ux_3 + Ws_2)$, $s_2 = f(Ux_2 + Ws_1)$, $s_1 = f(Ux_1 + Ws_0)$,推导时选取一个简单的激活函数,如线性整流单元(Rectified Linear Unit,ReLU),其激活函数是:

$$\text{ReLU}(x) = \begin{cases} x & x \geqslant 0 \\ 0 & x < 0 \end{cases} \tag{5.25}$$

可以得到 ReLU 的导数是：

$$\text{ReLU}'(x) = \begin{cases} 1 & x \geqslant 0 \\ 0 & x < 0 \end{cases} \tag{5.26}$$

所以，$\dfrac{\partial s_3}{\partial W}$ 可以写成：

$$\frac{\partial s_3}{\partial W} = \frac{\partial \text{ReLU}(Ux_3 + Ws_2)}{\partial W} = \frac{\partial \text{ReLU}(Ux_3 + Ws_2)}{\partial (Ux_3 + Ws_2)} \frac{\partial (Ux_3 + Ws_2)}{\partial W}$$

$$= \text{ReLU}'(x_3 + Ws_2)\left(s_2 + W\frac{\partial s_2}{\partial W}\right) = s_2 + W\frac{\partial s_2}{\partial W}$$

同理，$\dfrac{\partial s_2}{\partial W} = s_1 + W\dfrac{\partial s_1}{\partial W}$，$\dfrac{\partial s_1}{\partial W} = s_0 + W\dfrac{\partial s_0}{\partial W}$，所以这样可以求出 $\dfrac{\partial s_3}{\partial W}$，之后求出 $\dfrac{\partial s_2}{\partial W}$ 和 $\dfrac{\partial s_1}{\partial W}$，三者的和就是 W 的梯度。U 和 V 的推导方式同理。总体来说，BPTT 比 BP 推导基本原则不变，都是使用链式法则，但是稍微复杂一些。

5.6 小结

简要回顾一下本章主要内容。

(1) 神经网络的基本组成：神经元与层。

(2) 神经网络的反向传播算法的铺垫与推导，这里给出四个最重要的公式：

首先定义神经元的损失：

$$\delta_j^l = \frac{\partial C}{\partial z_j^l}$$

其次计算所有层的神经元的损失：

$$\delta_j^l = ((\boldsymbol{w}^{l+1})^{\mathrm{T}}\boldsymbol{\delta}^{l+1}) \odot \sigma'(\boldsymbol{z}^l)$$

通过神经元的损失，计算偏置的梯度：

$$\frac{\partial C}{\partial b_j^l} = \delta_j^l$$

以及权重的梯度：

$$\frac{\partial C}{\partial w_{jk}^l} = a_k^{l-1}\delta_j^l$$

注意：上述公式均已在本章证明完毕。

(3) 卷积网络的基本概念。本章对卷积网络的卷积层有一个初步介绍，第 6 章和后续的实战章节会让读者对卷积的了解有质的飞跃。

(4) 循环神经网络的基本概念。

深度神经网络

第 5 章讲解了什么是神经网络,以及神经网络参数的反向传播算法的推导。反向传播固然重要,但是并不妨碍对本章的学习。

本章节主要涉及知识点:

- 什么是卷积神经网络及其算法;
- 2020 年以来经典的卷积深度神经网络(VGG、GoogLeNet、EfficientNet、MobileNet 等);
- 目标检测算法的原理;
- 图画风格迁移原理;
- 参数调整经验。

6.1 概述

第 5 章简单介绍了神经网络,例如图 6.1 所示的结构,输入层是 2 个神经元,隐含层有 3 个神经元,输出层有 1 个神经元。

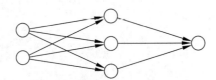

图 6.1 简单神经网络结构图

深度神经网络(Deep Neural Network,DNN)与神经网络的区别在于:隐含层的数量变多了。简单来说网络变深了,就是字面含义的深,层数变多了,如图 6.2 所示。

注意:DNN 有时候也被称为多层感知机(Multi-Layer Perceptron,MLP)。

从宏观来说,机器学习有两个高潮的发展:浅层学习(Shallow Learning)和深度学习(Deep Learning,DL)。

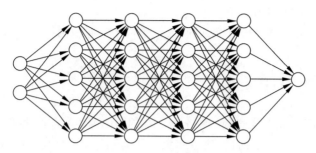

图 6.2 DNN 结构图

注意：普遍认为，Deep Learning 的缩写是 DL，但是 Shallow Learning 与 SL 的说法值得考究。

(1) 20 世纪 80 年代末期，BP 算法的发明，掀起了一波机器学习的热潮。因为这种算法可以让模型从大量训练样本中学习到一定的规律，这比基于人工规则的系统效果好。当时的人工网络基本上只含有一层隐含层，是浅层网络。20 世纪 90 年代，SVM、Boost 等各种浅层机器学习模型相继出现。

(2) 2006 年，加拿大多伦多大学的 Geoffrey Hinton 教授和他的学生发表了一篇文章，其主要观点是：多隐含层的神经网络具有更好的特征学习能力，从此开启深度学习的浪潮。

注意：对于深度学习，最好先注意此观念：模型并不是一个分类机器，可以认为模型是特征提取的机器，提取出样本中发现不了的、隐含的特征。

CNN 的发展历程如下：

(1) 20 世纪 90 年代，出现了最早的 LeNet 网络。

(2) 2012 年，AlexNet 诞生，是 LeNet 的深度和广度提升版本。2012 年的 ImageNet 视觉挑战赛(ImageNet Large Scale Visual Recognition Challenge，ILSVRC)上，AlexNet 以巨大优势获得冠军。AlexNet 可以说是现在卷积网络的鼻祖，开启了卷积网络百花齐放的时代。

(3) 2013 年，ZF Net 诞生，ZF 是两个作者姓名缩写。ZF Net 在 AlexNet 的基础上调整了网络框架。

(4) 2014 年，GoogLeNet 和 VGG 同时诞生。GoogLeNet 是 ILSVRC 冠军，开发 Inception 模块，使得模型参数骤减；VGG 则继续加深网络，证明深度是影响性能的关键。

(5) 2015 年，残差神经网络 ResNet 出现，是 2015 年的 ILSVRC 冠军。

(6) 2016 年，密集卷积网络(DenseNet)出现。DenseNet 的每一层都以前馈方式连接到其他层。

(7) 2019 年，Google 公司提出 EfficientNet 网络，是至今为止最好的图像识别网络。

注意：读者可能会在后面多次见到 ImageNet 和 ILSVRC。ImageNet 并不是网络模型的名字，而是一个用于视觉对象识别的大型可视化数据库，其中包含超过 1400 万张手动标注标签的图片。而 ILSVRC 则使用了 ImageNet 中的部分数据集。基本上近期的非常给力的模型,都在 ILSVRC 上名列前茅。

除此之外,本章也会讲解轻量级、可嵌入到手机中的卷积网络——MobileNet。

6.2 VGG 网络

VGG(Visual Geometry Group)网络是 2014 年 ILSVRC 亚军,共有 19 层网络。

在详细讲解 VGG 结构之前,先简单介绍一下笔者对深度神经网络的理解。在图像分类这个领域中,深度卷积网络一般由卷积模块和全连接模块组成。

(1) 卷积模块包含卷积层、池化层、Dropout 层、激活函数等。普遍认为,卷积模块是对图像特征的提取,并不是对图像进行分类。

(2) 全连接模块跟在卷积模块之后,一般有 2～3 个全连接层。全连接层用于分类。

深度卷积网络就是先对图像进行卷积特征提取,然后进行全连接层分类。此外,图像经过卷积层会变厚,这个厚度是什么含义呢?图 6.3(a)所示有 3 个正方形,每一个正方形是一个 64×64 的矩阵,这样,这是一个 $3 \times 64 \times 64$ 的矩阵。而图 6.3(b)有一个十通道(Channel)的图片($10 \times 64 \times 64$)。这个十通道是如何通过三通道的图片得到呢?

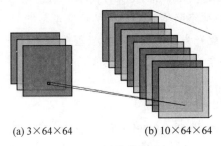

(a) $3 \times 64 \times 64$　　　　　(b) $10 \times 64 \times 64$

图 6.3　图片的厚度

如果一张图片是彩色的,由 RGB(Red,Green,Blue)三种颜色组成,则可以从这个图片分离出来 3 张图片,一张是红色的,一张是绿色的,一张是蓝色的。这里简单举个例子,代码如下所示。代码运行结果如图 6.4 所示。

```
# 导入库,下面的代码写得不够简洁,但是逻辑比较好理解
from PIL import Image
import numpy as np
import matplotlib.pyplot as plt
plt.figure(figsize = (10,3))
for i in [0,1,2]:
    # 读取图片
    img = Image.open('../input/neuralstyletransfersample - photo/windmill.jpg')
    # 将图片转换成数组
    img_np = np.array(img)
```

```
# 把数组中三通道的另外两个通道置 0
if(i == 0):
    img_np[:,:,1] = 0
    img_np[:,:,2] = 0
if(i == 1):
    img_np[:,:,0] = 0
    img_np[:,:,2] = 0
if(i == 2):
    img_np[:,:,0] = 0
    img_np[:,:,1] = 0
# 数组转图片
photo = Image.fromarray(img_np)
plt.subplot(1,3,i + 1)
# 显示图片
plt.imshow(photo)
plt.show()
```

图 6.4 图片的 3 个通道

每一个彩色图片都有 3 个通道,在卷积网络中可以理解为图片的通道数为 3,也就是厚度为 3。图片有了通道数,则卷积核也应变成有厚度的立体的卷积核。现在有一张 $3\times64\times64$ 的图片,想要卷积这个图片,就要用 $3\times3\times3$ 的卷积核;那么有一个 $512\times64\times64$ 的图片,想要卷积这个 512 通道的图片就必须要用 $512\times3\times3$ 的卷积核。图片多厚,卷积核就多厚。假设 $3\times64\times64$ 的图片,被一个 $3\times3\times3$ 的卷积核卷积,那么输出是什么呢?是一个 $1\times64\times64$ 的图片。每一次卷积,不管通道数多少,最后输出都是一个数值,举一个极端例子,假设一个 $10\times3\times3$ 的图片与一个 $10\times3\times3$ 的卷积核卷积,最后的输出是一个数字。所以,不管图片的通道数是多少,用一个卷积核卷积就只会得到一个 $1\times64\times64$ 的输出。

注意:这里默认 Padding = 1,Stride = 1,所以卷积后图片与卷积前的长宽相同,都是 64。

那么如何通过卷积来增加图片的通道数呢?之前讲了 $3\times64\times64$ 的图片卷积一次,就会得到 $1\times64\times64$ 的图片,那怎么得到 $10\times64\times64$ 呢?答案很简单,用 10 个不同的 $3\times3\times3$ 的卷积核卷积,可以得到 10 个 $1\times64\times64$ 的图片,然后叠起来就好了。卷积核是用来提取图片特征的,不同的卷积核是用来发掘图片中不同的特征的,所以一个图片的通道数其实就是一个图片的特征数量,例如,$10 \times 64 \times 64$ 图片中每一个通道都表现了不同的特征。

注意：这里的 $10 \times 64 \times 64$ 图片中的通道数其实是表示不同的特征,所以更专业一点的话,称"$10 \times 64 \times 64$ 图片"为"$10 \times 64 \times 64$ 特征图"。

VGG 网络输入是 $224 \times 224 \times 3$(长$\times$宽$\times$通道数)的图片,这图片会经过如表 6.1 所示的卷积操作。

表 6.1　VGG 网络结构表

A	B	C	D	E
11 层	13 层	16 层网络	16 层网络	19 层网络
输入是 $224 \times 224 \times 3$ 的图片				
Conv3-64	Conv3-64 Conv3-64	Conv3-64 Conv3-64	Conv3-64 Conv3-64	Conv3-64 Conv3-64
Maxpool 池化层,图片变成 $112 \times 112 \times 64$				
Conv3-128	Conv3-128 Conv3-128	Conv3-128 Conv3-128	Conv3-128 Conv3-128	Conv3-128 Conv3-128
Maxpool 池化层,图片变成 $56 \times 56 \times 128$				
Conv3-256 Conv3-256	Conv3-256 Conv3-256	Conv3-256 Conv3-256 Conv1-256	Conv3-256 Conv3-256 Conv3-256	Conv3-256 Conv3-256 Conv3-256 Conv3-256
Maxpool 池化层,图片变成 $28 \times 28 \times 256$				
Conv3-512 Conv3-512	Conv3-512 Conv3-512	Conv3-512 Conv3-512 Conv1-512	Conv3-512 Conv3-512 Conv3-512	Conv3-512 Conv3-512 Conv3-512 Conv3-512
Maxpool 池化层：图片变成 $14 \times 14 \times 512$				
Conv3-512 Conv3-512	Conv3-512 Conv3-512	Conv3-512 Conv3-512 Conv1-512	Conv3-512 Conv3-512 Conv3-512	Conv3-512 Conv3-512 Conv3-512 Conv3-512
Maxpool 池化层：图片变成 $7 \times 7 \times 512$				
FC 全连接层 4096				
FC 全连接层 4096				
FC 全连接层 1000				

注意：这里的 Conv3 是指这个卷积层用 3×3 的卷积核。在后面实战过程中,会看到 Conv2d、Conv1d 这样的代码,这是二维卷积、一维卷积的意思。

表 6.1 中采用了 5 个 VGG 网络,目的不是为了增加网络的宽度让 5 个网络同时训练,而是为了更快地收敛。VGG 的发明者觉得如果直接初始化网络 VGG-A,收敛速度会非常慢,所以先训练小网络 VGG-A,然后把 VGG-A 的参数导入 VGG-B 中,以此类推,就可以用更快的速度完成 VGG-E 训练。

此外,VGG 使用 Multi-Scale 的方法做数据增强。将原始图片缩放到[256,512]中的某一个大小,例如把原始图缩放成 300×300 的大小,然后使用随机剪裁,剪裁一个 224×224 的图片,这样就能增加很多的数据量,而且对防止过拟合有不错的效果。

VGG 大部分使用的 3×3 的卷积核和 2×2 的池化层。这里有一个网络优化的技巧:2 个 3×3 的卷积层会拥有一个 5×5 的卷积核的视野。而 3 个 3×3 的卷积核就相当于一个 7×7 的大卷积核,而且参数只有 $\frac{3 \times 3 \times 3}{7 \times 7} = 0.55$ 倍;此外,引入了 1×1 的卷积核,不影响维度,还可以增强网络的表达。

注意:1×1 的卷积核确实可以起到这样的效果,但是否对分类的效果有优化笔者还是心存疑惑。

6.3 GoogLeNet

GoogLeNet 取得了 2014 年的 ILSVRC 的冠军。相比 VGG 网络,GoogLeNet 做了更为大胆的尝试。VGG 网络有 19 层,而 GoogLeNet 有 22 层,但是 GoogLeNet 的参数却远少于 VGG 网络。

介绍 GoogLeNet 的论文指出:要获得高质量的模型最保险的方法就是增加网络的深度或者宽度,但是与此同时会带来以下问题:

(1) 参数太多,容易过拟合,如果数据有限,则这一问题更加严重;

(2) 网络越大,计算的复杂度越大;

(3) 网络越深,容易出现梯度消失的问题。

计算复杂度和过拟合问题,其实都是参数过多造成的。GoogLeNet 网络对过多参数和梯度消失的问题,给出了一个令人满意的答案。

6.3.1 Inception v1

在学习 GoogLeNet 网络之前,先看一个模块:Inception。这个模块在 GoogLeNet 中会反复出现,相当于 GoogLeNet 最大的贡献。Inception 模块共有 4 代,分别是原始版本、v1、v2、v3 和 v4。

Inception 模块原始版本结构如图 6.5 所示。

从图中可以很清晰地看到,这是一个增加宽度的结构。更浅网络输出的特征图,经过 3 个不同卷积核大小的卷积层和一个池化层,最后再叠加在一起输入到更深的网络中。图 6.5 中这样采用 4 个分支并行的结构的好处是增加了网络的宽度,也加强了网络对尺度的影响(因为不同尺寸的卷积核)。原始版本的思路虽然好,但是计算量太大了。因此作者提出了 v1 版本,使用 1×1 的卷积层来缩小图片的通道数量,所以 Inception v1 结构图如图 6.6 所示。

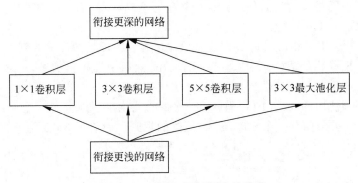

图 6.5   Inception 原始版本结构图

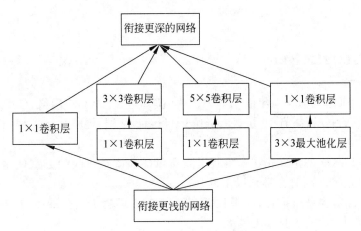

图 6.6   Inception v1 结构图

1×1 卷积主要目的自然是减少维度。这里回顾一下"为什么卷积层可以生成任意通道数的特征图":假设输入图片是一个 $3 \times 64 \times 64$ 的 3 通道图片,因为生成了 16 个不同的卷积核,然后每一个卷积核都卷积了原图片,得到 16 个 $1 \times 64 \times 64$ 的特征图叠加起来的,最后输出 $16 \times 64 \times 64$ 的特征图。卷积层理论上可以输出任意通道数的特征图。

有读者可能会问:原本一层卷积层现在加上 1×1 卷积层变成了两层,为什么参数没有增加呢?例如,假设输入的特征图是 128 个通道的,经过一个生成 256 通道的 5×5 卷积核的卷积层(Stride$=1$,Padding$=2$ 可以保证输出特征图长宽不变)。这个卷积层的参数是 $128 \times 5 \times 5 \times 256 = 819200$ 个。假如先放一个输出通道为 32 的 1×1 的卷积层,然后仍然放一个 256 通道的 5×5 卷积层。这样参数是 $128 \times 1 \times 1 \times 32 + 32 \times 5 \times 5 \times 256 = 204800$ 个,大约是原来的四分之一。

当然,也可能读者会问:图 6.6 中总共有 4 个分支,左边 3 个分支都是卷积层,为什么最右边的一个分支中包含了 3×3 最大池化层?这里有三个原因:第一个就是梯度消失的问题,这里通过池化层来缓解这样的问题;第二个是如果"先池化层再卷积",这样池化层会导致特征的缺失;第三,如果"先卷积再池化层"会导致运算量很大。所以为了同时兼顾两个方面,使用卷积、池化并行来降低运算量同时保留特征,"并行"就是指图 6.6 中 4 个分支中,既有卷积的分支,也有池化的分支。

图 6.7 给出了初始的 GoogLeNet v1 的模型结构,其网络结构特点如下所述。

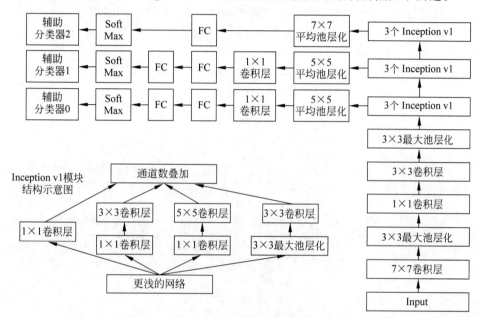

图 6.7　Inception v1 结构图

(1) GoogLeNet v1 有 22 层网络。前面有 3 层卷积层,然后 9 个 Inception v1 模块共 18 层(从图 6.7 中可以看到 Inception 模块的结构,一个 Inception 模块包含 4 个分支,最左边分支包含 1 个卷积层,第二、三个分支包含两个卷积层,第四个分支包含一个池化层和卷积层,因为 Inception 模块最深的分支有两个卷积层,所以一个 Incpetion 模块是 2 层,9 个模块 18 层),最后还有一个 FC 全连接层,共 22 层。模型的原始输入图像是 $3 \times 224 \times 224$。

(2) 每 3 个 Inception 模块就会有一个辅助分类器。因为开发团队发现,除了最后一层的输出效果很好,中间的分类效果也很好,所以 GoogLeNet 就将中间的某一层作为辅助输出,并以一个较小的权重加入最终分类结果中,是一种变相的模型融合。同时也给网络增强了反向传播的梯度信息,起到了一定的正则化的作用。

(3) 网络结构直观上看是把 Inception 模块三等分了,实际上团队是按照 2、5、2 进行分组,并在每组之间插入一个最大池化层。三组的区别在于特征图的尺寸逐渐变小。

6.3.2　Inception v2/v3

与 Inception v1 相比,Inception v2 改进了卷积分解。大尺度的卷积核可以带来更大的感受野,但是这也意味着更多的参数。GoogLeNet 团队提出可以用两个连续的 3×3 卷积层来代替一个 5×5 的卷积层。原本一张 5×5 的图片,经过一个 5×5 的卷积核计算之后,变成一张 1×1 的图片。那么现在就是一张 5×5 的图片,经过一张 3×3 的卷积核计算之后,变成一张 3×3 的图片,然后再经过一个 3×3 的卷积核,同样变成 1×1 的图片。所以这两种方式对图片的感受区域(感受野)大小是相同的。

大量实验证明,这样的方案并不会造成表达的缺失。如果进一步把 3×3 的矩阵分解成一个 3×1 的向量和一个 1×3 的向量呢? 实验结果表明,在浅层网络中使用 $n×1$ 和 $1×n$ 这样的分解效果非常不好,如果使用在更深层网络中,则效果好。所以来看 Inception v2 的两个版本,如图 6.8 和图 6.9 所示。

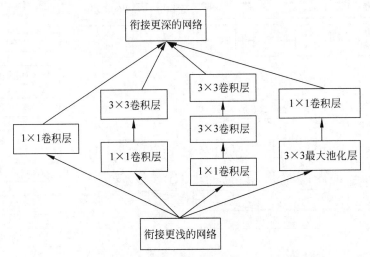

图 6.8　Inception v2 结构图 1(使用两个 3×3 卷积层代替 5×5)

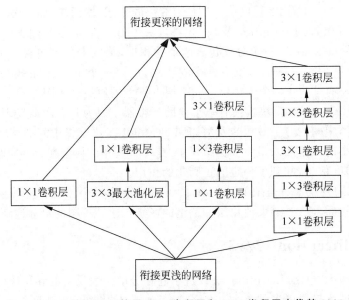

图 6.9　Inception v2 结构图 2(使用 1×3 卷积层和 3×1 卷积层来代替 3×3 卷积层)

此外,Inception v2 还有一个特殊结构,主要应用在高维特征中,多次非线性映射会带有更多的判别信息,而且高维特征尺寸较小,也更容易训练,因此可以稍微拓宽网络的结构,如图 6.10 所示。

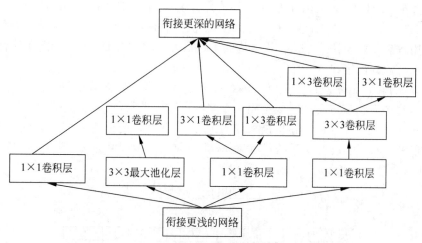

图 6.10　Inception v2 结构图 3

至于 Inception v3,则是在优化算法和正则化等方面做了改进,主要有:

(1) 优化算法原来使用 SGD,现在使用 RMSProp。

(2) 使用了 Label Smoothing Regularization(LSR)的正则化方法。

注意:这两个知识点正文不会细讲,会放在"问题解答"中详细说明。当前学习重点:了解什么是 GoogLeNet,知道它的特点与结构。

在 Inception v2 中,GoogLeNet 再一次更新了其网络结构——v2 网络结构。Inception v3 沿用 v2 的网络结构,如表 6.2 所示。

表 6.2　GoogLeNet v2 网络结构表

层类型	卷积核尺寸,步长	输入图像维度(长×宽×通道)
Conv 卷积层	3×3,2	299×299×3
Conv 卷积层	3×3,1	149×149×32
Conv padded	3×3,1	147×147×32
Pool 池化层	3×3,2	147×147×64
Conv 卷积层	3×3,1	73×73×64
Conv 卷积层	3×3,2	71×71×64
Conv 卷积层	3×3,1	35×35×192
3 个 Inception 模块	图 6.8	35×35×288
5 个 Inception 模块	图 6.9	17×17×768
2 个 Inception 模块	图 6.10	8×8×1280
Pool 池化层	8×8	8×8×2048
FC 全连接层		1×1×2048
Softmax 激活函数		1×1×1000

根据表 6.2,强调几个关键点:

(1) 从"层类型"可以发现,这个网络更深了,它共用了 10 个 Inception 模块,并且把 v1 版本的第一个 7×7 卷积层分成了 3 个 3×3 卷积层;

(2) 图 6.9 结构的 Inception 模块被用在了图片尺寸为 17 的网络中部(证实了之前提到的使用 1×3 和 3×1 卷积代替 3×3 卷积的方法只使用在网络的更深层才有好的效果,在浅层使用效果差的说法);图 6.10 结构的 Inception 模块被用在经过多次非线性映射的、图片尺寸仅有 8 的网络深处。

最后带领读者回顾这个网络模型,看一下图像尺寸是如何减少的: 3×3 的卷积核,Stride 为 2,这个卷积核滑动的时候会隔一个采样一次。假设图片是一张小图片,5×5 尺寸的。如图 6.11 所示,深灰色是卷积核采样的地方,浅灰色是两格两格跳着走的,所以可以得到一个简单的公式:假设卷积后的尺寸是 b,卷积前的图像尺寸是 a(图 6.11 中 $a=5$),则公式为(在没有填充的情况下,Padding=0):

$$b = \frac{a + 2\times Padding - 卷积核尺寸}{Stride} + 1$$

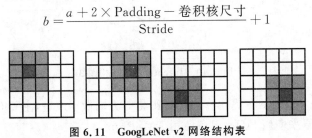

图 6.11 GoogLeNet v2 网络结构表

6.3.3 Inception v4

Inception v4 版本对 Inception 结构改变并不多。Inception v4 版本的 3 个基本模块如图 6.12 所示,可以发现以下两点:

(1) 之前使用的最大池化层,现在全改成了平均池化层;

(2) 将 1×3 卷积层和 3×1 卷积层改为了 1×7 卷积层和 7×1 卷积层。

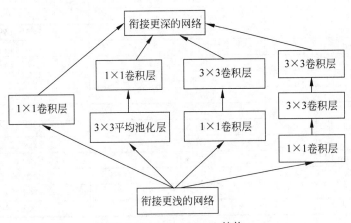

图 6.12 Inception v4 结构

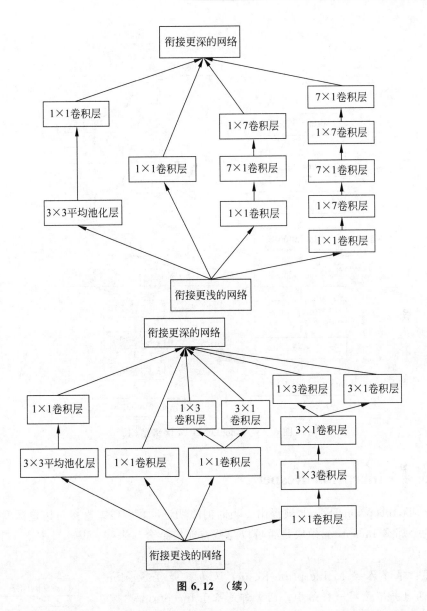

图 6.12 （续）

Inception 结构中其他的改动并不多，至于 GoogLeNet v4 的网络结构就更深了。总共按照 4、7、3 个 Inception 模块组成，网络结构如图 6.13 所示。结构中加入了更多的 Inception 模块，其中 Inception-A、Inception-B 和 Inception-C 分别是图 6.12 中的 3 个 Inception 结构。在图像进入 Inception 模块之前的处理部分，也有了一些的改进，使用了 3 个卷积核池化层并行的结构。

注意：这么多的结构并不需要记忆。单纯就实战而言，GoogLeNet 在图像分类中应用的并不多。此处主要目的是学习 GoogLeNet 一代一代更新的原因。

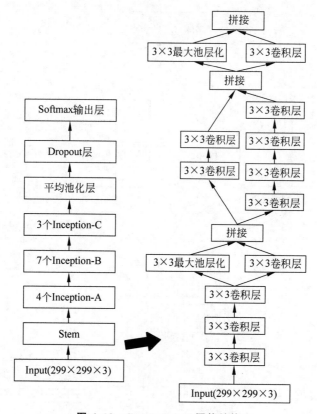

图 6.13　GoogLeNet v4 网络结构

6.3.4　Inception-Resnet

2015 年，Inception-Resnet 被提出。当时何凯明证明了：残差连接对构建深度网络是非常重要的。那么 Inception 模块是否可以与残差连接结合起来呢？基于此提出了 Inception-Resnet。

注意：很多人会把 Inception-Resnet 认为就是 Inception v4，其实两者并不是同一种结构。两者都是基于 Inception v3 发展过来的。之所以人们会认为是一种东西，是因为 Inception-Resnet 与 Inception v4 是在同一篇论文提出来的。

残差连接是为了解决什么问题？梯度消失的问题。梯度消失问题是怎么产生的呢？是因为网络太深。残差连接的基本结构如图 6.14 所示。Inception-Resnet 的 3 个模块如图 6.15 所示。

从图 6.15 中，可以发现以下两点：

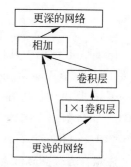

图 6.14　残差连接基本模块

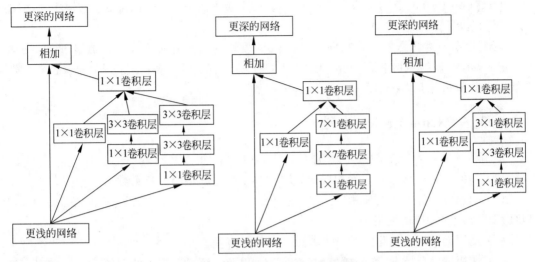

图 6.15 **Inception-Resnet** 基本模块

（1）Inception-Resnet 并不复杂，没有池化层，也没有那么多分支，因为直接相连的部分本身就有丰富的特征信息（这部分称为 Identity 部分）。

（2）最后采用了一个 1×1 的卷积层，并不是为了提高运算能力，而是保证 Identity 部分与 Inception 部分两个部分拥有同样的通道数，这样两个部分才能相加。注意这里是相加，而不是通道数的叠加。

Inception-Resnet 的网络结构如图 6.16 所示。

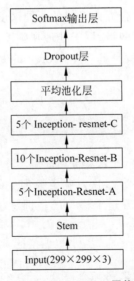

图 6.16 **Inception-Resnet** 网络结构

Inception-Resnet 有两个版本：v1 和 v2。两个版本的 Inception-Resnet 结构相同,但是每一层的输出通道数有改动。

两个版本的网络结构大致相同,只有 Stem 模块的结构有所修改。v1 版本的 Stem 与 GoogLeNet v2 网络结构中的 Stem 相似,只是把第四层的 3×3 卷积层换成了 1×1 卷积层。v2 版本的 Stem 采用 GoogLeNet v4 的 Stem 结构。

6.3.5 GoogLeNet 小结

本节讲述的内容较多,很多内容都是科普,真正的知识点并不多。

(1) 如何减少计算量? 在卷积之前,使用 1×1 的卷积层降低通道数。

(2) 如何减少计算量? 使用 3×3 的卷积层代替 5×5 或者 7×7 的,然后在网络中部可以使用 1×3 和 3×1 的网络。

(3) 使用卷积层和池化层并行来兼顾特征和计算量。

(4) 使用辅助分类器,增强模型的泛化能力,以及缓解梯度消失的问题。

(5) 学会如何计算图像经过卷积层前后的尺寸变化过程。

(6) 使用残差连接来缓解梯度消失问题,并且减少运算量。

6.4　Resnet

在现在的一些图片分类的竞赛中,Resnet 是一个很好的选择。本节结合 PyTorch 代码一起讲解。首先,Resnet 有好多种类,例如 Resnet50、Resnet101 等,都是基于相同的 Resnet 基础结构,然后以不同的组合方式形成的不同深度的 Resnet 网络。

首先,Resnet 是一个深度卷积网络,用于处理视觉图像问题,PyTorch 中有一个库称为 torchvision,看名字可以猜到这个就是基于 PyTorch 的专门解决图像问题的库。那么导入 Resnet50 的模型看一看:

```
import torchvision
model = torchvision.models.resnet50(pretrained = True)
```

注意：如果这一步没有看明白,可以参考问题解答中的"PyTorch 模型类"。

其中,pretrained=False 是不加载参数,这意味着模型中的所有参数都是初始化的,而不是训练过的; pretrained=True 意味着这个模型已经训练了大量的图片,已经学习了很多图片。一般情况下,pretrained=True。

下面,进入 resnet50()函数内部:

```
def resnet18(pretrained = False, * * kwargs):
    model = ResNet(BasicBlock,[2,2,2,2], * * kwargs)
    if pretrained:
```

```
            model.load_state_dict(model_zoo.load_url(model_urls['resnet18']))
        return model
    def resnet50(pretrained = False, ** kwargs):
        model = ResNet(Bottleneck,[3,4,6,3], ** kwargs)
        if pretrained:
            model.load_state_dict(model_zoo.load_url(model_urls['resnet50']))
        return model
```

从中,可以得到两个有用信息。

(1) 如果 pretrained＝True,那么这个模型就会导入一个存储参数的文件,这意味着模型是一个已经训练过的模型,这种称为预训练。采用已经训练好的模型可以节省大量的时间,加快模型的收敛速度。例如,一个博士生学习一门新的课程会比婴儿学得快,因为博士已经有了很多其他的相关知识,这就是预训练的概念。

(2) Resnet18 和 Resnet50 两个网络层数不同,但是可以使用同一个模型类进行初始化,说明这个层数的区别就体现在了[2,2,2,2]和[3,4,6,3]的区别当中了。

下面来看一下 ResNet 这个类究竟是怎么定义的:

```
# PyTorch 官方如何定义 ResNet 模型类的
class ResNet(nn.Module):
    def __init__(self,block,layers,num_classes = 1000):
        self.inplanes = 64
        super(ResNet,self).__init__()
        # 第一部分
        self.conv1 = nn.Conv2d(3,64,kernel_size = 7,Stride = 2,padding = 3,
                                bias = False)
        self.bn1 = nn.BatchNorm2d(64)
        self.relu = nn.ReLU(inplace = True)
        self.maxpool = nn.MaxPool2d(kernel_size = 3,Stride = 2,padding = 1)
        # 第二部分
        self.layer1 = self._make_layer(block,64,layers[0])
        self.layer2 = self._make_layer(block,128,layers[1],Stride = 2)
        self.layer3 = self._make_layer(block,256,layers[2],Stride = 2)
        self.layer4 = self._make_layer(block,512,layers[3],Stride = 2)
        self.avgpool = nn.AvgPool2d(7,Stride = 1)
        self.fc = nn.Linear(512 * block.expansion,num_classes)
```

看一个模型类自然要先看这个模型类的初始化的定义,关键有两个参数,block 和 layers。layers 就是刚才提到的[2,2,2,2]或者是[3,4,6,3]。block 其实就是类似于一个提前封装好的组件。例如,一般一个卷积层后面都会跟一个 BN 层,为了避免写成 Conv＋BN＋Conv＋BN＋…这样冗长的形式,可以提前定义一个组件称为 Convbn,这个组件等于Conv＋BN,这样反复使用 Convbn 就可以了。

在不同的 Resnet 中总共有两种 block,一个称为 Bottleneck(瓶颈),一个称为

BasicBlock。在 Resnet18 和 Resnet34 的浅层网络中,使用的是 BasicBlock,然后随着网络深度越来越深,Resnet50、Resnet101 和 Resnet152 等深层网络中使用的是 Bottleneck。

注意:BasicBlock 组件中封装了两层卷积层,而 Bottleneck 中封装了 3 层卷积层。

Resnet 的 __init__ 的第一部分中定义了卷积层、BN 层、ReLU 激活函数、最大池化层 self.maxpool、全局平均池化层 self.avgpool 及全连接线性层 self.fc 等常规的内容;第二部分定义了 4 个 layer,每一个 layer 调用_make_layer,然后依次传入 layers 数组[3,4,6,3]中的每一个元素,同时传入 block。所以 Resnet 结构的关键就是_make_layer 方法。

```python
def _make_layer(self,block,planes,blocks,Stride = 1):
    downsample = None
    # 第一部分
    # 下面可以简单地理解为 Stride 如果不等于 1,就要开始下采样
    if Stride != 1 or self.inplanes != planes * block.expansion:
        downsample = nn.Sequential(
            nn.Conv2d(self.inplanes,planes * block.expansion,
                      kernel_size = 1,Stride = Stride,bias = False),
            nn.BatchNorm2d(planes * block.expansion),
        )
    # 第二部分
    layers = []
    layers.append(block(self.inplanes,planes,Stride,downsample))
    self.inplanes = planes * block.expansion
    for i in range(1,blocks):
        layers.append(block(self.inplanes,planes))
    return nn.Sequential( * layers)
```

_make_layer 返回的是 nn.Sequential 类型的变量,就是一个小型的神经网络。这里 _make_layer 的参数中,block 就是 Blockneck 或者是 BasicBlock,planes 就是_make_layer 返回的神经网络的输出通道数,然后 blocks 传入的就是之前[3,4,6,3]中的某一个值,表示这个_make_layer 小神经网络是由几个 block 组成的。

BasicBlock 的结构如下:

```python
class BasicBlock(nn.Module):
    expansion = 1
    def __init__(self,inplanes,planes,Stride = 1,downsample = None):
        super(BasicBlock,self).__init__()
        self.conv1 = conv3x3(inplanes,planes,Stride)
        self.bn1 = nn.BatchNorm2d(planes)
        self.relu = nn.ReLU(inplace = True)
        self.conv2 = conv3x3(planes,planes)
        self.bn2 = nn.BatchNorm2d(planes)
        self.downsample = downsample
        self.Stride = Stride
```

```
def forward(self,x):
    residual = x
    out = self.conv1(x)
    out = self.bn1(out)
    out = self.relu(out)
    out = self.conv2(out)
    out = self.bn2(out)
    if self.downsample is not None:
        residual = self.downsample(x)
    out += residual
    out = self.relu(out)
    return out
```

图 6.17 所示的是与这个代码对应的结构图。

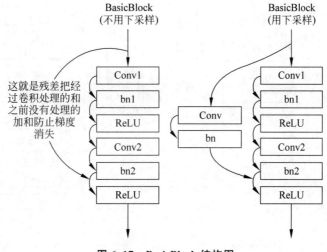

图 6.17　BasicBlock 结构图

综上所述,残差网络的基本特点如下。

(1) 从代码中可以看到,可以由大到小罗列几个残差网络的概念:Resnet+数字、_make_layer 和 block。

(2) Resnet+数字中的数字就是残差网络的深度。影响深度的是一组神秘的数组,例如[2,2,2,2]和[3,4,6,3]。例如,Resnet18 的参数是[2,2,2,2],每一个 Resnet 中必有 4 个 _make_layer 模块,每一个模块中都是 2 个 block,因为 Resnet18 用的 block 是 BasicBlock,只包含 2 层卷积层,所以加起来共是(2+2+2+2)×2=16 层,再加上 Resnet 开头的卷积层和结尾的线性层,共 18 层。Resnet34 的参数是[3,4,6,3],(3+4+6+3)×2=32 层,加上开头卷积层和结尾线性层共 34 层。Resnet50 采用 3 层卷积层的 block——Blockneck,而 Resnet50 的参数也是[3,4,6,3],所以(3+4+6+3)×3+2=50 层。

(3) 残差的概念体现在 block 上,从图 6.17 中也展示了使用下采样和不使用下采样的

block 的区别(其实也没什么太大区别)。4 个_make_layer 中,只有第 1 个_make_layer 是不使用下采样的,而在使用下采样的后 3 个_make_layer 中,也仅有第 1 个 block 使用了。所以说在每个残差网络中,不管有多少 block,仅有 3 个 block 使用了下采样,其他所有 block 都没有用。

(4)最后 Blockneck 的结构与 BasicBlock 极为相近,就是在主干上多了 Conv+BN+ReLU。

注意:不管有没有下采样,每个 block 都体现了残差的意义,区分下采样与残差的区别。

Blockneck 和 BasicBlock 的区别如图 6.18 所示。

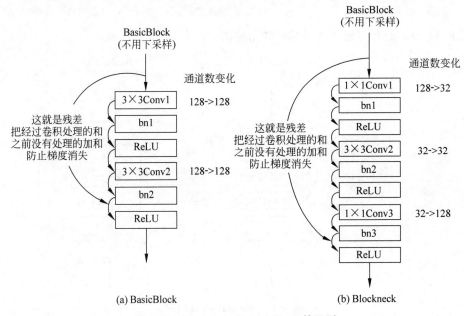

图 6.18　Blockneck 和 BasicBlock 的区别

残差结构 residual 有两个特点:一是倒残差,即让未处理的特征图直接接入上层的特征图;另一个是采用 1×1 卷积来降低通道数,然后用 3×3 的卷积提取特征,然后再用 1×1 的卷积将通道数恢复。

注意:虽然 GoogLeNet 的网络提出的时间比 Resnet 早一些,但是都会随着新方法的提出而改进。

6.5　MobileNet

MobileNet 是 Google 在 2017 年提出的,专门用于移动端、嵌入式这种计算力不高、要求速度、实时性的设备。而 MobileNet 的结构相比之前学到的 Resnet 来说,更为简单,所以本节也就不细说 MobileNet 的结构了。

本节主要讲解 MobileNet 之所以可以轻量化的原因——深度可分离卷积(Depthwise Separable Convolution,DSC),其目的就是在降低参数数量的同时,尽量不损失精度。借这个机会,详细讲一讲卷积网络计算量是如何计算的。

6.5.1　CNN 计算量如何计算

先看卷积的图,如图 6.19 所示。图 6.19(a)的 5×5 卷积看成是 Padding=1 的 3×3 的图片,Padding=1 就是 3×3 的图片上下左右各填充一行(列),变成 5×5 大小的,Padding 是为了保证输入输出的图片尺寸相同。

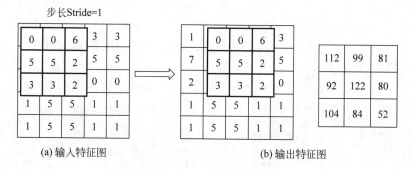

图 6.19　卷积示意图

假设特征图尺寸为 H(高)、W(宽),尺寸(边长)为 K,M 是输入特征图的通道数,N 是输出特征图的通道数。简化问题,图 6.19 所示为输入单通道特征图,输出特征图也是单通道的,即每一个卷积结果为一个标量。从输出特征图来看,共进行了 9 次卷积,每一次卷积计算了 9 次,因为每一次卷积都需要让卷积核上的每一个数字与原来特征图上对应的数字相乘(这里只算乘法不用考虑加法)。所以图 6.19 中共计算了:

$$9 \times 9 = 3 \times 3 \times 3 \times 3 = 81$$

如果输入特征图是一个两通道的,那么意味着卷积核也是要两通道的卷积核才行,此时输出特征图还是单通道的。这样计算量就变成:

$$9 \times 9 \times 2 = 162$$

原本单通道特征图每一次卷积只用计算 9 次乘法,现在因为输入通道数变成 2,要计算 18 次乘法才能得到输出中的一个数字。现在假设输出特征图要输出三通道的特征图。那么就要准备 3 个不同的卷积核,重复上述全部操作 3 次才能得到 3 个特征图。所以计算量就是:

$$9 \times 9 \times 2 \times 3 = 486$$

现在解决原来的问题:特征图尺寸是 H(高)和 W(宽),卷积核是正方形的,尺寸(边长)为 K,M 是输入特征图的通道数,N 是输出特征图的通道数。答案就是:

$$H \times W \times K \times K \times M \times N$$

这个就是卷积的计算量的公式。

6.5.2 深度可分离卷积

假设在一次卷积中,需要将一个输入特征图 $64×7×7$,经过 $3×3$ 的卷积核,变成 $128×7×7$ 的输出特征图。计算一下这个过程需要多少的计算量:

$$7×7×3×3×64×128 = 3\ 612\ 672$$

如果用了深度可分离卷积,就是把这个卷积变成两个步骤。

(1) Depthwise:先用 $64×7×7$ 经过 $3×3$ 的卷积核得到一个 $64×7×7$ 的特征图。这里是 $64×7×7$ 的特征图经过 $3×3$ 的卷积核,不是 $64×3×3$ 的卷积核。这里将 $64×7×7$ 的特征图看成 64 张 $7×7$ 的图片,然后依次与 $3×3$ 的卷积核进行卷积。

(2) Pointwise:在 Depthwise 的操作中,不难发现,这样的计算根本无法整合不同通道的信息,因为上一步把所有通道都拆开了,所以在这一步要用 $64×1×1$ 的卷积核去整合不同通道上的信息,用 128 个 $64×1×1$ 的卷积核,产生 $128×7×7$ 的特征图。

最后的计算量就是:

$$7×7×3×3×64 + 7×7×1×1×64×128 = 429\ 632$$

整个计算量减少为原来的 $1/9$～$1/8$ 倍。整个过程与一般卷积过程的对比如图 6.20 所示。

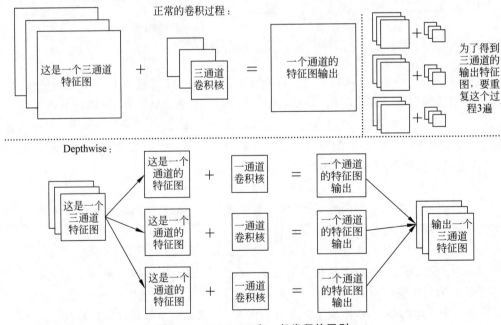

图 6.20　Depthwise 和一般卷积的区别

6.5.3 ReLU6

在 MobileNet v1 中不仅使用了 Depthwise Separable Convolution,还使用了 ReLU6 作

为激活函数。ReLU6 就是小于 0 的部分当成 0，大于 6 的部分当成 6，0～6 中间的部分不变。ReLU 的数学表达就是：$ReLU(x)=\max(0,x)$，那么 ReLU6 的数学表达就是：$ReLU6(x)=\min(\max(0,x),6)$。

6.5.4 倒残差

倒残差（Inverted Residual）颠倒的是 Residual 中使用 1×1 卷积来缩小通道数的操作。Inverted Residuals 使用 1×1 的卷积进行扩展，然后使用 3×3 的卷积核去做 Depthwise 的操作，然后再用 1×1 的卷积核缩小。

注意：① 这里扩张之后是使用 Depthwise 的操作去卷积，所以卷积核是 3×3 而不是 channel$\times3\times3$ 的。所以这样的操作并不会造成计算量的爆炸。② ReLU6 和深度可分离卷积是 2017 年的 MobileNet v1 提出的，Inverted Residual 是 2018 年的 MobileNet v2 提出的。

基于 Inverted Residual，修改 Resnet 中的 Bottleneck，基于以下步骤变成 Linear Bottleneck：①用 1×1 的卷积扩展通道数；②用 3×3 的卷积去做 Depthwise；③再用 1×1 的卷积去恢复通道数；④把 Linear Bottleneck 的输出特征图和输入特征图做一个残差连接（如果在 3×3 的过程中的步长为 2，那么就不做残差连接）。

6.6 EfficientNet

EfficientNet 的 Efficient 是高效率的、有能力的。本架构在 2019 年提出，并在 ILSVRC 上碾压了历史的各种网络。EfficientNet 主要的贡献是提出了一种模型扩展（Model scaling）的方法。深度网络在某种意义上来说，越深效果越好，越宽效果越好，但是同时计算量会大幅度提高。如何在计算量提高的前提下，尽可能地提高模型效果呢？模型变深变宽是否有什么规律可寻呢？这就是 Model scaling 追求的。

扩展网络，一般是调整输入图像的大小、网络的深度和宽度。网络的宽度就是特征图的通道数量。在 EfficientNet 之前，大部分的研究工作都是调整 3 个维度中的某一个。如果在 3 个维度上同时进行调整需要极大的算力支持。EfficientNet 的目的就是希望找到一个标准化的卷积网络扩展方法，通过规律扩展网络，尽可能提高网络性能。换句话说就是，如何平衡图像分辨率、模型深度、模型宽度 3 个变量，实现网络在效率和准确率上的提升。

6.6.1 模型的数学表达

EfficientNet 最终对于"如何平衡图像分辨率、模型深度、宽度"这个问题交了一个令人满意的答卷，提出了复合缩放的方法（Compound Scaling Method）。模型扩展是一个比较陌生且抽象的概念，那就用数学来尝试描述这个问题：

$$Y_i=L_i(X_i) \tag{6.1}$$

其中，i 表示网络层数，X_i 表示第 i 层的输入特征图，Y_i 自然是第 i 层的输出特征图，然后 L_i 表示第 i 层的神经网络，可能是一个卷积层。定义一个运算符号，表示神经网络的层叠：

$$Network = L_k \odot L_{k-1} \odot \cdots \odot L_2 \odot L_1(X_1) = \odot_{j=1 \dots k} L_j(X_i) \tag{6.2}$$

式(6.2)表示整个神经网络的过程，第一层的输入图片 X_1 经过第一层 L_1，然后输出再经过第二层 L_2，总共有 k 层构成这个网络。这里的 X 既然是特征图，那自然有 3 个维度，高、宽和通道数。

经过之前的 Resnet 和 GoogLeNet 的学习，会发现有一个共同的规律就是：这个网络其实是非常简单的，就是由几种基本组件重复利用、组装起来的。Resnet 的基本组件是 BasicBlock 或者 Blocknneck，GoogLeNet 的基本组件是 Inception。所以这里假设每一层 L_j 都可能重复出现 N_i 次，这样的话，上面的网络可以写成这个样子：

$$N' = \odot_{j=1 \dots k} L_j^{N_j}(X_{<X_i, W_i, C_i>}) \tag{6.3}$$

其中，X_i，W_i 表示图片的分辨率；C_i 表示图片的通道数，也就是网络的宽度；N_j 则是网络的深度。

这时候，EfficientNet 为了缩小这三个维度的空间，提出一个设想：卷积网络所有的卷积层必须通过相同的比例进行同一扩展。这样的话所有卷积层扩展幅度相同，避免搜索空间维度爆炸。例如，某一个卷积层的通道数从 30 变成 60，那么最后一层的通道数也必须从 1000 变成 2000，保持倍数相同。所以，现在就是探索 3 个维度的扩展比例常数的一个最优化问题：已知在可用算力的条件下，最大化 $Accuracy(N'(d,w,r))$，最大化 N' 网络的精度，其中，$N'(d,w,r) = \odot_{j=1 \dots k} L_j^{d * N_j}(X_{<r * X_i, r * W_i, w * C_i>})$。

EfficientNet 团队做了很多的实验，得到了两个结论：

（1）这 3 个维度固定任意两个维度，放大另外一个维度都可以带来精度的提升，但是提升幅度越来越小；

（2）在不同的 d 和 r 组合下，提升 w，可以带来不同的效果，说明三个的组合可以带来高于单纯放大某一个维度的效果。

以上两个结论是在证明研究方向的正确性。就是说，在研究一个问题的时候，在研究之前是无法确定这个研究方向是否是正确的，所以先用特定参数来做一些实验，然后发现有这样的现象，才能从特殊推普遍，来得到一个规律性的结论。

6.6.2 复合缩放

EfficientNet 的规范化符合调参方法使用了一个复合系数 ϕ，就是基于以下的条件对 d、w、r 进行求取：

$$d = \alpha^\phi, \quad w = \beta^\phi, \quad r = \gamma^\phi \tag{6.4}$$

$$\alpha * \beta^2 * \gamma^2 \approx 2, \quad \alpha \geqslant 1, \quad \beta \geqslant 1, \quad \gamma \geqslant 1 \tag{6.5}$$

其中，w 是宽度的放大倍数；d 是深度的放大倍数；r 是宽和高的放大倍数。因为这里 w 和 d 放大一倍，计算量会变成原来的 4 倍，所以这里加上平方。为什么宽度放大一倍计算量大4倍？线索可以从CNN的计算中找到答案，因为每一层的通道数增加两倍的话，那么计算公式中包含两个相邻层的通道数，所以会扩大4倍。

EfficientNet有一个基本网络结构（称为基线网络），网络结构就是结合了MobileNet v2还有一些其他网络做出的一个结构。这个基线网络就是一个要被复合缩放的方法扩展深度、宽度、分辨率的一个原始网络，是一个结合了诸多网络优点的一个新的卷积模型，称为Efficient-b0。

在探索扩展参数的时候，有两个步骤：

（1）固定住$\phi=1$，在$\alpha\beta^2\gamma^2\approx2$条件下，一遍一遍地训练网络，然后寻找到最佳的$\alpha=1.2,\beta=1.1,\gamma=1.15$；

（2）固定住$\alpha=1.2,\beta=1.1,\gamma=1.15$，然后调整式（6.4）中的$\phi$，最后得到了7个不同扩展程度的网络b1～b7。

整个过程不知道要训练多少次网络，而且ImageNet的图片巨多，一般人连复现代码都很困难，所以最简单的办法就是用EfficientNet来做迁移学习。直接使用训练好的EfficientNet模型，然后在这个模型之后增加自己想要的分类层。如果是二分类，就接上一个输出为2的全连接层；如果是10分类，就接上一个输出为10的全连接层。

6.7　风格迁移

风格迁移是基于对卷积网络的理解，产生的一种卷积网络的应用。通过对本节的学习，可以对卷积网络有更深的认识，而且这个应用非常有意思。风格迁移（Neural Style Transfer）是把一张图片的风格转移到另外一张图片上的操作，如图6.21所示。

从图6.21中，可以清晰地理解风格迁移的含义。图6.21（a）是笔者旅游时拍的照片，图6.21（b）是著名的《星空》。个人喜欢这种油画的感觉，那种油料涂在画板上，凹凸不平的那种质感，希望自己拍的照片也可以有这种类似的质感，怎么办呢？风格迁移就是把一幅画的纹理、质感移到另外一幅画的内容上。图6.21（c）中生成的图片内容是笔者拍的风车，风格是油画质感。

下面通过学习CNN来理解这怎么实现的。

一切都是基于这样的一个思想：CNN层，也就是卷积层，在一个深度网络中是有很多卷积层的，每一个卷积层都是对图像进行一次特征的提取，越提取图像，图像就会变得越抽象、越接近本质。因此越接近输入层的图像，包含更多纹理的信息，而越靠近输出层的图像，会包含更多内容方面的信息。

在数据处理的过程中，有一个称为数据处理不等式的概念，就是随着网络层数的加深，图像经过的处理变多，每次处理的信息会变少。开始的一张原始图片，里面包含了所有的信息。不管对一张图片如何操作，每次操作之后的图片所包含的信息一定是小于或等于原图片包含的信息的。

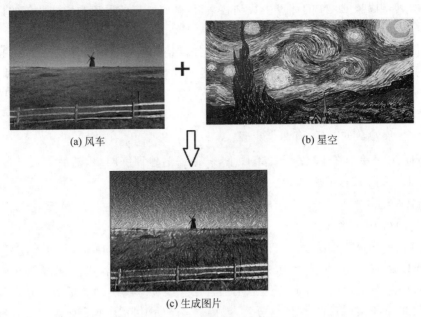

(a) 风车　　　　　　　　　　　　　　　　　(b) 星空

(c) 生成图片

图 6.21　风格迁移示意图

根据这个不等式,越深网络的图像信息是不会大于前面层的网络信息的,因此前面层的图像会包含更多的细节。此外,反向传播是根据标签计算的损失梯度从网络深处往浅层更新的,因此越深层的网络会包含更多的图像标签的信息,也就是图像内容的信息。

假设看到一只狗,一个"毛茸茸的身上有斑点的穿着棉袄的狗",对这个画面进行处理,经过第一次处理,变成"身上有斑点的穿着棉袄的狗",然后第二次处理"穿着棉袄的狗",第三次处理得到了"狗"。然后现在有了猫的照片。如果想要一个"毛茸茸的身上有斑点的穿着棉袄的猫",就需要结合处理狗的网络的前三层和处理猫的网络的第四层,再逆向生成一个想要的图片,如图 6.22 所示。

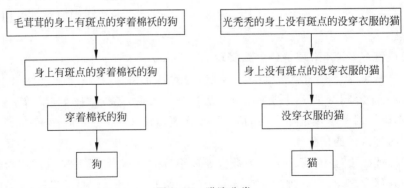

图 6.22　猫狗分类

图 6.22 证明了,为什么越深层的网络的图片越接近内容。下面讲解其中用到的算法,

这个算法在提出的时候是使用 VGG 网络进行风格迁移的。

根据 5.3 节讲解的反向传播,有一个有很多参数的模型和一个目标。模型给出一个预测值,用预测值和目标计算出损失函数,然后用损失函数更新模型的所有参数,使模型的预测值更加接近目标。

在风格迁移中也要确定一个损失函数和模型。模型采用 6.2 节的 VGG 的 5 个模块,这里稍微回顾一下,5 个模块就是根据最大池化层划分出来的 5 个卷积模块,如图 6.23 所示。图 6.23 是一个看起来非常复杂的示意图,包括以下要点。

(1)整个分成 3 组,都是 VGG19 的网络。但是图中只展示了 5 个卷积模块,共 16 层(未展示 VGG19 后面的 3 层全连接层)。

(2)Conv1_1/2 表示这是第一个卷积模块,这个模块中有两个卷积层,将其标为 Conv1_1 和 Conv1_2。

(3)图 6.23(a)所示的 VGG 网络用于计算《星空》绘画风格,图 6.23(c)所示的照片用于计算内容风格。图 6.23(b)的 VGG 网络则是为了生成新画作的。

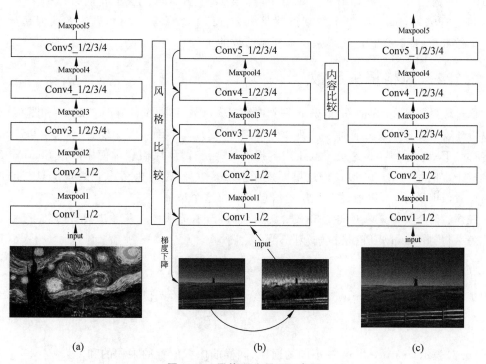

图 6.23 风格迁移原理示意图

注意:这里的新画作,是指星空风格的风车照片。

在讲解具体算法之前,先解释什么是特征图(Feature Map)。原图经过一个卷积层之后,会产生一个新的图像,这个新的图像就是 Feature Map。例如,假设一个 $3 \times 64 \times 64$ 的图像经过卷积层,变成 $10 \times 64 \times 64$ 的图像,这个 $10 \times 64 \times 64$ 的图像就是 Feature Map。

6.7.1　内容损失函数

在讲解具体算法前,先定义内容损失函数,这个函数用于展示新画作与风车之间内容的差异,还记得"越深层的卷积网络的图像,越能表现内容的信息"这个结论吗? 采用 Conv4_2(第 4 个模块第 2 个卷积层)的 Feature Map 作为内容信息的展示。新画作的 Conv4_2 的 Feature Map 与风车的 Conv_2 的 Feature Map 相近,则有

$$L_{\text{content}}(\boldsymbol{p},\boldsymbol{x},l) = \frac{1}{2}\sum_{i,j}(F_{i,j}^l - P_{i,j}^l)^2 \tag{6.6}$$

其中,L_{content} 表示内容 content 的损失 Loss;L 函数是 $\boldsymbol{p},\boldsymbol{x},l$ 三个变量的函数。$\boldsymbol{x}$ 是新画作的向量,$\boldsymbol{p}$ 是风车的向量,l 是网络层数。如果是用 Conv4_2 的话,l 就是 10;$F_{i,j}^l$ 是新画作在 l 层之后的 Feature Map 的第 i 个 channel 的第 j 个像素点的值。$P_{i,j}^l$ 是风车在 l 层之后的 Feature Map 的第 i 个 channel 的第 j 个像素点的值。例如,假设 Feature Map 是 $3\times16\times16$ 的图,$F_{2,17}^l$ 就是第 2 个 channel 中第 17 个像素点。这里我们会把 16×16 看成 1×256 这样来算,所以第 17 个像素点就是第 2 行第 2 个像素点。如果读者认为是第 2 行第 1 个像素点,那就是忘记这个是从 0 开始计数的。

6.7.2　风格损失函数

通过计算图 6.23(b) 和图 6.23(c) 得到内容损失函数,而通过计算图 6.23(a) 和图 6.23(b) 可以得到风格损失函数。前面通过新画作得到 $F_{i,j}^l$,风车得到 $P_{i,j}^l$,现在《星空》得到 $S_{i,j}^l$。这些都是 Feature Map。这里不同于内容损失的直接计算,风格表示使用的是 Feature Map 展开成 1 维向量的 Gram 形式。这里面使用 Gram 矩阵,是因为考虑到纹理信息与图像的具体位置没有关系,所以通过打乱位置信息来突出这个特征。

注意:这个矩阵是在风格迁移之前就出现的,而不是风格迁移算法提出的。

怎么得到 Gram 矩阵(格拉姆矩阵)呢?

$$\boldsymbol{G}_{i,j}^l = \sum_k F_{i,k}^l F_{j,k}^l \tag{6.7}$$

其中 $F_{i,k}^l$ 是新画作的 Feature Map。假设给 i 和 j 赋予特制值:

$$\boldsymbol{G}_{1,3}^l = \sum_k F_{1,k}^l F_{3,k}^l \tag{6.8}$$

则式(6.8)表示 Feature Map 在不同的通道,同样的像素位置的乘积的和。$\sum_k F_{i,k}^l F_{j,k}^l$ 中的 i 和 j 都是表示通道,所以假设 Feature Map 有 3 个通道,那 $\boldsymbol{G}_{i,j}^l$ 就是一个 3×3 的矩阵。$\boldsymbol{G}_{1,2}^l$ 表示特征图的通道 1 和特征图的通道 2 进行内积。

注意:矩阵的内积就是对应元素相乘的和。如 [1,2,3] 与 [1,2,3] 的内积就是 $1+4+9=14$。

格拉姆矩阵用于度量各个通道自己的特性和各个通道之间的关系。对角线提供了不同

通道各自的信息,其余元素提供了不同通道之间彼此的关系。

　　所以可以得到风格损失函数:

$$L_{\text{style}} = \sum_l w_l E_l \tag{6.9}$$

其中,L_{style} 是风格损失函数;E_l 是第 l 层的损失函数;w_l 是对应的权重。E_l 的计算方法:

$$E_l = \frac{1}{4N_l^2 M_l^2} \sum_{i,j} (\boldsymbol{G}_{i,j}^l - \boldsymbol{A}_{i,j}^l)^2 \tag{6.10}$$

其中,$\boldsymbol{G}_{i,j}^l$ 是新画作的格拉姆矩阵;$\boldsymbol{A}_{i,j}^l$ 是《星空》的格拉姆矩阵;N_l 是通道的总数;M_l 是像素点的个数,也就是长×宽。

6.7.3　风格迁移的梯度下降

　　有了风格损失函数 L_{style} 和内容损失函数 L_{content} 之后,整个任务的损失函数就是这两个的加权:

$$L_{\text{total}}(\boldsymbol{p}, \boldsymbol{a}, \boldsymbol{x}) = \alpha L_{\text{content}}(\boldsymbol{p}, \boldsymbol{x}) + \beta L_{\text{style}}(\boldsymbol{a}, \boldsymbol{x}) \tag{6.11}$$

　　这里的梯度下降非常有意思。3 个 VGG 网络的参数是不更新的,更新的是 $\boldsymbol{x}$(输入数据)。把输入数据作为参数,应用于反向传播。

　　注意:实战部分包含一个风格迁移的实战内容。

## 第 7 章

循环神经网络

7.1 长短期记忆网络

RNN 可以将以前的信息与当前的信息进行连接。例如,在视频中,可以用前面的帧来帮助理解当前帧的内容;在文本中,可以用前面半句话的内容来预测后面的内容。但是,RNN 存在一个记忆消失的问题。例如,"苹果很好吃所以我想吃 XX"(这里使用 RNN 网络来预测 XX 位置应该填入什么词汇符合逻辑)。这个 XX 就是提到的"苹果",RNN 处理这样的短句子还没问题;"我很喜欢吃苹果,今早上学碰到卖水果的王大妈,热情的大妈给了我一个 XX"。这时候,XX 可能是"水果"而不是"苹果",因为"苹果"与 XX 的距离太远了。通俗来讲,RNN 的记性不太好,只有 7 秒的记忆,太远的内容记不清。这样的问题称为短时记忆(Short-Term Memory)。

RNN 理论上可以解决这样的问题,但是需要大量的调参,需要耗费大量时间,所以出现了长短期记忆网络(Long Short-Term Memory networks,LSTM)这个特殊的 RNN 结构。

7.1.1 LSTM 结构

LSTM 专门用于解决短时问题。LSTM 诞生于 1997 年,与 RNN 一样,其模块不断重复,把上一个时刻的信息作为这个时刻的输入。

注意:只要是 RNN,就是重复模块链的形式,每一个模块都相同。

LSTM 最大的贡献是提出了一个概念——细胞状态 C_t。每一个时刻 t 的细胞状态就好比是这个时刻的记忆,细胞状态不仅包含这个时刻的输入,还蕴含着之前所有时刻的记忆。LSTM 中这个细胞状态在每一个时刻都会进行 3 个操作,专业一点的名词称为 3 个门:忘记门、输入门和输出门。

(1) 忘记门。上一个时刻的细胞状态(记忆)保留到这个时刻,首先要删除一部分内容,可能是因为遗忘,也可能是因为那部分记忆无用,总之一个人不能什么都记得住。

(2) 输入门。忘记了之后,这一个时刻的输入应该会给这个细胞状态增添一些新的记忆。

（3）输出门。过去的信息该忘记的忘记了，现在的信息该记住的记住了，把剩下的细胞状态（记忆）作为这个时刻的输出，也作为下一个时刻的初始细胞状态。

LSTM整个流程：在每一个时刻，通过某些计算，忘记一些东西，记住一些新的东西，输出结果……

问题是这个"某些计算"是什么呢？结合图7.1来依次说明。

（1）如图7.1所示，整个LSTM要求3个输入：上一时刻的细胞状态、上一时刻的输出和这一时刻的输入。在LSTM中，细胞状态也被称为隐含状态。

（2）忘记门通过乘0~1的数来达到忘记的概念。0~1的数用Sigmoid激活函数表示，公式中写作σ。所以忘记门对C_{t-1}的影响就是：

$$C_{t-1}^{\text{forget}} = C_{t-1}\sigma(W_1[o_{t-1}, x_t] + b_1) \tag{7.1}$$

$[y_{t-1}, x_t]$表示组合这两个信息。在实际操作中，可以使用简单的拼接来形成一个新的输入数据。W_1和b_1就是要学习的参数。式（7.1）可以理解为一个简单的全连接神经网络。0~1的数就是控制这个门的：如果是0，那么说明忘记门开，所以之前的细胞状态全部忘记；如果是1，说明忘记门关，所以之前的细胞状态全部保留。

（3）输入门。怎么记忆一些新的东西呢？肯定是加上一些新的东西，所以用加法；新的东西自然也是需要查看o_{t-1}, x_t的信息的，不然怎么知道哪些是新的，哪些是以前就知道的；所有新的东西不一定都是有用的，所以这个新的东西需要乘0~1的数，这样剩下的才能成为新的记忆：

$$\widetilde{C}_t = f(W_2[o_{t-1}, x_t] + b_2)$$

其中，f是激活函数，一般使用的是tanh()函数。

新的记忆：

$$C_t^{\text{new}} = \sigma(W_3[o_{t-1}, x_t] + b_3)\widetilde{C}_t$$

更新细胞状态：

$$C_t = C_{t-1}^{\text{forget}} + C_t^{\text{new}}$$

输入门中有两个状态：如果输入门是1，说明门开，把信息全部写入细胞状态；如果输入门是0，输入门关，这一时刻的信息全部不写入细胞状态。

注意：读者可能发现，1表示门开，0表示门关，这与忘记门说的相反。这里可能是因为忘记门名字的问题，很多人都提出过这样的疑问。如果把"忘记门"改成"不忘记门"，这样1表示不忘记，0表示忘记，就和输入门的逻辑相同了。

（4）输出门。现在细胞状态已经更新到这个时刻的细胞状态了，可以输出这个时刻的答案了。虽然经过忘记门、输入门，细胞状态已经筛选掉一些没有用的知识，保留的内容都是有用的知识，但是对于一个问题而言，并不是所有知识都会用到的，只会用到一小部分。所以细胞状态又要乘0~1的数，然后剩下的作为输出o_t，也作为下一个时刻$t+1$的一个信息输入：

$$y_t = \sigma(W_4\ [o_{t-1}, x_t] + b_4)\ f(C_t)$$

其中，1 表示输入门开，全部细胞状态都是输出，0 表示门关，不输入当前细胞状态。

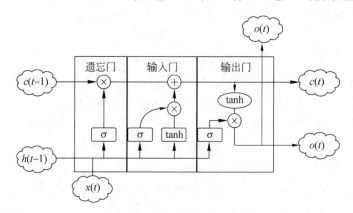

图 7.1 LSTM 结构图

这里做一个总结来回顾一下 LSTM。

(1) LSTM 是一种特殊的 RNN 结构。

(2) LSTM 包含 3 个门：忘记门、输入门、输出门。忘记门是 C_{t-1} 乘以 0～1 的数，输入门是给细胞状态增加部分新的信息，输出门是输出部分的细胞状态。

(3) LSTM 每一个模块需要前一个时刻的输出信息 y_{t-1} 和前一个时刻的细胞状态 C_{t-1}，这样来构成循环。

(4) LSTM 需要进行 4 次计算。3 次是用 Sigmoid 得到 0～1 取值范围的门的开闭状态的数值，然后一次使用 tanh 得到需要添加到细胞状态中的当前信息。这 4 次计算都是基于 $[o_{t-1}, x_t]$ 来计算的。

图 7.1 是一个 LSTM 的模块，在循环的时候，要把这个模块重复很多遍，达到循环的目的，如图 7.2 所示。

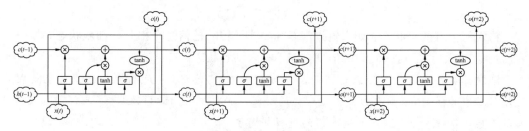

图 7.2 循环的 LSTM

在谈论 RNN 的时候，默认是使用 LSTM 的，而只有说到 Simple RNN 的时候，才是指 Elmam network 那种最原始最简单的 RNN 结构。

在所有使用 LSTM 的论文中，基本上都是与上述的 LSTM 有微小的改变，所以到目前为止,基本有上百种不同的 LSTM 结构,不过 Google 之前做过研究发现,这些不同的 LSTM,并没有什么不同。

这里讲一个比较经典还很简单的 LSTM 变体——Peephole(2000 年产生)。Peephole 是门或者墙上的窥视孔。在上述 LSTM 中,拼接的输入信息只有前一时刻的输出和这一时刻的输入,Peephole 将前一时刻的细胞状态也拼接过来,如图 7.3 所示。

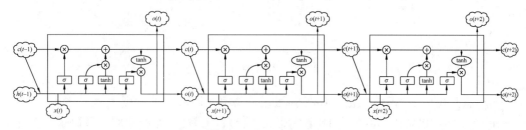

图 7.3　Peephole LSTM

然而现在是深层网络时代,这一层 LSTM 怎么够?所以这里看一下如何拼接成两层 LSTM,如图 7.4 所示。

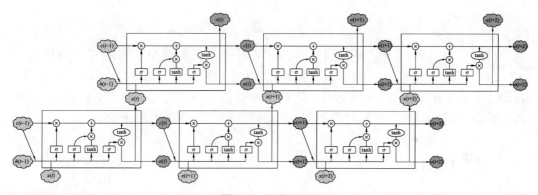

图 7.4　双层 LSTM

看起来虽然复杂,但是其实就是把第一层的输出作为第二层的输入。

7.1.2　LSTM 出现原因

其实之前也提到了,是因为 RNN 的记性不太好。其实这个问题用更学术一点的话语称为 RNN 容易出现梯度爆炸和梯度消失问题,先把 RNN 的结构图复制过来,如图 7.5 所示。

可以看到,每一次循环都是用同一个权重参数 W。考虑一种最简单的情况,假设循环了 100 次,$W=1$,那么 $1^{1000}=1$,假设 $W=1.01$,那么 $1.01^{1000} \approx 20959$,假设 $W=0.99$,那么 $0.99^{1000} \approx 0$,这就分别表示梯度爆炸和梯度消失的情况。假设梯度爆炸了,那么学习率肯定是要非常小的。但是梯度消失了,学习率又要求非常大。这样就造成训练非常困难。

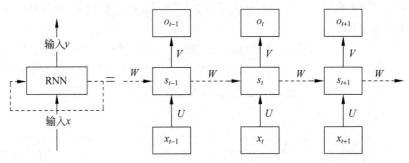

图 7.5　RNN 的结构图

循环次数越多,W 即使变化非常微小,也会导致最终变化是非常巨大的。

而 LSTM 可以解决梯度消失的问题,但是不能解决梯度爆炸的问题。解决了一个梯度消失之后,就可以通过调小学习率来缓解梯度爆炸问题。为什么 LSTM 可以解决梯度消失问题呢? RNN 每一次都会把前一次的隐层状态(记忆)全部更新,而 LSTM 会把新的东西添加到细胞状态中:

$$\text{RNN}: s_t = f(Ux_t + Ws_{t-1})$$

$$\text{LSTM}: C_t = C_{t-1}^{\text{forget}} + C_t^{\text{new}}$$

所以 RNN 可能出现循环又循环,因为 W 有点小而把隐层状态弄没了的情况,而 LSTM 不断往记忆中加一点,再怎么弄也不会出现把记忆加没了的情况。有的读者可能会问,LSTM 中还有忘记门(forget gate),那不是和 RNN 一样会把之前的记忆都忘记? 其实,1997 年第一次提出 LSTM 时,是没有忘记门的,这是为了效果更好加上的。

7.2　GRU

学过 LSTM,那 GRU 一定是轻而易举了。GRU(Gate Recurrent Unit)和 LSTM 一样是为了解决短期问题和梯度消失问题提出来的。GRU 在 2014 年提出,可以看作 LSTM 的简化版本,计算更少,效果不减。网上流传的一句话:贫穷限制了我们的计算能力,所以使用 GRU。

GRU 的结构与 LSTM 大部分类似,除了一点:GRU 之所以参数少,因为 GRU 只有两个门:更新门(update gate)和重置门(reset gate)。

从 LSTM 中可以知道,这个门,其实就是用 Sigmoid 激活函数控制到 0～1 的一个数值,在 GRU 中,有两个门,所以有这两个运算:

$$\text{update} = \sigma(W_1[h_{t-1}, x_t] + b_2) \tag{7.2}$$

$$\text{reset} = \sigma(W_2[h_{t-1}, x_t] + b_2) \tag{7.3}$$

GRU 说白了,就是用 update 这个 0～1 的数值,来同时控制写入记忆的内容和保留之前记忆的内容,也就是同时控制 LSTM 中的忘记门和输入门:

$$h_t = \text{update } h_{t-1} + (1 - \text{update}) h'\qquad(7.4)$$

可以看到用一个 update gate 来判断保留之前多少的隐层状态,然后用 $1-\text{update}$ 来作为新输入的信息的权重。就是加入多少新记忆,就要忘记多少老的记忆。这里 h' 的计算就要用到 reset gate 了。

$$h' = \tanh(W_3 [\text{reset } h_{t-1}, x_t] + b_3)\qquad(7.5)$$

就是用 $[h_{t-1}, x_t]$ 得到的 reset gate 乘以 h_{t-1},再把这个结果和 x_t 拼接然后再用类似的操作(激活函数从 Sigmoid 变成 tanh)得到 h'。

虽然可能有一点绕,只要知道大概的过程就可以了,在实战中,不管 LSTM 还是 GRU 有多么复杂,其实也就是一行代码就构建完成的。这里感谢一下前辈们的努力,才让我们有这么简单的使用方式。

7.3 注意力机制

注意力机制(Attention)诞生于 20 世纪 90 年代,在 2014 年火起来的,目前已经成为主流的一个模型概念。注意力机制其实就是基于人的注意力机制诞生的,比方说,在观察一个人类的照片的时候,会更加注意人的脸部;在观察一个句子的时候,更多注意力会放在谓语动词上;在看一个报告的时候,第一眼首先会关注这个报告的标题;在看一个美女的时候,第一眼注意力可能会集中到某些特定的部分……

7.3.1 编码解码框架

目前大多数的注意力模型,都是基于 Encoder-Decoder(编码-解码)框架下。

注意:但是注意力模型是一种思想,并不被 Encoder-Decoder 框架束缚;Encoder-Decoder 框架是包容之前讲解的神经网络模型的,Encoder 可能就是一个神经网络,Decoder 是另外一个神经网络。在这里主要是以文本作为案例讲解,所以 Encoder 和 Decoder 是 RNN;在后面的章节中,会讲解自编码器(AutoEncoder),届时是对图像进行处理,所以 Encoder 和 Decoder 是卷积网络。

Encoder 编码器就是把原始数据编码成一个更能体现其本质特征的编码(编码的具体形式可能是一串向量),Decoder 解码器就是把这个本质特征解码成一个新的数据。在语言翻译的任务中,这个原始数据可能是一句中文,然后编码成中文表达的含义,通过解码器,将这个含义解码成符合英文语法的英文句子,如图 7.6 所示。

如图 7.6 所示,假设想要把中文的"我喜欢你"翻译成英文的"I love you",把中文的四个字符"依次"输入给 Encoder,这句话通过 Encoder 可以得到一个编码 C,把这个编码输入到 Decoder 中,Decoder 会输出"I",Decoder 根据这个 C 和之前输出的"I",再输出"love",Decoder 根据之前输出的"I"和"love",这里再输出"you"。

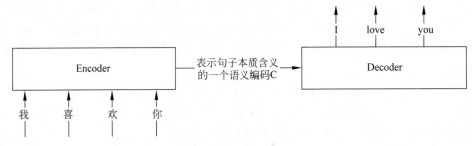

图 7.6 中英翻译的 Encoder-Decoder 框架

可能有的读者会有点费解这个过程,这里假设 Encoder 和 Decoder 就是之前介绍的 RNN 模型。RNN 中是有一个时间概念的,当时并没有具体说明这个时间序列究竟是什么。在这个案例中,每一个字符就是这个时间序列: $x_{t=1}$ 是"我", $x_{t=2}$ 是"喜"……相应的 $y_{t=1}$ 是"I", $y_{t=2}$ 是"love"……

注意:①这种情况是可以输出长度不确定的,这也被称为"Seq2Seq 模型"(Sequence 序列,序列到序列的模型)。这个 Seq2Seq 模型是 Encoder-Decoder 结构的一种形式。②这个 Encoder-Decoder 框架的用途非常广阔。上面讲解了文本翻译;假设我们输入是文章,输出是几个描述句子,那这就变成可以提炼文章主要内容的框架;假设输入是一个问题,输出是一个答案,那么就变成一个问答系统;假设输入是语音流,输出是文字,那不就是微信的语音转文本功能? 当然输入也可以是一个图片,输出是一句描述性的话,那这就是对图片内容的概括,是不是非常有意思。

回到上面"我喜欢你"的例子中,所有的输出可以写成这个样子:

$$C = \text{Encoder}(x_1, x_2, x_3, x_4)$$

$$y_1 = \text{Decoder}(C)$$

$$y_2 = \text{Decoder}(C, y_1)$$

$$y_3 = \text{Decoder}(C, y_1, y_2)$$

这里也应了在"RNN 结构"中讲的一句话:RNN 神经网络每一次的输入是包含上一次输出的信息。但是可以发现一个问题,这个 C 是同一个 C, C 表达的是原来句子的本质内容,是"我喜欢你"的数字表达,但是"我喜欢你"对分别生成"I""love""you"是必要的吗? 直观来看的话,"我"对应"I""喜欢"对应"love""你"对应"you"。所以可以得到一个结论,对于生成不同的输出,其所需要的语义内容应该是不同的,不应该把整个输入的句子都作为 Decoder 的输入,而应该仅仅注意部分输入的内容。

7.3.2 Attention 结构

这个 Attention 就是一种附加在输入信息上的一个权重,在 Decoder 输出"I"的时候,Attention 机制会给每一个输入都加一个权重,例如:(我,0.6)(喜,0.1)(欢,0.1)(你,0.2)。所以在 Decoder 进行每一次翻译的时候,都会分配给不同的输入一个注意力权重。

这意味着每一次输入计算的 C 都是不同的,所以可以改写成以下形式:

$$y_1 = \text{Decoder}(C_1)$$

$$y_2 = \text{Decoder}(C_2, y_1)$$

$$y_3 = \text{Decoder}(C_3, y_1, y_2)$$

这样对于每一次的输出,根据 Attention 机制会附加上不同的权重,就好像人的注意力一样,对关键的地方给予更大的注意力,不重要的地方就稍稍注意一下。

## 第 8 章

无监督学习

无监督学习(Unsupervised Learning)是机器学习的一大分支。本章会由浅入深地讲解无监督学习的概念和主要算法,会从简单的聚类分析,讲到现在流行的生成对抗网络。因为聚类算法没有单独的实战章节,所以会使用部分 Python 代码来帮助读者理解;生成对抗网络 GAN 和自编码器 AE 会有相应的实战章节供读者加深理解。

本章主要涉及的知识点:

- 了解什么是无监督学习;
- 了解几种主流的聚类算法;
- 了解什么是自编码 Autoencoder 和变分自编码器 VAE;
- 了解生成对抗网络 GAN 的原理。

8.1 什么是无监督学习

无监督学习是机器学习的一个分支,用于发现数据中的特定模式。无监督算法的数据都是没有标签的,也就是说,只有 x_train,但是没有给 y_train。在无监督的学习中,算法需要自行寻找数据中的结构。传统的无监督学习主要有 3 种类型:

(1) 关联。发现数据中共同出现的概率。比如数据有 A、B、C 3 个特征,经过分析发现当 A 出现时,B 一定出现,这样 A 和 B 之间存在共现的关系。

(2) 降维。降低维度。同样地,假设数据有 A、B、C 3 个特征,通过降维,把 3 列特征降维成两列特征 D、E。在一定程度上,D 和 E 与原来的 A、B、C 3 个特征看起来毫不相同,但是表达了同样的信息。PCA 主成分分析法就是一种降维的方法。

(3) 聚类。将样本分类,将一群样本根据某个特征进行分类,同一个类别内的样本更加类似。

注意:前半章主要讲解聚类,聚类是三者中用途最广泛的算法;后半章主要讲解新兴的无监督学习方法——生成网络。

聚类为什么是无监督学习呢? 图 8.1(a)中有三角形和圆形,因为它们的标签不同,所以将它们划分为不同类。而图 8.1(b)中,虽然都是圆形,标签相同,但根据它们彼此之间的距离被划分成了三类,这就是聚类算法,也是无监督算法。

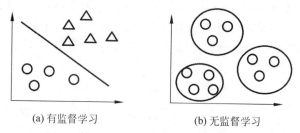

(a) 有监督学习　　　　　　　　(b) 无监督学习

图 8.1　监督学习与无监督学习

除了聚类算法,本章还会介绍一种新兴算法——Autoencoder。机器学习中训练数据是最为珍贵,也是非常昂贵的,因为需要大量的人工去标注数据。但是 Autoencoder 是一种算法,可以在一定程度上解决这样的问题,以实现有监督学习的无监督化。

8.2　聚类算法

聚类算法(Clustering),也叫聚类分析(Cluster Analysis),是一个把样本彼此聚成团儿的过程。例如,把相近的样本聚成一类,把不相近的样本分开到不同类。

注意:在一般的分类问题中,训练集都是 labelled,就是训练集都是有标签的,每一个已知的样本都会属于某一个类别,这是有监督学习。但是聚类分析是没有标签的,这是一种无监督学习。

对于有监督学习,可以通过匹配标签的真实值和预测值,来判断模型的好坏,衡量预测结果的好坏。一般通过下面两个概念衡量没有标签的聚类分析。

(1) 类内距离(Within Cluster Distance Metric)。一个类内的样本距离彼此多近?希望这个距离越小越好。

(2) 类间距离(Between Cluster Distance Metric)。两个类之间的距离有多远?希望这个距离越大越好。

8.2.1　K-means 算法

K-means 算法就是首先初始化 K 个类中心点,然后每一个点被分给距离这个点最近的类中。划分完成后,计算每一个类的平均中心,然后这个中心就是新的中心点,重复上述流程。

伪代码算法流程:

(1) 选择 K 个中心点,$c_1,c_2,\cdots,c_k$,这些作为初始的类中心点;

(2) 把每一个点 x_1 划分到距离它最近的类中心点所代表的那一类中,形成 K 个类 $C_1,C_2,\cdots,C_k$;

(3) 重新计算类中心点 $c_k = \dfrac{1}{m_k}\sum\limits_{i \in C_k} x_i$,其中 $C_k, k=1,2,\cdots,K$;

(4) 对于每一个点 x_i,找到最近的类中心点;

（5）重复步骤（3）和（4），直到类中心点不再改变。

注意：K 个初始类中心点 $c_1, c_2, \cdots, c_k$ 可以是随机确定的，也可以按照某种规则制定。

在进行 K-means 的过程中，计算距离每一个点 x_i 最近的类中心点 c_k 需要一个距离度量（Distance Metric）。对于数值型数据，可以使用欧氏距离（Euclidean distance）：

$$d(x_i, c_k) = \sqrt{\sum_{j=1}^{n}(x_{i,j} - c_{k,j})^2} \tag{8.1}$$

其中，$d(x_i, c_k)$ 表示点 x_i 距离类中心点 c_k 的距离；n 表示这个点的维度。

注意：K-means 算法是划分聚类（Partitional clustering），就是每一个样本只能属于一类，不能出现一个样本属于多类的情况。

样本如何分类，即如何确定 K 的值需要先确定类内距离和类间距离。假设用欧氏距离作为一个度量（Metric），那可以用这样的方法来表示类内距离（Within Cluster Distance）：

$$\mathrm{WC} = \sum_{i=1}^{K} \sum_{x_j \in C_i} d(x_j, c_i)^2 \tag{8.2}$$

WC 就是每一个样本与其所处类的类中心之间的欧氏距离的平方和。

类间距离（Between Cluster Distance）就是：

$$\mathrm{BC} = \sum_{1 \leqslant i < l \leqslant K} d(c_i, c_l)^2 \tag{8.3}$$

也就是计算所有的类中心两两之间的欧氏距离的平方和。总体的聚类模型的优劣衡量 score 为：

$$\mathrm{score} = \frac{\mathrm{BC}}{\mathrm{WC}} \tag{8.4}$$

下面用 Python 的 Sklearn 来实现 K-means 聚类模型，并且借此来加深对 K-means 算法的理解。

```
＃导入 sklearn 的 datasets 库
import sklearn.datasets as data
＃随机生成一些数据点，这些数据点符合聚类的特征
X,clusters = data.samples_generator.make_blobs(n_samples = 1000,n_features = 2,cluster_std = 1)
```

随机生成一些人造的数据来作为聚类练习的数据。随机产生 1000 个样本 (x, y)，每个样本有两个特征 x 和 y，因为这样便于画图。

（1）n_features 是生成样本的特征数量；

（2）n_samples 是生成样本的数量；

（3）cluster_std 是类的标准差；

（4）这个函数返回的 X 是一个二维数组，大小是 n_samples×n_feautres；

（5）Clusters 返回的是一个一维数组，大小是 1×n_sampels，对应每一个样本所属的类别。

利用下面的代码绘制一下刚生成的样本 X，代码运行结果如图 8.2 所示。

```
# 导入画图库
import matplotlib.pyplot as plt
# scatter 是绘制散点图的函数
plt.scatter(X[:,0],X[:,1])
# 导入聚类库
import sklearn.cluster as cluster
# 创建一个聚类,分成 3 类
km = cluster.KMeans(n_clusters = 3)
# 训练模型
km.fit(X)
# 导入 Pandas 库
import pandas as pd
df = pd.DataFrame(X,columns = ['x','y'])
label_pred = km.labels_
df['label'] = label_pred
```

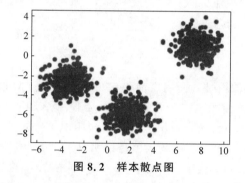

图 8.2 样本散点图

因为 Pandas 库的操作在数据竞赛中是基础,所以建议使用 Pandas 库绘制图像。也希望读者可以慢慢熟悉 Pandas 的一些常见操作。这里先把 X 转换为 dataframe 格式,然后从 K-means 模型中取出来聚类标签,并且把标签也放到 dataframe 中。输出看一下 df 现在的可视化,运行结果如图 8.3 所示。

```
#打印 df 的前五行数据
df.head()
```

	x	y	标签
0	0.640312	-4.990843	0
1	-4.987833	-0.928133	1
2	8.791566	1.833858	2
3	6.890589	-0.805220	2
4	-2.659787	-3.744510	1

图 8.3 dataframe 展示图

使用 matplotlib 库来可视化聚类结果,运行结果如图 8.4 所示。

```
# 使用 matplotlib 库展示聚类结果
for i in df.label.unique():
    # 将标签为同一类的样本抽出来,组成一个新的 dataframe——dff
    dff = df.loc[df.label == i]
    # 绘制散点图
    plt.scatter( dff.x, dff.y )
plt.show()
```

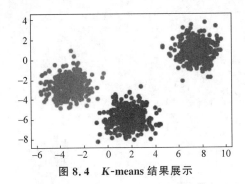

图 8.4　**K-means** 结果展示

接下来衡量一下模型的效果,使用之前讲的 BC、WC 来计算模型的 score,但是这只是一个非常粗糙的衡量函数。在实际应用中,会使用 Calinski-Harabaz 和 Silhouette Coefficient 等更复杂的 metric 来衡量聚类模型的好坏。

(1) Calinski-Harabaz 越大越好,越大就越说明每一个类自身密度大,类间分得开。

(2) Sihouette Coefiicient 越接近 1 越好;当这个值接近 0 的时候,类间可能会有交叉;当这个值是负数的时候,聚类被认为是错误的。

接下来,来尝试 K 取不同值时,这两个指标的变化情况。运行结果如图 8.5 所示,可以发现当分成 3 类的时候效果是最好,SC 最大,CH 最大。

```
# 这里就采用之前的方法,让 K 分别等于 2,3,4,5,6,7 六种情况,然后用 matplotlib 画图
import sklearn.cluster as cluster
plt.figure(figsize = (16,8))
for i in [1,2,3,4,5,6]:
    km = cluster.KMeans(n_clusters = i + 1)
    km.fit(X)
    SC = metrics.silhouette_score( X,km.labels_,metric = 'euclidean')
    CH = metrics.calinski_harabaz_score( X,km.labels_)
    df = pd.DataFrame(X,columns = ['x','y'])
    label_pred = km.labels_
    df['label'] = label_pred
    # 绘六个子图
    plt.subplot(2,3,i)
    for i in df.label.unique():
        dff = df.loc[df.label == i]
        plt.scatter( dff.x, dff.y )
    plt.title('K:{},SC:{},CH:{}'.format(i + 1,round(SC,2),round(CH)))
plt.show()
```

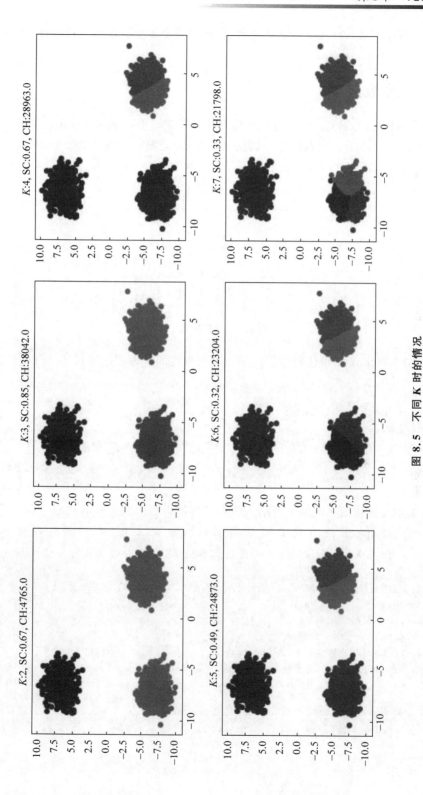

图 8.5 不同 K 的情况

注意：因为每一次生成的数据都是随机的，所以读者在生成这些图的时候，可能会有不同的形状。

8.2.2 分级聚类

分级聚类（Hierarcical Cluster）可以分成两种：凝聚聚类（Agglomerative Cluster）和分裂聚类（Divisive Cluster）。两者的区分如图8.6所示，从下往上是凝聚聚类，不同的样本逐渐找到相近的样本，凝聚在一起；从上往下是分裂聚类，在一个类中，找到一种分割方法使得模型效果更好。

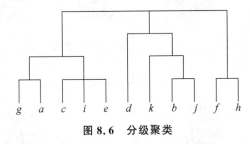

图8.6　分级聚类

凝聚聚类的 Python 实现代码如下所示。凝聚聚类的实现都已经封装，可以直接调用。

```
# 载入聚类包
import sklearn.cluster as cluster
# 初始化凝聚聚类对象
ac = cluster.AgglomerativeClustering(n_clusters = K,linkage = 'average',affinity = 'euclidean'
)
ac.fit(X)
```

凝聚聚类的可视化图实现如下所示。代码运行结果如图8.7所示。

注意：因为 Sklearn 没有内嵌凝聚聚类的可视化工具，所以需要调用 SciPy 的 dendrogram 方法，实现代码较复杂，可以直接拿来使用，有能力的读者可以尝试研究。

```
# 导入库，这里直接从头开始导入，因此只运行这个代码块，也可以直接生成图像
import numpy as np
import matplotlib.pyplot as plt
import sklearn.cluster as cluster
import scipy.cluster.hierarchy as hierarchy
# 和前面一样，这里只生成 50 个样本，这样图片看起来清爽一点
X,clusters = data.samples_generator.make_blobs(n_samples = 50,n_features = 2,cluster_std = 4)
# 创建 AC 模型
ac = cluster.AgglomerativeClustering(n_clusters = 3,linkage = 'average',affinity = 'euclidean')
```

```
ac.fit(X)
# 准备生成图像
plt.figure(figsize=(10,4))
Z = np.empty( [len(ac.children_),4 ],dtype=float )
cluster_distances = np.arange( ac.children_.shape[0] )
cluster_sizes = np.arange( 2,ac.children_.shape[0]+2 )
for i in range(len(ac.children_)):
    Z[i][0] = ac.children_[i][0]
    Z[i][1] = ac.children_[i][1]
    Z[i][2] = cluster_distances[i]
    Z[i][3] = cluster_sizes[i]
hierarchy.dendrogram(Z)
plt.show()
```

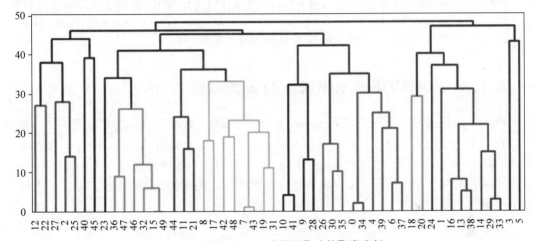

图 8.7　使用 Sklearn 库的凝聚法的聚类分析

在 SciPy 中也存在聚类分析的库,且其聚类分析可视化会简单一些,但是其他功能并没有 Sklearn 强大,所以建议使用 Sklearn 来做聚类分析,可视化就可以直接使用上面的可视化代码。但是,此处依然给出 SciPy 聚类分析的代码,其运行结果如图 8.8 所示。

```
from scipy.cluster.hierarchy import dendrogram,linkage
from matplotlib import pyplot as plt
X,clusters = data.samples_generator.make_blobs(n_samples=100,n_features=2,cluster_std=4)
Z = linkage(X,'average')
fig = plt.figure(figsize=(10,5))
dn = dendrogram(Z)
```

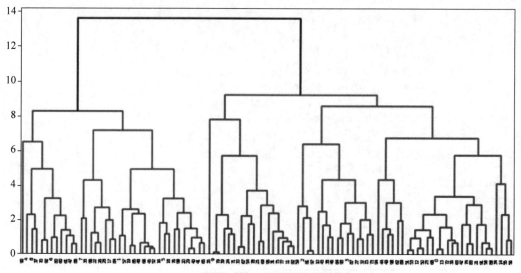

图 8.8　使用 SciPy 的分层聚类分析

8.2.3　具有噪声的基于密度的聚类方法

除了上面讲述的分层聚类和 K-means 的方法,还有一种非常有意思的聚类方式:具有噪声的基于密度的聚类方法(Density-Based Spatial Clustering of Applications with Noise, DBSCAN)。如图 8.9 所示,图中有五个样本,一个数据样本的密度就是以这个样本为圆心,做一个半径为 EPS 的圆形,有多少样本在这个圆内,样本的密度就是多少。图 8.9 中处在圆心位置的样本密度为 5。

注意:在计算样本密度的时候,是包含自己的,也就是包含圆心位置的样本的。

下面进一步扩大模型,如图 8.10 所示。计算每一个点的领域内的样本数量,A 的数量最多,有 9 个。设置一个阈值 MinPts,假设图 8.10 中,MinPts =8,A 领域内的样本数量为 9,超过了 8,所以把样本 A 称为 Core point(核心点)。样本 A 内囊括了其他 8 个非核心点,则在核心点领域内的非核心点称为 Border point(边缘点)。现在整幅图中还有一个 C 点被抛弃在外,这种既不能被核心点领域包括,又不能被边缘点领域包括的点称为 Noise point。

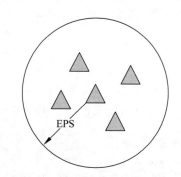

图 8.9　基于密度的聚类分析模型

- Core point。样本数量,也就是密度,大于一个 MinPts 阈值的点;
- Border point。不是核心点,但是领域内包含一个核心点的点;
- Noise point。其他任何点。

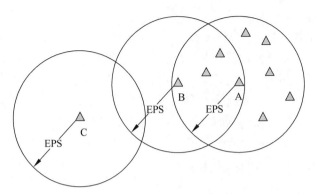

图 8.10　基于密度的聚类分析模型

DBSCAN 的算法流程如下：

(1) 把每一个点分类成 Core point、Border point 和 Noise point；

(2) 忽视 Noise point；

(3) 把两个之间距离小于 EPS 的 Core point 连线；

(4) 把每一个连接起来的 Core point 归为一类；

(5) 把每一个 Border point 归属于其 Core point 的那一类中。

可以用 K 近邻(K-neighbor)算法选择合适的 Eps 和 MinPts，直接用代码来解释：

```
# 导入 sklearn 的数据库,生成随机的人工数据
import sklearn.datasets as data
X,clusters = data.samples_generator.make_blobs(n_samples = 1000,n_features = 2,cluster_std
= 1)
# 导入 sklearn 的聚类库
import sklearn.cluster as cluster
db = cluster.DBSCAN(eps = 0.4,min_samples = 10)
db.fit(X)
```

注意：本节主要讲解 DBSCAN 算法。仅使用 K 近邻算法去获取每一个点彼此之间的距离，但是和 K 近邻算法没什么太大的关系。在"问题解答"中会介绍 K 近邻算法。

调用完 DBSCAN 模型，也对数据 X 进行了聚类。下面用 K 近邻算法处理 EPS 参数和 min_samples 的参数。

注意：min_samples 就是 MinPts，判断是否是 Core point 的阈值。

```
# 载入 Sklearn 的近邻算法库
import sklearn.neighbors as neighbors
nn = neighbors.NearestNeighbors(n_neighbors = 3,metric = 'euclidean')
nn.fit(X)
# 使用 K 近邻算法得到每个点的近邻距离
dist,ind = nn.kneighbors(X,n_neighbors = 4)
```

返回的数据包括 dist 和 ind。

（1）dist 是一个数组，长度为样本数量 n_samples（此处为 1000），宽度为 n_neighbors（此处为 4），就是一个 1000×4 的二维数组。举例来解释数组含义，假设有图 8.11 所示的一个数组。第一行有 4 个数字，代表 4 个距离。在所有 1000 个样本中，距离第一个点最近的第一个点、距离第一个点最近的第二个点、距离第一个点最近的第三个点和距离第一个点最近的第四个点。而第一个点永远是这个点本身，所以一定是 0。

（2）ind 是对应 dist 的一个索引数组。如图 8.12 所示，在 1000 个点中，距离第 0 个点最近的是第 355 个点，第二近的是第 492 个点，第三近的是第 973 个点。在 Python 中，索引都是从 0 开始的。

```
array([[0.        , 0.0214227 , 0.12718577, 0.31526124],
       [0.        , 0.04588611, 0.1128893 , 0.13642901],
       [0.        , 0.13211085, 0.18177391, 0.24081009],
       [0.        , 0.07407045, 0.1402354 , 0.15681837],
       [0.        , 0.05338412, 0.24874593, 0.25870571]])
```

图 8.11　K 近邻算法返回的 dist

```
array([[  0, 355, 492, 973],
       [  1, 691, 978, 968],
       [  2, 442, 995, 725],
       [  3, 759, 755, 993],
       [  4, 774, 362, 950]])
```

图 8.12　K 近邻算法返回的 ind

基于这两个返回值，可以确定 EPS：把 dist 中第四近的距离，按照从小到大排序，做一个折线图，运行结果如图 8.13 所示。

```
# 导入画图库
import matplotlib.pyplot as plt
import numpy as np
# 对 dist 进行排序，这里的 3 是第四列，因为 Python 是从 0 开始索引的
s = np.sort(dist[:,3])
plt.plot(s)
# 增加网格
plt.grid()
# 标注标题
plt.xlabel('4th Nearest Neighbor')
plt.title('how to determine EPS')
plt.ylabel('Eps')
plt.show()
```

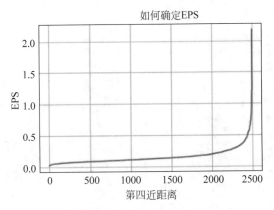

图 8.13　用第四近邻确定 EPS

从图 8.13 中可以看到，当距离大概为 0.4 时，这个折线开始迅速上升，则取 EPS 为 0.4。

注意：有细心的读者可能发现图 8.13 的横坐标最大是 2500。这是因为将生成人工样本的数量从 1000 调整到 2500。这个数字越大，图中的折线越平滑，但是突变值都在 0.4 左右。

下面分别测试 MinPts 为 4、5、6、7、8、9 时的效果，运行结果如图 8.14 所示。

```python
# 载入需要用的常见库
import sklearn.cluster as cluster
import sklearn.metrics as metrics
# 设置画布尺寸
plt.figure(figsize = (16,8))
for i in [4,5,6,7,8,9]:
    db = cluster.DBSCAN(eps = 0.4, min_samples = i)
    db.fit(X)
    # 计算模型评估指标
    SC = metrics.silhouette_score( X, db.labels_, metric = 'euclidean')
    CH = metrics.calinski_harabaz_score( X, db.labels_)
    # 开始画图
    df = pd.DataFrame(X, columns = ['x', 'y'])
    label_pred = db.labels_
    df['label'] = label_pred
    plt.subplot(2, 3, i - 3)
    for j in df.label.unique():
        dff = df.loc[df.label == j]
        plt.scatter( dff.x, dff.y )
    # 给每个子图加上标题
    plt.title('MinPts:{}, SC:{}, CH:{}'.format(i, round(SC, 2), round(CH)))
```

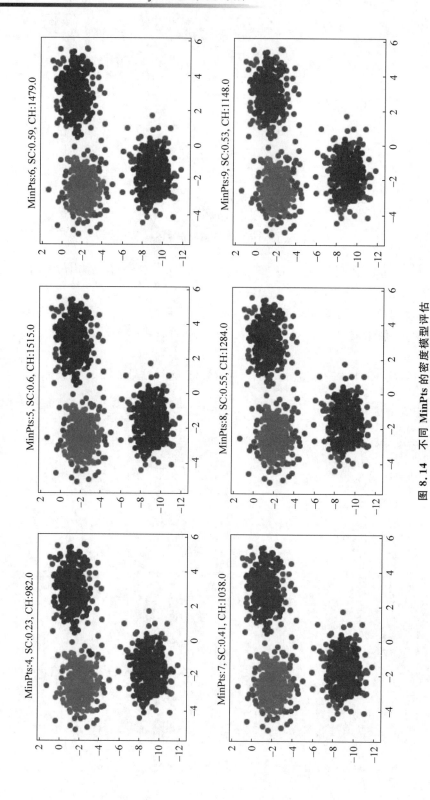

图 8.14 不同 **MinPts** 的密度模型评估

从图 8.14 中,可以发现当 MinPts 为 5 的时候(在 EPS 为 0.4 的前提下),SC 最高位 0.6,CH 最大为 1515,最后选定的参数为 MinPts＝5 和 EPS＝0.4。

8.3 生成对抗网络

生成对抗网络(Generative Adversarial Networks,GAN)是蒙特利尔大学在 2014 年提出的机器学习架构。之前学习过各种图像分类的 CNN 网络,GAN 架构是利用这些神经网络进行更加复杂的操作。用网络进行分类,是一种架构,是一种对模型的使用方法;用网络进行图像风格迁移算是另外一种架构,另外一种使用方法;现在用两个网络进行对抗,则是一个新的架构,新的使用方法(虽然是 2014 年提出的老架构了,但是每年都会有新的变种 GAN 提出,这还是一个非常活跃、有新鲜血液注入的青壮年架构,值得一学)。

注意:Adversarial 是对立的、敌对的;Generative 是产生的、生成的。

8.3.1 通俗易懂的解释

GAN 中有两个网络:生成模型 Generator 和分类器 Discriminator,分别用 G 和 D 表示。两个网络互相博弈、对抗来提升效果。如图 8.15 所示,GAN 架构中的 G 和 D 是不断更新的,假设有一个 G v1,然后用 G v1 生成的虚假图片(标签为 0)和真实图片(标签为 1)一起输入到 D v1 中,然后看 D 的准确率怎么样。GAN 架构的目的就是希望 Generator 可以生成以假乱真的图片。对于 G v1 生成的图像,D v1 应该也可以分辨得出这是假图像,但如果是 G v3 产生的图像,可能迷惑性会更大一些。

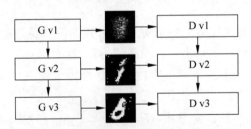

图 8.15 GAN 架构 1

注意:图中的 G v3 生成的图像其实是迭代了 100 次得到的生成模型 G v100 的输出。生成模型 G 的迭代是非常缓慢的。在后面会继续讲解这个问题。

理想状态就是,用 G v1 的假照片和真照片得到 D v1,然后用 D v1 得到一个更好的 G v2,然后 G v2 得到 D v2……这就是生成与对抗的含义。

8.3.2 原理推导

每一张图片都可以用矩阵来表示,例如 MNIST 手写数据集中,每一张图片都是黑白图片,28×28 尺寸的,那么就把这个 $1\times28\times28$ 的矩阵拉长成 1×784 的一维向量的形式。MNIST 数据集中有很多手写数字图片,所以就会有很多 1×784 的向量,这些向量就会有一个分布。之前提到目的是:希望生成模型 Generator 可以生成以假乱真的图片。现在就可以变成:希望生成模型 Generator 可以生成服从真实数据集的分布的向量。

真实图像服从的某种分布就相当一个模型,从这个分布中进行一次采样就是这个模型输出生成一张图像。如果把分布比作模型,从分布中进行采样,其实就是模型输出一张图像。

假设已知 100 张 MNIST 手写数字的图片。如果可以得到这 100 张图片的分布,理论上就可以无限制地采样来制造以假乱真的图片了。实际上得不到这样的分布。能做的就是根据这 100 张真实图片,再创造一个分布,把这个分布当成真实的分布,如图 8.16 所示。

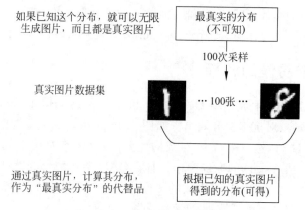

图 8.16　对分布的理解

虽然是替代品,但是也没什么更好的办法。由真实图片得到的分布,称为 $P_{\text{data}}(x)$,x 就是图片。GAN 使用神经网络来生成一张图片,假如这个图片服从"最真实分布",那肯定和真实的照片一模一样,但是这是不可能的。所以希望生成图片服从 $P_{\text{data}}(x)$,这样肯定稍逊一筹。

注意:假如我们有无穷的真实图片,那么理论上 $P_{\text{data}}(x)$ 就会无限逼近最真实分布。

对于每一个分布,都是有参数的。例如,一维高斯分布 $y=\text{Gaussian}(x)$,函数 Gaussian 中有两个参数,分别是均值 μ 和方差 σ。类似的,神经网络其实也是一个函数映射关系,$y=NN(x)$,NN 中有成千上万的参数。虽然这个分布的参数很多,但这个网络生成的 y 也要服从某种分布。

对于 MNIST 数据集,Generator 生成的就是一个 1×784 的向量,也就是一张 28×28 的图片。输入是一个 1×100 的随机产生的数。不论这个长度 100 的数字怎么转变到长度 784,总之希望这张 1×784 的虚假图片的分布,跟 $P_{\text{data}}(x)$ 一样。把这张虚假图片的分布写作 $P_G(x|\theta)$,x 是图片。

目的:希望生成模型 Generator 可以生成服从真实数据集的分布的向量。等价于,求当

$P_{data}(\boldsymbol{x}) = P_G(\boldsymbol{x}|\theta)$的时候的$\theta$值。现在有$[x_1,x_2,\cdots,x_{100}]$的图片，$P_{data}(x)$是这 100 张图片的分布，$P_G(\boldsymbol{x}|\theta)$的含义是当参数为$\theta$的时候，从这个分布中采样到$\boldsymbol{x}$的概率。那么假设采样到$x_1$的概率×采样到$x_2$的概率一直累乘到采样到$x_{100}$的概率的连乘积越大，说明$P_G(\boldsymbol{x}|\theta)$分布中采样 100 次得到$[x_1,x_2,\cdots,x_{100}]$的可能性最大，所以得到：

$$L = \prod_{i=1}^{100} P_G(\boldsymbol{x}_i \mid \theta) \tag{8.5}$$

这就是最大似然估计。因为$P_G(\boldsymbol{x}|\theta)$是一个神经网络，这是一个参数量以万为单位的分布，所以很难进行计算。

重新总结 GAN 的 G 和 D：

（1）G 是 Generator，输入为1×100，输出为1×784（虚假照片）；

（2）D 是 Discriminator，输入是1×784，输出是一个概率。D 也是来衡量$P_G(\boldsymbol{x})$与$P_{data}(\boldsymbol{x})$之间距离的。

注意：这里的 100 和 784 都是按照手写数字集的例子。如果是自己做 GAN 的话，这些数字是要修改的。

现在给出一个 GAN 的公式：

$$G = \arg\min_G \max_D V(G,D) \tag{8.6}$$

其中，$V(G,D)$衡量两个分布P_G和P_{data}之间的距离，V越大距离越大，两个分布差别越大；D是要让这个距离越远越好；G就是让这个距离越小越好，这样就形成了对抗：

$$V = E_{x\sim P_{data}}[\log D(x)] + E_{x\sim P_G}[\log(1-D(x))] \tag{8.7}$$

其中，$E_{x\sim P_{data}}[\log D(x)]$就是从$P_{data}$分布中采样出来的$x$放到$D$分类其中得到的结果$D(x)$的 log 的期望值，同理$E_{x\sim P_G}[\log(1-D(x))]$就是从分布$P_G$中采样得到的$x$放到$D$分类器中得到的结果，计算$\log(1-D(x))$的期望值。

进一步理解式(8.7)，有

$$V = E_{x\sim P_{data}}[\log D(x)] + E_{x\sim P_G}[\log(1-D(x))]$$
$$= \int_x P_{data}(x)\log D(x)\mathrm{d}x + \int_x P_G(x)\log(1-D(x))\mathrm{d}x$$
$$= \int_x [P_{data}(x)\log D(x) + P_G(x)\log(1-D(x))]\mathrm{d}x \tag{8.8}$$

那么，V取最大值时候，有

$$\begin{cases} F(D) = P_{data}(x)\log D(x) + P_G(x)\log(1-D(x)) \\ F'(D) = \dfrac{P_{data}(x)}{D(x)} - \dfrac{P_G(x)}{1-D(x)} = 0 \\ D^* = \dfrac{P_{data}(x)}{P_{data}(x)+P_G(x)} \end{cases} \tag{8.9}$$

其中，D^*就是让V最大的分类器。经过训练，可以在每输入一张图片x的时候，都恰好地

输出 $\dfrac{P_{\text{data}}(x)}{P_{\text{data}}(x)+P_G(x)}$，那么这个分类器 D，就是一个分类效果非常好的分类器。

已知了给定 G v1，让 V 最大的分类器 D^* v1，然后进行 G v2 的推导，G v2 是在已知 D 是 D^* v1 的基础上，求出让 V 最小的生成器 G* v2：

$$\min_G \max_D V(G,D) = \min_G V(G,D^*)$$

$$= E_{x \sim P_{\text{data}}}\left[\log \frac{P_{\text{data}}(x)}{P_{\text{data}}(x)+P_G(x)}\right] + E_{x \sim P_G}\left[\log\left(1 - \frac{P_{\text{data}}(x)}{P_{\text{data}}(x)+P_G(x)}\right)\right]$$

$$= \int_x P_{\text{data}}(x)\log \frac{P_{\text{data}}(x)}{P_{\text{data}}(x)+P_G(x)}\mathrm{d}x + \int_x P_G(x)\log \frac{P_G(x)}{P_{\text{data}}(x)+P_G(x)}\mathrm{d}x$$

$$= 2\log\frac{1}{2} + \int_x P_{\text{data}}(x)\log \frac{P_{\text{data}}(x)}{\dfrac{P_{\text{data}}(x)+P_G(x)}{2}}\mathrm{d}x + \int_x P_G(x)\log \frac{P_G(x)}{\dfrac{P_{\text{data}}(x)+P_G(x)}{2}}\mathrm{d}x$$

$$(8.10)$$

其中涉及 KL 散度，又称为相对熵（Relative Entropy），是描述两个概率分布 P 和 Q 之间差异的一种方法：

$$\text{KL}(P \mid\mid Q) = \int_x P(x)\log\left(\frac{P(x)}{Q(x)}\right)\mathrm{d}x \qquad (8.11)$$

根据式（8.11），继续推导公式（8.10），得到

$$-2\log2 + \text{KL}\left(P_{\text{data}}(x) \parallel \frac{P_{\text{data}}(x)+P_G(x)}{2}\right) + \text{KL}\left(P_G(x) \parallel \frac{P_{\text{data}}(x)+P_G(x)}{2}\right)$$

$$(8.12)$$

从式（8.11）中可以看到，KL 散度是不对称的：

$$\text{KL}(P \mid\mid Q) \neq \text{KL}(Q \mid\mid P) \qquad (8.13)$$

但是，式（8.12）中 $\text{KL}\left(P_{\text{data}}(x) \parallel \dfrac{P_{\text{data}}(x)+P_G(x)}{2}\right) + \text{KL}\left(P_G(x) \parallel \dfrac{P_{\text{data}}(x)+P_G(x)}{2}\right)$ 是对称的。满足这个对称的散度称为 JS divengence，则有：

$$\text{JS}(P \mid\mid Q) = \frac{\text{KL}(P \mid\mid M) + \text{KL}(Q \parallel M)}{2}, \quad \text{其中} M = \frac{P+Q}{2} \qquad (8.14)$$

所以式（8.12）又可以写成：

$$-2\log2 + 2\text{JS}(P_{\text{data}}(x) \parallel P_G(x)) \qquad (8.15)$$

原理基本讲解完成。大致总结一下，需要注意以下的内容：

（1）知道 GAN 的大致原理（非数学推导）；

（2）生成以假乱真的图片其实就是让生成的图片服从真实图片的分布；

（3）了解 GAN 的主要贡献是：$G = \underset{G}{\arg\min}\ \underset{D}{\max} V(G,D)$，最好可以推导一遍；

（4）了解 KL 散度和 JS 散度。

对于 D 分类器有 100 个真实的手写数字，再生成 100 个随机的 1×100 的输入数据，然

后把这些输入数据通过 G 生成 100 个 1×784 的虚假图片。计算 V 的最大值：

$$V = \frac{1}{m} \sum_{i=1}^{m} \log D(x_i) + \frac{1}{m} \sum_{i=1}^{m} \log (1 - D(\hat{x}_i)) \tag{8.16}$$

式中，$\hat{x}_i$ 就是 G 生成器生成的虚假照片。接下来的过程就是梯度下降、不断更新 D 的参数，这就是训练神经网络的过程，上面的函数就是损失函数。

对于 G 生成器，同样生成 100 个 1×100 的输入数据，然后计算 V 的最小值：

$$V = \frac{1}{m} \sum_{i=1}^{m} \log D(x_i) + \frac{1}{m} \sum_{i=1}^{m} \log(1 - D(G(z_i))) \tag{8.17}$$

式中，z_i 是生成器 G 的随机 1×100 的输入。

8.3.3　损失函数的问题

GAN 不仅仅是一个算法，更是一个家族，里面有各种各样的变体，像是 BiGAN、WGAN 等，这也说明了 GAN 存在各种各样的问题。

最常见问题是损失函数。G 生成器的损失函数是：

$$\frac{1}{m} \sum_{i=1}^{m} \log(1 - D(G(z_i)))$$

在新一代的 G 生成器刚开始的时候，$D(G(z_i))$ 应该是接近 0 的，表示 G 生成器产生的图片依然可以被 D 分类器识别成虚假图片；当 G 生成器更新参数之后，理想状态下 $D(G(z_i))$ 应该是越来越靠近 1 的，这样迭代器就难以识别出新的 G 生成器产生的虚假图片了。

对于一个神经网络来说，刚开始训练希望梯度下降的速度快一些，之后梯度下降的速度越来越慢，这样就可以更好地逼近最优值。如图 8.17 所示，下面的曲线是 $\log(1-x)$ 的图像，横坐标是 $D(x)$，当 G 生成器开始迭代的时候，$D(x)$ 靠近 0，那么 $\log(1-D(x))$ 的导数就小，但是随着迭代次数的增加，理想状态下梯度应该逐渐减小，但是 $\log(1-D(x))$ 的导数越来越大。不太符合常理，所以就改用了具有完全相同性质的 $-\log(D(x))$ 作为 G 生成器的损失函数。

图 8.17　$\log(1-x)$ 和 $-\log(x)$ 在 $[0,1]$ 上的图像

随后还有关于 GAN 的进阶章节：第 11 章和第 14 章。通过这两章，有助于提高对 GAN 整体的理解。

8.3.4　条件生成对抗网络

GAN 是一个无监督学习，可以用来生成以假乱真的生成图片，而且不需要标签。如果我想生成特定数字怎么办？如果想知道生成数字的同时生成标签怎么办？所以就产生了条件生成对抗网络（Conditional GAN，CGAN）。其基本思想是：GAN 是无监督学习，不用标签信息，而 CGAN 采用了标签信息，是不是效果更好？先回顾一下 GAN 的损失函数：

$$V = \frac{1}{m}\sum_{i=1}^{m}\log D(x_i) + \frac{1}{m}\sum_{i=1}^{m}\log(1 - D(G(z_i))) \tag{8.18}$$

这里加入已知的标签信息，就变成 CGAN 的目标函数：

$$V = \frac{1}{m}\sum_{i=1}^{m}\log D(x_i|y_i) + \frac{1}{m}\sum_{i=1}^{m}\log(1 - D(G(z_i|y_i))) \tag{8.19}$$

GAN 和 CGAN 的模型结构对比如图 8.18 所示，有几个内容需要注意：

（1）CGAN 与 GAN 的损失函数基本没有变化；

（2）1×100 的随机向量和 1×10 的标签 one-hot 编码同时输入 Generator，怎么输入呢？这里使用最简单的拼接，变成一个 1×110 的向量直接输入。

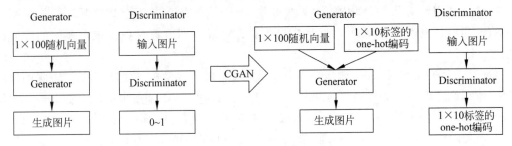

图 8.18　GAN 与 CGAN 的对比

更多关于 CGAN 和 GAN 的内容，将在第 14 章中伴随代码一起讲解。

8.4　自编码器

自编码器（Auto Encoder，AE）很早就出现了，但是现在某些人工智能领域依然在使用。自编码器还是神经网络范畴的东西，用神经网络来对输入数据进行压缩、降维。例如，假设一个样本有 100 个特征，降维之后 100 个特征包含的信息其实等于降维之后的 30 个特征的信息量。

AE 主要用于降维，AE 的改良版本包括两种：变分自编码器（Variational AE，VAE）和去噪自编码器（Denoising AE，DAE）。VAE 可以作为类似于 GAN 的生成模型；DAE 用于特征提取(压缩、降维)。

8.4.1 自编码器概述

直观上,降维可以把两张图片降维变成两个维度(x,y),观察图片的近似情况。以 MNIST 手写数字为例,手写数字的图片尺寸是 28×28 的,具有 784 维度特征,使用 AE 把 784 维度特征缩放到两个维度(x,y),就可以在一个坐标图中绘制可视化图,一个优秀的降维模型应该可以做到:把相同手写数字的图片对应的二维坐标归为一类。

这里采用"降维模型"而不是 AE,主要是因为降维方法在传统上有聚类分析和主成分分析(Principal Component Analysis,PCA)。PCA 可以说是 AE 的一个线性版本,图 8.19 所示为 PCA 和 AE 对手写数字图片的可视化图对比,AE 的数字区分的效果比 PCA 略强。

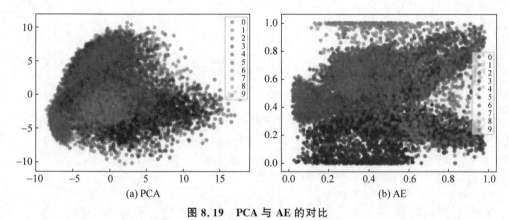

(a) PCA (b) AE

图 8.19 PCA 与 AE 的对比

一个简单的 3 层全连接层就可以构成一个 AE,其结构如图 8.20 所示,从图中可以得到以下知识点:

(1) 图 8.20 描述的就是把 784 维度压缩到 30 维度的训练过程,如果想要画出可视化图,可以把中间的"30 个神经元"改成"2 个神经元"。

(2) 在压缩的过程中必然带有信息损失,自编码器就是尽可能地减少信息损失的同时进行压缩。

(3) 从 784 个神经元压缩到 30 个神经元的过程称为编码器(Encoder),从 30 个神经元重新扩展到 784 个神经元的过程称为解码器(Decoder)。

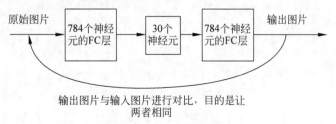

图 8.20 AE 结构图

自编码器没有提供实战章节,所以读者可以参考以下代码加深理解。

```python
# 这是 AE 的模型类
class autoencoder(nn.Module):
    def __init__(self):
        # 整个 AE 的模型结构是:卷积>>>全连接>>>全连接>>>卷积
        # 前面一半是 Encoder,后面一半是 Decoder
        super(autoencoder,self).__init__()
        # 定义编码器
        self.encoder = nn.Sequential(
            nn.Conv2d(1,16,3,2,1),
            nn.BatchNorm2d(16),
            nn.ReLU(),
            nn.Conv2d(16,32,3,2,1),
            nn.BatchNorm2d(32),
            nn.ReLU(),
            nn.Conv2d(32,16,3,1,1),
            nn.BatchNorm2d(16),
            nn.ReLU(),
        )
        # z_dimension 既可以是 30,也可以是 2
        self.encoder_fc = nn.Linear(16 * 7 * 7,z_dimension)
        self.Sigmoid = nn.Sigmoid()
        self.decoder_fc = nn.Linear(z_dimension,16 * 7 * 7)
        self.decoder = nn.Sequential(
            nn.ConvTranspose2d(16,16,4,2,1),
            nn.BatchNorm2d(16),
            nn.Tanh(),
            nn.ConvTranspose2d(16,1,4,2,1),
            nn.Sigmoid(),
        )
        # 这里加入 Sigmoid,是因为在可视化时,希望可以将坐标约束在[0,1]范围内
    def forward(self,x):
        x = self.encoder(x)
        x = x.view(x.shape[0], -1)
        code = self.encoder_fc(x)
        # code = self.Sigmoid(code)
        x = self.decoder_fc(code)
        x = x.view(x.shape[0],16,7,7)
        decode = self.decoder(x)
        return code,decode
```

从代码中可以看出,这个 AE 使用了 3 个卷积层将 $1 \times 28 \times 28$ 的单通道黑白手写数字图片压缩成 $16 \times 7 \times 7$ 的特征图,然后通过全连接层压缩成 30 维度的特征,这是 Encoder; Decoder 过程是通过 FC 层,将 30 维度的特征重新变成 $16 \times 7 \times 7$,然后使用去卷积层重新

变成 1×28×28 的图片。Loss 函数使用的是生成的图片和原始图片的交叉熵函数。

注意：更多关于交叉熵函数的知识可以查看问题解答。

8.4.2 去噪自编码器

DAE 是 AE 的进化版本，以一定的概率去擦除原始输入，让擦去的值为 0，这样意味着部分输入特征的丢失。将缺失的信息放入 AE，得到的最终结果与没有擦去完整的信息进行对比，求取损失函数。与 AE 相比，DAE 有更强的泛化能力和鲁棒性。这里看一下如何把 AE 改成 DAE 呢？依然用 MNIST 数据集作为例子：论文中是随机擦除一些信息，那么假设随机产生一些噪声加入到输入图片中，应该是也可以起到给原图增加噪声的作用。

注意：DAE 是直接把原图中部分信息变成 0；这里改成随机生成噪声附加到原图上。两者的结果差别不大，后者在图片处理中更为常用。

```
#生成噪声
noise = torch.rand(img.shape).to(device)
#按照一定权重加到原图上
img = img + noise * 0.1
```

也是很简单，两行代码就可以把 AE 改成 DAE，模型什么的都不用修改。简单对比一下 AE 和 DAE 对 MNIST 图片的分类效果，如图 8.21 所示。

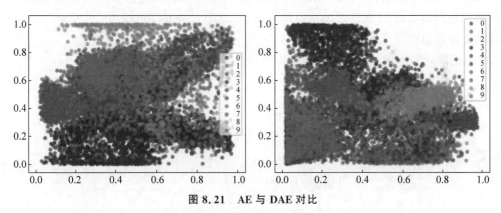

图 8.21 AE 与 DAE 对比

看起来 DAE 比 AE 的分类效果稍微强一些。

8.4.3 变分自编码器

VAE 是一个与 GAN 同类型的生成模型——Variational AutoEncoder。但是 VAE 依然使用 AE 结构：Encoder＋Decoder，其可以生成新图片的关键在于图片编码的方式。传统 AE 就是将图片编码，压成一个特定长度的向量；VAE 的 Encoder 将图片编码成一个分布。

　　假设有两个空间：一个是图片的高维空间，另一个是压缩之后低维向量空间。AE 通过压缩把一个高维空间的一个点（暗示原始图片），对应一个低维空间中的一个点（暗示压缩之后的向量），假设总共有 100 个原始图片，那么总共产生 100 对映射，100 个高维空间的点分别对应 100 个低维空间的点。AE 的 Encoder 过程就是高维空间的点映射到低维空间的过程，AE 的 Decoder 过程就是把低维空间的点映射回高维空间的过程。问题来了：一个低维空间不可能只有这 100 个点，那么那些没有与高维空间建立联系的点，通过 Decoder 映射回高维空间会产生什么呢？如果产生的是一个类似 MNIST 的手写数字图片，那么这就是一个生成模型；如果产生的只是一些没有意义的图片，那么就只是一个 AE 自编码器。

　　变成一个生成模型的关键在于，如何找到合理的潜在变量？潜在变量就是低维空间中的向量，一般称为向量 z。

　　VAE 的解决方案是：通过对编码器增加约束，让其产生服从单位高斯分布的潜在变量。那么从这个高斯分布中进行采样，得到的 z 就是一个合理的潜在变量。

　　VAE 的模型结构如图 8.22 所示。因为 VAE 希望向量 z 服从正态分布，所以在中间部分有一些改动。

　　注意：严格来讲，下面的所有 log 都是取自然对数，严格应该写为 ln。

　　（1）AE 的 Encoder 直接产生潜在向量 z，而 VAE 的 Encoder 需要产生向量 z 的均值和标准差的 ln 值（一个正态分布需要两个参数均值和标准差）。

　　（2）从标准正态分布（均值 0，标准差 1）中采样出 30 个随机点，然后通过与 Encoder 产生的均值和标准差的 ln 值进行运算得到向量 z。这个过程其实就相当于在 Encoder 得到的非标准正态分布中进行采样的过程。

　　（3）把得到的向量 z 放到 Decoder 中得到图像，然后计算 Loss 值。

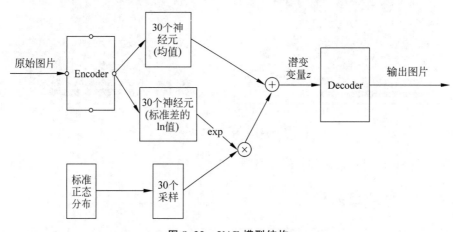

图 8.22　VAE 模型结构

　　一个 Encoder 在 AE 中只能产生一组向量，VAE 使用两个不同的全连接层产生均值和标准差对数，具体代码如下：

```
class VAE(nn.Module):
    def __init__(self):
        super(VAE,self).__init__()
        # 定义编码器
        self.encoder = nn.Sequential(
            nn.Conv2d(1,16,kernel_size = 3,Stride = 2,padding = 1),
            nn.BatchNorm2d(16),
            nn.LeakyReLU(0.2,inplace = True),
            # 后续代码未展示,为一些 CNN 卷积层……
        )
        self.encoder_fc1 = nn.Linear(32 * 7 * 7,z_dimension)
        self.encoder_fc2 = nn.Linear(32 * 7 * 7,z_dimension)
        self.decoder_fc = nn.Linear(z_dimension,32 * 7 * 7)
        self.decoder = nn.Sequential(
            # 两个去卷积层
            nn.ConvTranspose2d(32,16,4,2,1),
            nn.ReLU(inplace = True),
            nn.ConvTranspose2d(16,1,4,2,1),
            nn.Sigmoid(),
        )
    def noise_reparameterize(self,mean,logvar):
        eps = torch.randn(mean.shape).to(device)
        z = mean + eps * torch.exp(logvar)
        return z
    def forward(self,x):
        out1,out2 = self.encoder(x),self.encoder(x)
        # 同样的数据分别经过两次同样的卷积层,得到 out1 和 out2
        # out1 经过全连接层变成均值向量;out2 经过另外的全连接层
        mean = self.encoder_fc1(out1.view(out1.shape[0], -1))
        logstd = self.encoder_fc2(out2.view(out2.shape[0], -1))
        z = self.noise_reparameterize(mean,logstd)
        out3 = self.decoder_fc(z)
        out3 = out3.view(out3.shape[0],32,7,7)
        out3 = self.decoder(out3)
        return out3,mean,logstd
```

假设向量 z 有 30 个维度，那么 z 应写为 $[z_1,z_2,\cdots,z_{30}]$。Encoder 中产生的均值和标准差对数值假设是 $[m_1,m_2,\cdots,m_{30}]$，$[\ln v_1,\ln v_2,\cdots,\ln v_{30}]$，先将 ln 标准差转换成标准差，就是：$[e^{\ln v_1},e^{\ln v_2},\cdots,e^{\ln v_{30}}]$，采样的时候应该满足 $z_i \sim N(m_i,e^{\ln v_i})$。由于采样过程是不可导的，所以需要使用一个技巧——重参数（Reparemerization）。

从一个标准正态分布中采样出 30 个样本 $[n_1,n_2,\cdots,n_{30}]$，然后通过运算：

$$n_i e^{\ln v_i} + m_i = z_i$$

z_i 也是满足服从均值为 m_i、标准差为 $e^{\ln v_i}$ 的正态分布，而且可以求导进行梯度下降。

注意：①在上面代码中，Reparemerization 过程体现在 noise_reparameterize()函数中。②正态分布的性质，如果 $X \sim N(\mu, \sigma^2)$，且 a, b 为实数，那么 $aX+b \sim N(a\mu+b, a^2\sigma^2)$。

为了确保产生图片 $\hat{x}$ 和原始图片 x 尽可能相似，和 AE 一样，VAE 中的损失函数也使用交叉熵函数。

```
import torch.nn.functional as F
# 这个 recon_x 就是 VAE 生成的图片
BCE = F.binary_cross_entropy(recon_x, x)
```

通过对 Encoder 增加约束，让其产生服从正态分布的潜在变量，这个约束直观来看，应该是对产生的均值和方差进行约束。这里使用的约束是 KL 散度：

$$KL(P \parallel Q) = -0.5 \times (1 + \ln\sigma^2 - \sigma^2 - \mu^2) \tag{8.20}$$

式(8.19)包含以下知识点：

(1) P 表示模型要学习的分布，这里是独立的高斯分布，如果是按照上面的例子，P 就是 30 维度的独立高斯分布。

(2) Q 是潜在变量的先验分布，一般都认为 Q 是标准正态分布，式(8.19)也是基于 Q 是标准正态分布推导出来的结果，当然，如果认为 Q 是服从伯努利二项式分布的，将推导出另外一个结果，这里不过多讲解。

(3) 结果看起来非常简单，实则经过大量复杂的数学推导，在此不展开讲解。

最终 VAE 的损失函数是：

$$\text{Loss} = \text{BCE}(\hat{x}, x) - 0.5 \times (1 + \ln\sigma^2 - \sigma^2 - \mu^2) \tag{8.21}$$

简单地对 $KL(P \parallel Q)$ 求导，发现标准正态分布($\sigma^2 = 1, \mu = 0$)时 $KL(P \parallel Q)$ 最小。简单来说，式(8.20)的损失函数是为了把向量 z 的分布不断往标准正态分布靠近。所以在生成图片的时候，直接从标准正态分布中采样出来，就是向量 z。

VAE 对 MNIST 生成的图像，如图 8.23 所示。

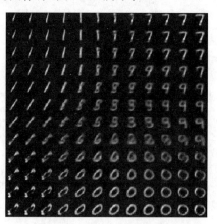

图 8.23　VAE 生成图像

再总结一下 VAE:

(1) Encoder 产生两组向量,一个是均值,一个是标准差的自然对数;

(2) Encoder 产生的其实是正态分布,从这个正态分布中进行采样的结果就是潜在变量 z,这个采样的过程为了保证可导,使用了重参数的技巧;

(3) Decoder 和 AE 相差不多,都是用去卷积层,当然也可以用全连接;

(4) 损失函数来看,是为了让 Encoder 生成的正态分布不断地向标准正态分布靠近。

## 第 9 章

目 标 检 测

本章讲解目标检测的概念与算法。学习本章之前请先阅读以下章节：5.4 节卷积神经网络、6.2 节 VGG 和 20.1 节 PyTorch 模型类。

本章学习重点包括：

- 了解目标检测的基本概念与模型发展史；
- 详细了解 YOLO 模型的算法。

9.1 目标检测概述

9.1.1 通俗理解

所谓图像分类，是有一个如图 9.1 所示的图片，如何知道图片中的内容。图 9.1 中有 4 张图片，通过 VGG 网络可以识别出这是 0、5、3、2 四个数字。但是，如果是图 9.2 所示的有很多数字的图片（想知道这张图片上有几个“0”及分别在哪里），无法用 VGG 网络实现，则需要引入目标检测。目标检测不仅是为了检测这些数字，而且可以检测动物的种类、汽车的种类等。例如，自动驾驶车辆需要自动识别前方物体是车辆还是行人，需要自动识别道路两旁的指示牌和前方的红绿灯颜色。目标检测是机器视觉的“智能”所在。

图 9.1　手写数字图片　　　　　图 9.2　手写数字大图片

注意：对于自动检测的算法，有两个要求，一个是快，一个是准。

9.1.2 铺垫知识点

本节主要介绍目标检测算法中一些常用的基本概念，比较重要，请认真阅读。

（1）VOC(Visual Object Classes)2007。VOC 是一个挑战赛，主要目的是识别真实场景中的一系列物体。这是一个监督学习的问题，需要识别的物体的标签已经给出，总共有20 类物体。VOC2007 包含 9963 张标注过的图片，共标注 24640 个物体。之后的 VOC2012数据集是 VOC2007 的升级版，提供更多图片和标注，数据类别仍然为 20 类（如果算上背景，则为 21 类）。

（2）交并比(Intersection over Union，IoU)是交集与并集的比例。如图 9.3 所示，假设需要检测到其中"0"的位置。白色方框是人工标注的标准答案，也是想要预测的理想位置。灰色方框是预测的实际位置。通过 IoU 计算，利用两个框的交集面积与并集面积的比值就可以衡量模型预测的灰框是否准确，如图 9.4 所示。

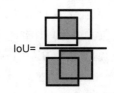

图 9.3　手写数字大图片　　　　图 9.4　IoU 计算方法图示

（3）平均精度均值(mean Average Precision，mAP)。衡量一个目标检测模型整体效果的指标。

9.1.3 发展史

了解一个未知事物的第一步就是了解它的发展史。下面的内容了解即可，不必过于在意细节。

目标检测也是近年才有巨大突破的。在 2001 年就出现了目标检测的话题，当时还没有CNN 深度网络，所以模型基本都是基于传统手工特征的，是冷兵器时代。

注意：这里说传统手工特征是因为真的需要人力去手动调整、寻找图像的特征；CNN出现之后，可以用 CNN 网络去自动发掘图像特征。

而 2012 年左右 CNN 兴起之后，目标检测的春天来临了。深度网络目标检测主要有两种主流方法，一个是两步走的粗检测＋精检测方法，即 R-CNN≫SPPNet≫Fast-RCNN≫Faster-RCNN≫FPN。

- 2013 年，首先是 R-CNN(Region-CNN)。它是第一个成功地将深度学习应用到目标检测上的算法。在 VOC2007 数据集上取得非常好的效果，mAP 从 33.7% 提升到

58.5%。缺点是在 GPU 下每张图片识别需要 40 秒。

- 2014 年,SPPNet 的提出使得 R-CNN 的检测速度提高了 38 倍。
- 2015 年,基于 R-CNN 和 SPPNet,提出 Fast-RCNN 模型。训练速度是 R-CNN 的 9 倍,检测速度是 R-CNN 的 200 倍,而且在 VOC2007 数据集的 mAP 从 58.5% 提高到 70%。
- 2015 年,Faster-RCNN 提出。这是第一个端到端(是否需要外部算法来提取目标候选框,而不是网络来检测候选区域)的深度学习检测算法。不仅如此,Faster-RCNN 也是第一个准实时的深度学习目标检测算法,达到了每秒 17 帧的速度,每个图像为 640×480 像素,并且 VOC2007 的 mAP 提高到 78.8%。最大的创新点是候选区域生成网络(Region Proposal Network,RPN)。
- 2017 年,提出 FPN(Feature Pyramid Networks)检测算法。对小目标以及初读分布较大的目标具有天然优势。在比 VOC 规模更大、难度更大的 MSCOCO 数据集上获得最佳的效果。

注意:COCO 是 Common Object in Contest,是"环境中的常见事物"的含义。COCO 数据集包含更多种类、更多数据的目标检测数据。

另外一个主流方法是一体化卷积网络检测。

- 2015 年,提出了 YOLO(You Only Look Once)模型。速度很快但是预测精度略低于同年的 Fast-RCNN。
- 2016 年提出 YOLO v2 版本,相比 YOLO 更快更强;YOLO9000 是基于 YOLO v2 提出的一种联合训练方法,可以检测超过 9000 个类别的模型。
- 2018 年提出 YOLO v3,使用残差模型和 FPN 架构,效果更好,速度更快。
- 此外还有 SSD 和 RetinaNet,这两个也是单步检测模型,YOLO v3 的运行速度比二者快 3 倍。

注意:其实 SSD 与 YOLO v3 的处理步骤相差不多,本章主要介绍 YOLO 模型。通过对 YOLO 模型的学习,掌握目标检测。

总结一下上面讲的发展史,如图 9.5 所示。

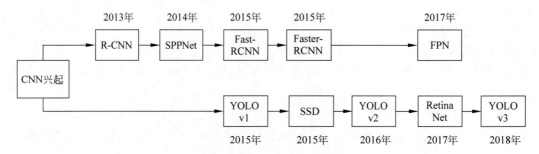

图 9.5 目标检测算法发展史

9.2 YOLO v1

YOLO 模型的速度已经达到了工业级的要求,实时监测,每秒几十帧的速度。本章目标检测的核心是希望读者可以理解 YOLO 模型的算法过程,之后可以看实战部分的目标检测内容:如何使用 PyTorch 实现 YOLO v3 模型。在此之前,需要一步一步理解 YOLO 算法。

整个学习 YOLO v1 的流程是先介绍理论,让读者有一个大致的理解,然后剖析一下 YOLO v1 的代码,从代码中理解模型的细节部分。为什么不学习 YOLO v3,而要学习它的历史版本呢?因为 YOLO 模型开发者的论文相当随意,v2 和 v3 版本完全是基于前一版本的改进,所以必须从 v1 开始学习。

对于图像分类模型,整个流程就是根据损失函数来反向传播更新深度卷积网络中各个卷积核的参数,而所需要的数据集就是图片数据和图片标签。其实对于 YOLO v1 这样的一步走(one stage)模型,整个流程大体差不多,所以需要研究的有 4 个方面:输入、网络、输出、损失函数。

9.2.1 输出

YOLO v1 模型速度之所以快是因为它的候选框的数量并不多。首先,把一个输入图片分成 $S \times S$ 的格子,然后以每个格子为中心,预测出来 B 个候选框(Bounding Boxes),每个候选框包含 5 个预测值,其中 4 个表示位置信息,1 个表示置信度。

进一步解释一下上面的内容,首先,设置 $S=7$,$B=2$,把一张图片分割如图 9.6 所示。把每一个格子称为 cell,每一个 cell 有两个候选框,每一个候选框有 5 个预测值,前 4 个表示候选框的位置和大小,最后一个预测值表示置信度,所以模型的输出是一个 $7 \times 7 \times 30$ 的向量,如图 9.7 所示。

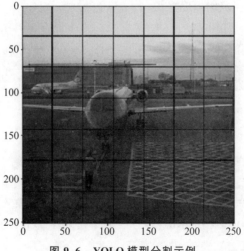

图 9.6 YOLO 模型分割示例

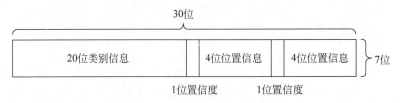

图 9.7　YOLO 模型输出向量解释

图 9.7 是一个 $7 \times 7 \times 30$ 的向量的侧面图。这是一个 $7 \times 7 \times 30$ 的长方体,将二维图像想象成三维的立体图。解读这个输出向量,是按照每一个 cell 进行解读的,就是把 $7 \times 7 \times 30$ 的向量看成 49 个 $1 \times 1 \times 30$ 的细长条。

(1) 前面 10 位表示两个候选框的信息:第 0 位和第 1 位表示第一个候选框的中心点 x 和 y 坐标;第 2 位和第 3 位表示第一个候选框的长度和宽度;第 4 位表示第一个候选框的置信度;第 5～9 位是第二个候选框的同样的信息。

(2) 后面 20 位刚好对应 VOC2007 数据集的 20 个目标检测类别。20 位分别表示这个候选框内的物体是 20 类中某一类的概率。

有的读者可能提出这样的问题:既然每一个 cell 最后预测出两个候选框,但是只有一组类别预测的概率,这个概率是指第一个候选框的概率还是第二个候选框的概率呢?这就是 YOLO v1 的一个缺陷,同一个 cell 给出的两个候选框,选取 IoU 大的候选框,也就意味着,同一个 cell 只能预测一个物体,假设有这样的情况,两个物体的中心都在同一个 cell 内,那 cell 只能预测其中一个而必定失去另外一个。

注意 1:将其与之前的图像分类的输出做一个简单的对比,图像分类的输出就是一个全连接层,一般是 $1 \times m$ 的向量,m 为类别,而现在是一个 $7 \times 7 \times 30$ 的向量。

注意 2:现在先不讲输出的每一个数字是如何计算的。先对 YOLO 模型有一个宏观认识。

这里简单总结一下已知的知识点。

- 知道 YOLO v1 模型最后输出的 $7 \times 7 \times 30$ 的向量中每一个数字的含义。
- 了解 YOLO v1 模型的缺陷之一:如果两个物体的中心点在同一个 cell 内,则会失去一个物体的预测。因为同一个 cell 最终只能给出一个有效候选框,而一个有效候选框无法预测两个不同的物体。

9.2.2　网络

网络依然卷积网络 CNN,共包含 24 个卷积层和 2 个全连接层,如图 9.8 所示。

首先来看 24 层卷积层。从图 9.8 中下面的具体网络层介绍中,可以发现共有 24 个 Conv 层。再来练习一下"图像尺寸是如何被卷积层改变的":输入图像尺寸为 448,第一个卷积层是 $7 \times 7 \times 64/2$,其中 2 指 Stride＝2。表 9.1 展示了部分计算的过程。

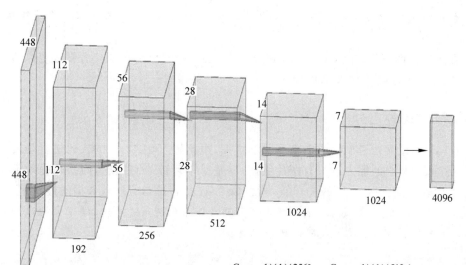

Conv：7×7×64/2　　　　　　　　　 Conv：1×1×256
Max：2×2/2　　　Conv：1×1×128　Canv：3×3×512
Canv：3×3×192　Canv：3×3×256　Max：2×2/2

Conv：1×1×256
Canv：3×3×512 }×4　Conv：1×1×512
Canv：3×3×1024 }×2　Canv：3×3×1024
Conv：1×1×512　　　Canv：3×3×1024　Canv：3×3×1024
Canv：3×3×1024　　Canv：3×3×1024/2
Max：2×2/2

图 9.8　YOLO v1 网络结构

表 9.1　模型图片尺寸被卷积的影响

之前图片尺寸	网络层	之后图像尺寸
448×448×3	Conv：7×7×64/2	224×224×64
224×224×64	Maxpool：2×2/2	112×112×64
112×112×64	Conv：3×3×192	112×112×192
112×112×192	Maxpool：2×2/2	56×56×192
...		

此外还有两个全连接层，在图中只画出了一个，即最后一个从 7×7×1024 全连接到 1×4096，没画出来的全连接层是从 1×4096 全连接到 7×7×30 的。

注意：有没有读者看过第 9 章"深度神经网络"的 GoogLeNet 一节呢？其实 YOLO 模型中借用了 GoogLeNet 的思想，使用 1×1 的卷积层来降低模型的计算量。

此外，训练一个目标检测模型与训练一个图像分类模型是略有区别的。训练目标检测模型包括以下步骤。

（1）还记得 ImageNet 数据库（一个著名的图像分类挑战赛的数据库）吗？先把 YOLO v1 的 24 个卷积层的前 20 个卷积层加上一个平均池化层和一个全连接层作为一个预训练模型，使用 ImageNet 的数据库进行训练。

注意：这里预训练是符合逻辑的。当在经过道路的时候，人会对来往车辆进行"目标检测"，但是人需要事先知道这个是汽车，才能进行检测；预训练就是通过 ImageNet 数据库让 YOLO 模型拥有对图像的基础识别能力，然后再进行检测。

（2）预训练之后，在 20 个卷积层之后加上随机初始化的 4 个卷积层和 2 个全连接层，变成上面讲述的网络模型。

（3）在预训练的时候，输入图像的像素是 224×224，但是因为检测任务需要更高清的图片，所以在 YOLO v1 的完整模型中使用了 448×448 的像素。

9.2.3　输入

YOLO v1 的论文对模型输入的介绍并不详细，因此从 YOLO v1 的代码进行理解。对于图像分类问题，网络的输入就只有图片数据，但是对于目标检测问题，网络的输入不会这么简单。那么来看 PyTorch 库的 Dataset 类。Dataset 类就是学习输入数据的最好途径。

注意：如果不知道什么是 Dataset 类也不妨碍接下来的理解；此外，接下来的代码不能复现，只是用来理解 YOLO v1 模型的部分代码。

```
# 主程序中调用的代码
train_dataset = yoloDataset(root = file_root,
                  list_file = ['voc2012.txt','voc2007.txt'],
                  train = True,
                  transform = [transforms.ToTensor()])
```

主程序对图片数据的处理就是通过 yoloDataset 类实现的，其中的 4 个参数简单解释如下。

（1）file_root 是很多检测图片的路径。

（2）voc2012.txt 文件中存储的信息是图片中的物体位置和物体类别，如图 9.9 所示。

```
2007_008218.jpg 194 90 495 375 14 124 334 164 375 14 100 273 139 361 14
2010_006192.jpg 318 70 455 375 14
2007_001834.jpg 46 39 456 304 10
2009_004298.jpg 8 181 487 373 17
2010_000938.jpg 1 82 384 288 10
```

图 9.9　voc2012.txt 部分数据

图中第一列是图片的名字，$(194,90)$ 是图片中第一个框的 $(x_{\min},y_{\min})$，$(495,375)$ 是 $(x_{\max},y_{\max})$，这 4 个数字确定一个框的位置，紧跟之后的 14 是这个框的物体类别，总共有 20 个类别，范围是 0～19。

（3）train 参数是说明 dataset 是训练集还是测试集。

（4）transform 是对图片进行的处理。

下面仔细观察 yoloDataset 的代码。因为代码比较长，所以把代码分成几部分讲解。

```
class yoloDataset(data.Dataset):
    # 第一部分
    image_size = 448
```

```python
# 第二部分
def __init__(self, root, list_file, train, transform):
    print('data init')
    self.root = root
    self.train = train
    self.transform = transform
    self.fnames = []
    self.boxes = []
    self.labels = []
    self.mean = (123, 117, 104) # RGB
    # 第三部分
    with open(list_file) as f:
        lines = f.readlines()
    # 第四部分
    for line in lines:
        splited = line.strip().split()
        self.fnames.append(splited[0])
        num_boxes = (len(splited) - 1) // 5
        box = []
        label = []
        for i in range(num_boxes):
            x = float(splited[1 + 5 * i])
            y = float(splited[2 + 5 * i])
            x2 = float(splited[3 + 5 * i])
            y2 = float(splited[4 + 5 * i])
            c = splited[5 + 5 * i]
            box.append([x, y, x2, y2])
            label.append(int(c) + 1)
        self.boxes.append(torch.Tensor(box))
        self.labels.append(torch.LongTensor(label))
    self.num_samples = len(self.boxes)
# 第五部分
def __getitem__(self, idx):
    fname = self.fnames[idx]
    img = cv2.imread(os.path.join(self.root + fname))
    boxes = self.boxes[idx].clone()
    labels = self.labels[idx].clone()
    # 第六部分
    if self.train:
        img, boxes = self.random_flip(img, boxes)
        img, boxes = self.randomScale(img, boxes)
        img = self.randomBlur(img)
        img = self.RandomBrightness(img)
        img = self.RandomHue(img)
        img = self.RandomSaturation(img)
        img, boxes, labels = self.randomShift(img, boxes, labels)
```

```
            img,boxes,labels = self.randomCrop(img,boxes,labels)
    # 第七部分
    h,w,_ = img.shape
        boxes /= torch.Tensor([w,h,w,h]).expand_as(boxes)
        img = self.BGR2RGB(img) #because pytorch pretrained model use RGB
        img = self.subMean(img,self.mean) #减去均值
        img = cv2.resize(img,(self.image_size,self.image_size))
        target = self.encoder(boxes,labels) # 7x7x30
        for t in self.transform:
            img = t(img)
        return img,target
    def __len__(self):
        return self.num_samples
```

在讲解 7 个部分之前,先简单地讲一下 PyTorch 的 dataset 类的几个函数的含义:dataset 中必须要有 3 个函数:__init__(self)、__getitem__(self)和 __len__(self)。_init_(self)是初始化函数,在创建 dataset 的时候调用,在主函数中创建 train_dataset 的时候会自动调用__init__(self)函数;_getitem_(self)在训练时调用,训练时模型会从 dataset 类中不断地调用__getitem__(self),每一次调用的返回值是模型的输入值;__len__(self)是返回数据集总数量。

下面对 7 个部分分别解析,学习的目的是:了解 YOLO v1 模型的输入到底是什么。

注意:7 个部分重要性不同,重要的篇幅长,不重要的简单略过。

第一部分:目标检测需要更高精度的输入图片,所以这里的图像像素是 448 个 pixels。

第二部分:给变量赋值,可以让其他的类内函数调用这些变量。

第三部分:把图 9.9 中 txt 文件的所有内容一行一行地提取到变量 lines,lines 是一个数组,每一个元素是一行 txt 的内容。

第四部分:该部分为重点,在下面代码块中详细介绍:

```
# 第四部分
# line 是 txt 中每一行的内容,就是:照片文件名字,xmin,ymin,xmax,ymax,类别,…
for line in lines:
    # 把 line 的字符串按照空格分成字符串数组
    splited = line.strip().split()
    # self.fnames 数组存放照片名字
    self.fnames.append(splited[0])
    # 计算这一行的 line 中有几个图像框,      //是取除法的商的意思.举例:11//5 = 2
    num_boxes = (len(splited) - 1) // 5
    box = []
    label = []
    for i in range(num_boxes):
        # x 是 xmin,y 是 ymin
```

```
            x = float(splited[1 + 5 * i])
            y = float(splited[2 + 5 * i])
            # x2 是 xmax,y2 是 ymax
            x2 = float(splited[3 + 5 * i])
            y2 = float(splited[4 + 5 * i])
            # c 是类别,取值范围为 0~19,共 20 类
            c = splited[5 + 5 * i]
            box.append([x, y, x2, y2])
            label.append(int(c) + 1)
        self.boxes.append(torch.Tensor(box))
        self.labels.append(torch.LongTensor(label))
# self.num_samples 是 txt 文件中有多少行
self.num_samples = len(self.boxes)
```

这部分的代码主要任务是解析 txt 文件中的内容。代码块中的注释比较详尽,此处无须赘述。

第五部分:这部分主要讲__getitem__(self,idx)中的 idx 参数,在模型训练时,会反复调用这个函数,idx 是索引 index 的意思,每一次调用__getitem__(self,idx)的返回值是第 idx 张图片的信息。

第六部分:这部分对图像的一些处理,包括随机剪裁、随机调整尺寸、随机调整光亮、随机调整饱和度、随机平移等,都是图像增强的方法。

第七部分:这部分探究 YOLO 输入的核心,对其加上详细注释:

```
# img 就是读取的第 idx 个图像,获取 img 的长和宽
h, w, _ = img.shape
# boxes 是图像中的所有的图像框,是一个数组
# boxes 每一个元素表示一个图像框的信息,包含 4 个元素,也是一个数组
# boxes 大概是:[[11,14,20,40],[34,23,56,86],[xmin,ymin,xmax,ymax]]
# 归一化 boxes 中的元素
boxes /= torch.Tensor([w, h, w, h]).expand_as(boxes)
# 将图像转换成 448 * 448 像素
img = cv2.resize(img, (self.image_size, self.image_size))
# 下面会详细讲解
target = self.encoder(boxes, labels) # 7x7x30
for t in self.transform:
    img = t(img)
return img, target
```

其中有几点需要进一步解释。

(1) 对 boxes 中的每一个元素进行归一化。假设一张图片是 300×400 的大小,图片中某一个图像框的 boxes 是[30,40,180,240],如图 9.10 所示。

如图 9.10 所示,如果直接把 30、40、180、240 输入网络中,肯定存在量纲的影响,所以将

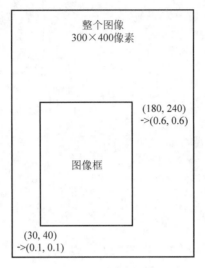

图 9.10　尺寸归一化

其分别除以图片的宽、高、宽、高,让其取值范围变成归一化的无量纲数据。

(2) __getitem__(self,idx)返回两个值,一个是 img,另一个是 target。那 target 是如何得到的呢?首先 target 是一个 $7 \times 7 \times 30$ 的向量,和最终预测输出是同样维度的。仔细看 self.encoder 函数:

```
# boxes 就是归一化之后的[[0.1,0.12,0.3,0.45],[0.45,0.53,0.78,0.68],[xmin/w,ymin/h,xmax/
w,ymax/h]]
# labels 就是对应 boxes 的[3,2,class]
def encoder(self,boxes,labels):
    # 就是把图片划分成 grid_num * grid_num 个 cells.
    grid_num = 7
    # 先创建一个 7 * 7 * 30 的数组
    target = torch.zeros((grid_num,grid_num,30))
    cell_size = 1./grid_num
    # boxes[:,2:]就是[xmax/w,ymax/h],boxes[:,:2]就是[xmin/w,ymin/h]
    # 所以 wh 就是归一化之后的[[第一个图像框的宽度,第一个图像框的高度],
    #                       [第二个图像框的宽度,第二个图像框的高度]……]
    wh = boxes[:,2:] - boxes[:,:2]
    # cxcy 是归一化之后的[[第一个图像框中心点的 x,第一个图像框中心点的 y],
    #                   [第二个图像框中心点的 x,第二个图像框中心点的 y]……]
    cxcy = (boxes[:,2:] + boxes[:,:2])/2
    for i in range(cxcy.size()[0]):
        cxcy_sample = cxcy[i]
        # 这是在计算图像的中心点落在哪一个 cell 内,ij = [a,b]表示中心点在第 a 行第 b 列的
cell 内
        ij = (cxcy_sample/cell_size).ceil() - 1 #
```

```
# 第 4 位和第 9 位是置信度;
# 如果图像落在某一个 cell 内,就把那个 cell 的两个候选框的置信度改为 1
target[int(ij[1]),int(ij[0]),4] = 1
target[int(ij[1]),int(ij[0]),9] = 1
# 然后把后面 20 位表示类别中的某一个从 0 改为 1
target[int(ij[1]),int(ij[0]),int(labels[i])+9] = 1
# 匹配到的网格的左上角相对坐标
xy = ij * cell_size
delta_xy = (cxcy_sample − xy)/cell_size
target[int(ij[1]),int(ij[0]),2:4] = wh[i]
target[int(ij[1]),int(ij[0]),:2] = delta_xy
target[int(ij[1]),int(ij[0]),7:9] = wh[i]
target[int(ij[1]),int(ij[0]),5:7] = delta_xy
    return target
```

该代码块中,有几个知识点需要进一步理解。

(1) 假设一个物体是飞机,是类别 5,则 20 个表示类别的向量中,第 5 位是 1,其他 19 位是 0。

(2) 在 $7\times7\times30$ 向量中,之前有 4 位来表示位置信息。但是这 4 位并不是 x_{min}、y_{min}、x_{max}、y_{max},而是 $center_x$、$center_y$、width、length,含义是图像框中心点的 x 和 y 坐标,以及图像框的宽度和高度。

(3) $center_x$、$center_y$、width、length 的具体计算方法如下:

$$width = (x_{max} - x_{min})/\text{图片的宽度}$$

$$length = (y_{max} - y_{min})/\text{图片的高度}$$

至于中心点的计算,则是相对于 cell 左下角的相对坐标。简单来说,是把相对于整张图片的中心点转换成相对于中心点所在 cell 的相对坐标。具体计算使用画图的方法帮助理解,如图 9.11 所示。

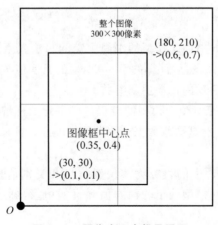

图 9.11　图像中心点推导图示

从图 9.11 可以看到一个图像框的中心点的归一化是(0.35,0.4),根据代码中的步骤来推导,见表 9.2。

表 9.2　部分代码解释表

变量	cxcy_sample=(0.35,0.4)	Cell_size=1/2
执行	ij = (cxcy_sample/cell_size).ceil()−1	
变量	ij=(0,0)说明中心点落在(0,0)的格子内	
执行	xy = ij×cell_size 和 delta_xy = (cxcy_sample −xy)/cell_size	
变量	xy=(0,0)	delta_xy=(0.7,0.8)

注意:此坐标系是以图像的左下角为原点,即"中心点的计算,则是相对于 cell 左下角的相对坐标"。如果将图像的左上角作为原点,则需要修改为"中心点的计算,则是相对于 cell 左上角的相对坐标"。

(4) 不难发现,两个候选框的位置参数是完全相同的。这一点虽然不重要,但是也是模型构建的一部分。

那么,在模型训练的时候,这些输入如何用于模型的训练? 来看下面的代码:

```
for i,(images,target) in enumerate(train_loader):
    # 是否使用 GPU 训练
    if use_gpu:
        images,target = images.cuda(),target.cuda()
    # 将图像输入
pred = net(images)
# 将得到的 7 * 7 * 30 与之前计算的标准值 7 * 7 * 30 比对
loss = criterion(pred,target)
total_loss += loss.data[0]


optimizer.zero_grad()
loss.backward()
optimizer.step()
```

上面的代码是 PyTorch 中训练模型的中规中矩的写法。原来输入 YOLO 模型的输入值与图像分类一样,都是图像,然后计算的 $7\times7\times30$ 的真实值与模型的 $7\times7\times30$ 的预测值比对,得到损失值 Loss,然后反向传播更新参数。

现在对模型的输入,甚至对整个模型的流程有了一定的理解,在这里总结一下。

(1) 整个模型的输入依然是图像数据,模型的输出是 $7\times7\times30$ 的向量($S=7$,也可以设置成其他值)。

(2) 通过图片和 txt 文件中的目标物体位置信息和类别信息,可以生成一个真实值的 $7\times7\times30$ 的向量。通过对比模型输出的预测值和真实值,得到一个 Loss,然后反向传播更新模型。

(3) $7\times7\times30$ 中的位置信息是 $center_x$、$center_y$、width、length,width、length 是相对于

整个图像的归一化值，$center_x$ 和 $center_y$ 是相对于中心点所在 cell 的相对坐标。

9.2.4 损失函数

对于 YOLO 模型的理解，很多人都说最难的地方是损失函数。但是如果已经把 9.2.1～9.2.3 节的内容都了解清楚了，损失函数反而是最简单的部分了。试想一下损失函数的意思，损失函数是衡量 $7 \times 7 \times 30$ 的预测值和真实值的差距的函数，差距越小，损失越小。$7 \times 7 \times 30$ 向量中包含位置信息、置信度、类别概率，所以需要用不同方法来衡量这些不同的信息，然后使其保持一种平衡。

损失函数的公式为：

$$
\begin{aligned}
\text{Loss} = & \lambda_{\text{coord}} \sum_{i=0}^{S^2} \sum_{j=0}^{B} l_{ij}^{\text{obj}} \left[(x_i - \hat{x}_i)^2 + (y_i - \hat{y}_i)^2 \right] + \\
& \lambda_{\text{coord}} \sum_{i=0}^{S^2} \sum_{j=0}^{B} l_{ij}^{\text{obj}} \left[(\sqrt{w_i} - \sqrt{\hat{w}_i})^2 + (\sqrt{h_i} - \sqrt{\hat{h}_i})^2 \right] + \\
& \sum_{i=0}^{S^2} \sum_{j=0}^{B} l_{ij}^{\text{obj}} (C_i - \hat{C}_i)^2 + \lambda_{\text{noobj}} \sum_{i=0}^{S^2} \sum_{j=0}^{B} l_{ij}^{\text{noobj}} (C_i - \hat{C}_i)^2 + \\
& \sum_{i=0}^{S^2} l_i^{\text{obj}} \sum_{c \in \text{classes}} (p_i(c) - \hat{p}_i(c))^2
\end{aligned} \tag{9.1}
$$

此处不按照顺序讲解：

(1) 第四行是分类对象的误差。其中 l_i^{obj} 含义是第 i 个网格中是否存在目标物体。通过原始图片中目标物体的中心点位于哪个网格内来判断 l_i^{obj} 是 0 还是 1。

(2) 第一行是边框中心点误差。l_{ij}^{obj} 含义是第 i 个网格中的第 j 个候选框中是否存在目标。需要注意一点，当 $l_i^{\text{obj}} = 1$ 的时候，l_{ij}^{obj} 才可能是 1，并且同一个 cell 负责的 B 个候选框中，只有一个 l_{ij}^{obj} 是 1，其他的都是 0。那么，在 B 个候选框中，究竟哪一个的 l_{ij}^{obj} 是 1 呢？自然要选择预测效果最好的那一个候选框。计算 B 个候选框与标准图像框的 IoU 值，选取最大的候选框进行计算。

(3) 第二行是候选框高度、宽度误差。读者已经清楚 l_{ij}^{obj} 的含义，使用上述公式计算宽高度误差即可。为什么这里计算要加上根号？例如，假设真实值宽度是 0.2，预测值宽度是 0.1，与真实值宽度是 0.8，预测值宽度是 0.7 相比，明显第二种情况的预测效果好。但是如果不加根号，计算的误差是相同的，所以加上根号来凸显这种含义，如表 9.3 所示。

表 9.3 根号的意义

真实值 a	预测值 b	$(a-b)^2$	$(\sqrt{a} - \sqrt{b})^2$
0.2	0.1	0.01	0.017
0.8	0.7	0.01	0.0033

（4）第三行表示置信度误差。通过之前代码的学习可以了解到，如果一个 cell 内有物体中心，那么这个 cell 的两个置信度都是 1，没有物体中心则为 0。预测之中的置信度是如何计算的呢？是网络预测得到的。l_{ij}^{obj} 表示第 i 个网格中的第 j 个候选框中是否存在目标。那么 l_{ij}^{noobj} 表示第 i 个网格中的第 j 个候选框中是否不存在目标。置信度误差为什么还要考虑没有物体的情况呢？

其实这个问题等同于：置信度到底是什么？见式（9.2）。

$$\text{Confidence} = \Pr(\text{Object}) \times \text{IoU}_{\text{pred}}^{\text{truth}} \tag{9.2}$$

$\Pr(\text{Object})$ 表示候选框内是否包含任意目标的概率。这与 20 位表示的类别概率不同。20 位的类别概率的含义是假设候选框内有物体，那该物体是什么的概率，可以写成 $\Pr(C_i|\text{Object})$，已经知道该候选框包含某一个物体了；那 $\Pr(\text{Object})$ 就不考虑框内是什么，而是框内有没有，有什么都行，是这样的一个概率。

$\text{IoU}_{\text{pred}}^{\text{truth}}$ 表示准不准，$\Pr(\text{Object})$ 表示有没有，置信度 Confidenc 表示框内是否包含对象并且位置准不准。

注意：在测试的时候，不知道目标的位置，怎么计算 IoU？所以在测试的时候，Confidence 置信度就只能表示框内有没有的含义。

（5）式（9.1）中 λ_{coord}，λ_{noobj} 是设定的常数。λ_{coord} 表示坐标常数（coordinate），取值 5；λ_{noobj} 表示没有物体的常数，取值 0.5。

9.2.5　小结

现在讲完了 YOLO v1 的模型，回顾一下知识点。

- $7 \times 7 \times 30$ 向量的每一个数字的含义。
- YOLO v1 的网络是"24 层卷积＋2 个全连接"。训练的时候先预训练前 20 层，再训练全部的网络。
- $7 \times 7 \times 30$ 中表示图像框的 center_x、center_y、width、length 的含义。width、length 是相对于整个图像的归一化值，center_x、center_y 是相对于中心点所在 cell 的相对坐标。
- 明白 $7 \times 7 \times 30$ 中的置信度表示什么含义。
- 损失函数太长，记不住没关系，但是需要了解每一项的含义。

9.3　YOLO v2

YOLO v2 主要是在 v1 的基础上进行改进，并且提出了一种联合训练方法，这种训练方法训练出的 YOLO 模型称为 YOLO9000，据说可以检测超过 9000 多类的物体。YOLO9000 是基于 YOLO v2 的基础提出的，但是两者的主体结构不同。YOLO v2 的速度比 YOLO 更快，精度更高。

注意 1：根据 voc2007 数据集的结果，SSD300 的速度与 YOLO v1 相同，但是精度高于 YOLO v1；YOLO v2 的速度和精度都略高于 SSD300。

注意 2：YOLO9000 将在"问题解答中的分类与检测的联合训练"中讲解。

9.3.1　mAP

首先，需要介绍几个知识点。mAP(mean Average Precision)是衡量目标检测模型预测准确率的一个指标。

首先理解一下什么是 TP(True Positives)、TN(True Negatives)、FP(False Positives)、FN(False Negatives)。TP 是真实的正样本，即预测是正样本，而且预测对了，真的是正样本；TN 是预测是负样本，预测对了，真的是负样本；FP 是错误的正样本，预测是正样本，但是错了，其实不是正样本；FN 是预测是负样本，预测错了，其实是正样本。

总的来说 True 和 False 是预测正确还是错误，P 和 N 是预测是正样本还是负样本。整体来说，预测是正样本或者负样本，这个预测是对的或者是错的。

下面讲解 Precision(精确率)和 Recall(召回率)，或称 Precision 为查准率，Recall 为查全率：

$$Precision = \frac{TP}{TP + FP} \tag{9.3}$$

$$Recall = \frac{TP}{TP + FN} \tag{9.4}$$

精确率 Precision 分子是预测正确的正样本，TP＋FP 是不管预测正确还是错误的正样本，所以 Precision 体现的是模型预测的正样本中正确的概率。例如模型预测了 10 个正样本，对了 1 个，Precision 就是 0.1。

召回率 Recall 分子是预测正确的正样本，分母是预测正确的正样本和预测错误的负样本。模型的预测必定给所有的样本一个结果，不是正样本，必是负样本。所以错误的负样本意味着这些样本的标准答案是正样本。召回率 Recall 的分母是所有标准答案是正样本的数量，Recall 表示所有预测样本中的正样本被预测出来的概率。

目标检测问题中，什么是正样本？什么是负样本？结合之前讲到的置信度 Confidence 和 IoU。例如图 9.12 所示。

假设需要从图 9.12 中检测到所有的"1"，3 个正方形框是模型给出的 3 个预测框，框内的数字是预测框的置信度。3 个正方形框从上到下、从左到右进行标号：pred1，pred2 和 pred3。

先计算每个预测框与真实框的 IoU，如果 IoU 大于 0.5，这个预测框就是真的正样本，则认为该预测框成功地检测出了目标；如果小于 0.5，那么这个预测框就没有找到目标，没有检测出"1"。图 9.12 中的三个框，pred1 和 pred2 的 IoU 大于 0.5，所以这两个是真实的正样本，是 TP；pred3 的 IoU 小于 0.5，所以是错误的正样本，是 FP。

注意：目标检测中只要预测出的候选框，就是正样本，从候选框中判断是 TP 还是 FP。

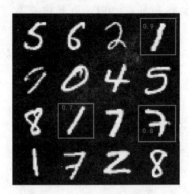

图 9.12 正负样本的区别

接下来考虑置信度。要给置信度增加一个阈值,然后只考虑置信度在阈值之上的预测框。继续看上面的例子。假设阈值是 0.9,那就忽视所有阈值小于 0.9 的预测框,所以忽视了 pred2 和 pred3,所以 TP 是 1,FP 是 0,所以 Precision＝1;从图中看到总共有 3 个"1",所以这个 TP＋FN 就是 3。检测出了一个"1"(考虑置信度和 IoU),所以 Recall 是 0.33。这就是一组 R、P 值。

注意:P 是 Precision,R 是 Recall。

假设阈值是 0.8,那 TP 是 1,FP 是 1。所以 Precision 是 0.5,Recall 是 0.33。

假设阈值是 0.7,那 TP 是 2,FP 是 1。所以 Precision 是 0.67,Recall 是 0.67。

通过得到很多组的 R、P 值(0.33,1)、(0.33,0.5)、(0.67,0.67)可以画出图 9.13。

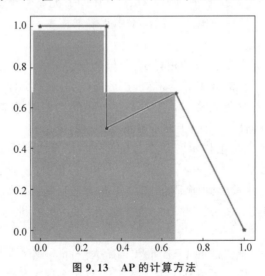

图 9.13 AP 的计算方法

把 R、P 点连起来后计算图中阴影的面积,此面积即为 AP 值,是平均精确率。AP＝$0.33 \times 1 + 0.33 \times 0.67 \approx 0.55$,所以 AP 是 0.55。

AP 是对某一个类检测的好坏,mAP 是所有类的 AP 的平均值。例如在 voc2007 数据集中共有 20 个类,对这 20 个 AP 值取平均值就是这个模型的 mAP 值。

9.3.2 改进

之前提到,YOLO v2 是对 v1 的改进,改进了很多方面,下面逐条讲解。

注意:本节的代码主要是辅助读者理解,因为作者认为只讲解概念不够,需要用代码来证明。

第一个改进是使用了批归一化(Batch Normalization)。Batch Normalization 可以提升模型的收敛速度,也可以起到轻微的正则化的效果,降低模型过拟合。在 YOLO v2 模型中,每个卷积层后面都加入了 Batch Normalization 层,mAP 提高了 2.4%。

```
# 下面代码使用的是 Tensorflow 框架的 Keras 封装库,因为作者相比于 PyTorch,
# 发现对于网络的讲解使用 Keras 更方便读者理解.
# Darknet - 19 的第一层
x = Conv2D(32,(3,3),Strides = (1,1),padding = 'same',name = 'conv_1',use_bias = False)(input_
image)
x = BatchNormalization(name = 'norm_1')(x)
x = LeakyReLU(alpha = 0.1)(x)
x = MaxPooling2D(pool_size = (2,2))(x)

# Darknet - 19 的第二层
x = Conv2D(64,(3,3),Strides = (1,1),padding = 'same',name = 'conv_2',use_bias = False)(x)
x = BatchNormalization(name = 'norm_2')(x)
x = LeakyReLU(alpha = 0.1)(x)
x = MaxPooling2D(pool_size = (2,2))(x)
```

从代码中可以发现,在每一个卷积层 Conv2D 之后跟着一个 Batch Normalization 批归一化层。此外,有一个小细节是 DarkNet19 使用的激活函数是 leakyrelu,它是 ReLU 的变种之一,作用是避免神经元变成死神经元。更多的关于 leakyrelu 在"问题解答"中。

注意:此处不详细讲解 Normalization 的效果,不了解、不清楚的读者可以看"问题解答"中的"为什么要用 Normalization"。

第二个改进是高精度的分类器(High Resolution Classifier)。在 YOLO v1 中前 20 层卷积网络在 ImageNet 数据集中,以 224×224 图片为输入进行预训练,然后在目标检测中使用 448×448 的图片作为输入进行目标检测。YOLO 的开发团队认为,224×224 作为预训练的模型很难很快适应 448×448 的图像输入,所以在训练完 224×224 的 ImageNet 图片之后,再训练 10 个 epoches,训练输入为 448×448 的 ImageNet 图片,如图 9.14 所示。

模型在训练 voc2007 的时候,已经适应了高分辨率的图像输入,mAP 提升 4%。

第三个改进是先验框(Prior Anchor)。YOLO v2 参考了 Faster-RCNN 的区域生成网络(Region Proposal Network,RPN)的先验框的策略,重点理解 Prior Anchor 机制。Anchor 是候选框,Prior Anchor 是先验框。什么是先验框? 如图 9.15 所示。

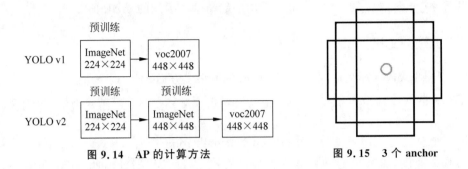

图 9.14　AP 的计算方法　　　　　图 9.15　3 个 anchor

如图 9.15 所示,可以看到 3 个框。假设确定一个中心,然后把这 3 个框移到中心上,就生成了 3 个候选框,先验框就像是模板一样,套用后是 3 个候选框。在 YOLO v1 中,虽然没有使用 Prior Anchor 框的策略,但是在这里假设它使用了,YOLO v1 中有 7×7 个 cell,每个 cell 都可以当成一个中心,假设事先准备了 5 个 anchor,最后就可以产生 7×7×5 个候选框。

先验框的特点是长宽的比例不同。像 YOLO v1 模型是很难学习到不同物体的不同形状的特征,所以使用先验框让模型更加容易学习。这就是 Prior Anchor 的意义。当然 Prior Anchor 是需要事先设置的。

在 YOLO v2 的官方版本中,最终是将图片分成 13×13 的 cell,然后准备 5 个 Prior Anchor,所以一张图片中总共有 845 个候选框,相比 v1 中的 98 个候选框,召回率(查全率)高了很多。

注意:在 v1 中每一个 cell 的两个候选框共享一组类别概率,所以是 5×2+20;在 v2 中给每一个 anchor 分别配上一组类别概率,所以是 5×25(4 个位置信息,1 个置信度,20 个类别概率)。

第四个改进是聚类(Dimension Cluster)。YOLO v2 使用聚类分析来确定先验框的大小。第三个改进提到了 5 个先验框是需要事先设定的,应该使用聚类分析进行设置。将训练集中的所有候选框进行聚类分析,然后把得到的聚类中心作为先验框。两个候选框之间的距离为:

$$\text{distance}(\text{box}, \text{center}) = 1 - \text{IoU}(\text{box}, \text{center}) \tag{9.5}$$

很简单,用 1 减去两个框的 IoU 就可以。这里使用的是 K-Means 聚类分析。对聚类不了解的可以看本书中"无监督学习中的聚类分析"。

第五个改进是 Dartnet-19,一个新的卷积网络。YOLO v2 采用了一个新的基础模型 Darknet-19,包含 19 个卷积层和 5 个池化层,网络结构如图 9.16 所示。

注意:图中未画出但在后面还有 global avgpooling 层和 softmax 层作为标签输出。

可以从网络结构中看到几个知识点。

(1) 每一次最大池化层之后都会减小一倍的图像尺寸,然后用之后的卷积层扩大一倍特征图的通道。这种做法与 VGG 模型的设计原则一致。

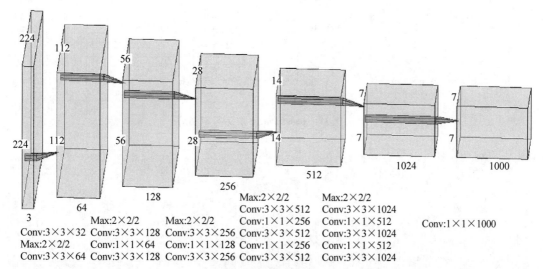

图 9.16 AP 的计算方法

（2）网络依然使用 GoogLeNet 的思想，使用 1×1 卷积来减小计算量和参数。

（3）与 NIN(Network in Network) 的策略类似，在最后卷积得到的 7×7×1000 的特征图中，使用全局平均池化层将 7×7×1000 的特征图转化为 1×1×1000 的结果。全局平均池化层是用每一个通道只会输出一个值，假设有一个 $W×H×C$ 的特征图，相当于用一个 $W×H$ 的核去计算，这样每一个通道只会得到一个数值，结果就会变成 1×1×C 形式的向量。这个方法取代了全连接层。

（4）每一个卷积层后面加上了 batch normalization，降低过拟合，提高收敛速度。

使用 Darknet-19 并没有提高 mAP，但是降低了 33% 的计算量。

注意：Darknet-19 是训练 ImageNet 的网络，在训练目标检测任务时后面会跟上 RPN 策略的卷积先验框。

第六个改进是细粒度特征(Fine-Grained Features)。YOLO v2 最后生成的 13×13 的特征图检测大物体已经足够，但是对于小物体效果不好，所以需要更精细的特征。YOLO v2 提出了一种 passthrough 层来利用更精细的特征。Darknet-19 的某一层输出了 26×26×512 的特征图，经过 passthrough 层就会变成 13×13×2048 的特征图。passthrough 运行机制如图 9.17 所示。

通过 passthrough 可以把 26×26×512 的高精度特征图转化为 13×13 大小，然后与 13×13×1024 的特征图进行拼接，获得 13×13×3072 的新特征图，而后做卷积进行预测。在代码中，passthrough 被称为 reorg layer。

注意：认为 13×13×3072 的通道数过多，所以先用卷积把 26×26×512 卷积成 26×26×64，然后 passthrough 成 13×138 256，最后与 13×13×1024 拼接，变成 13×13×1280。

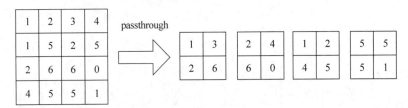

图 9.17   passthrough 层运行机制

```
# 这段代码是 YOLO v2 模型类中的一段
# self.layer 是 darknet19 中的一部分
def forward(self,x):
        stem = self.layers[0](x)
        stage4 = self.layers[1](stem)
        stage5 = self.layers[2](stage4)
        stage6 = self.layers[3](stage5)
        features = [stage6,stage5]
        return features
```

通过这段代码可以知道 Darknet-19 返回的是 2 个特征图。stage6 是 $13\times13\times1024$ 的,stage5 是 $26\times26\times512$ 的,先让 $26\times26\times512$ 卷积成 $26\times26\times64$ 的,然后 passthrough 成 $13\times13\times256$,再与 $13\times13\times1024$ 拼接成 $13\times13\times1280$,然后卷积一次,重新变成 $13\times13\times1024$。这就是细粒度特征的全部操作。

第七个改进是多尺度训练(Multi-Scale Training)。多尺度训练是在训练的时候,每 10 个 batch 会随机选择一种输入图片的尺寸。从 Darknet-19 的网络结构图中发现它有 5 个最大池化层,说明最终的特征图尺度是输入图片尺度的 1/32。所以输入图片的尺度只要是 32 的倍数就可以了。这里采用尺度范围有 $\{320,352,384,\cdots,608\}$。

第八个改进是修改了预测的目标。YOLO v1 中预测的 4 个位置参数分别代表相对于 cell 的中心点坐标与相对于整幅图的宽高。虽然 v2 中依然预测 4 个位置参数,但是预测参数的含义发生了改变。使用 tx、ty、tw、th 作为预测的 4 个位置参数。解释见图 9.18 所示。

模型得到的 4 个位置参数是相对于先验框的偏移量。如图 9.18 所示,假设现在有一个 13×13 的特征图,然后把左上角当成原点。有 3 个灰点,从左到右第一个是原点,第二个是某一个 cell 的左上角坐标 $(2,1)$,这个 cell 中有一个候选框的 IoU 大于 0.6,所以是需要与 ground truth 进行比对的,得到 tx、ty、tw、th。tx 和 ty 是相对于第二个灰点的偏移量,并且希望中心点仍然在同一个 cell 内,不要偏移到其他的 cell 里,所以 tx 和 ty 最好是 $0\sim1$,所以加上一个 Sigmoid 函数,保证中心点在 cell 内部,中心点的坐标是:$(\mathrm{sig}(tx)+2,\mathrm{sig}(ty)+1)$。

最内侧加粗方框是先验框,宽和高分别是 pw 和 ph,预测的是倍数的对数,所以候选框的宽和高分别是 $pw\times e^{tw}$,$ph\times e^{th}$。当然需要把中心点坐标和候选框的宽和高除以 13,这样就相当于整幅图的候选框大小了:

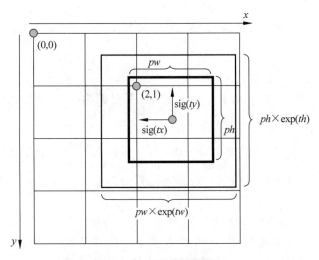

图 9.18　预测偏移量机制

$$(\text{sig}(tx)+2)/13, (\text{sig}(ty)+1)/13, w \times e^{tw}/13, ph \times e^{th}/13$$

上述即为如何从网络的预测值转化为图像上候选框的坐标值的过程。

9.3.3　整体流程

第二个改进"高精度的分类器"提到 YOLO v2 有 3 个训练流程。

(1) 先用 Darknet-19 在 224×224 为图片输入精度的 ImageNet 数据集上训练 160 个 epoches。

(2) 将图片精度改为 448×448,再训练 10 个 epoches。

(3) 去掉 Darknet-19 最后 1×1×1000 的卷积层、全局平均池化层和 softmax 层,然后加上 3 个 3×3×1024 的卷积层和一个 passthrough 层(reorg layer)。此时的特征图应该是 13×13×1280 的大小,然后接上一个 1×1 的卷积层,输出 13×13×(num_anchors×25)。例如,之前提到每个 cell 使用 5 个先验框,这样 num_anchors 就是 5,所以最终输出就是 13×13×125。125 的通道分别代表 4 个位置信息、1 个置信度、20 个类别概率、4 个位置信息、1 个置信度、20 个类别概率……

不过即使每一个 cell 有 5 个候选框,也要假定一个 cell 内只包含一个物体的中心点。一般把训练集中真正的物体框称为 ground truth。预测的目的是希望可以从图片中找到 ground truth。那么在训练的时候,每一个 cell 给出的 5 个候选框中,与 ground truth 的 IoU 最大的候选框,就是负责预测的,其他四个不作数。

最后,YOLO v2 模型的损失函数与 v1 略有区别,相比更加复杂了:

$$\text{Loss} = \sum_{i=0}^{W \times H} \sum_{j=0}^{A} \left(1_{\text{MaxIoU} < \text{Thres}} \lambda_{\text{noobj}} \left(p_{ij}^{c} \right)^{2} + 1_{\text{iter} < 12800} \lambda_{\text{prior}} \sum_{r \in (x,y,w,h)} \left(\text{prior}_{j}^{r} - p_{ij}^{r} \right)^{2} + \right.$$

$$1_j^{\text{truth}}(\lambda_{\text{coore}} \sum_{r \in (x,y,w,h)} (\text{truth}^r - p_{ij}^r)^2 + \lambda_{\text{obj}} (\text{IoU}_{\text{truth}}^j - p_{ij}^c)^2 + \lambda_{\text{class}} \sum_{\text{class}=1}^{\text{CLASS}} (\text{truth}^{\text{class}} - p_{ij}^{\text{class}})^2)$$

$$(9.6)$$

损失函数主要注意以下几点。

- 相比 v1 的损失函数，使用 $W \times H$ 代替 S^2 只是因为 v2 论文中似乎没有关于 S 的定义，所以此处用 $W \times H$。

- 第一行的 $\sum_{i=0}^{W \times H} \sum_{j=0}^{A}$ 是涵盖整个损失函数的，后面每次都写会很麻烦，但是公式过长，可能让读者误以为这只是第一行才有的累加符号。仔细看一下第一个左括号对应的右括号的位置。

- 所有的 λ 都是常系数，事先设定的。

- v2 的输出每一个候选框配备 25 位数为 4 个位置信息、1 个置信度和 20 个类别概率。p_{ij}^c 表示预测的第 i 个 cell 中第 j 个候选框的置信度，$p_{ij}^r, r \in (x,y,w,h)$ 是第 i 个 cell 的第 j 个候选框的某一个位置信息；$p_{ij}^{\text{class}}, \text{class} \in [0,19]$ 表示第 i 个 cell 的第 j 个候选框的第 class 类别的概率。

- 第一行的意思是让预测背景的候选框的置信度越小越好。$1_{\text{MaxIoU<Thres}}$ 为当条件满足即为 1，反之就是 0，此处的条件是 A 个候选框分别于 ground truth 计算 IoU，最大的假设都不超过事先设定的阈值，说明该 cell 内没有目标，属于背景。此阈值在 YOLO v2 中设置为 0.6。

- 第二行的意思是在训练的前 12800 个 batch(iterations)内，让候选框的位置信息尽可能地贴合先验框的形状，在训练前期让网络快速学习先验框的形状。

- 第三行的意思是负责预测 ground truth 的候选框与 ground truth 之间位置误差、置信度误差和预测概率误差的计算。1_j^{truth} 是指预测 truth 的 j 候选框，例如，假设 cell 的 5 个候选框的置信度分别是 0.3、0.5、0.7、0.8、0.9，那么选择最高的候选框计算与 truth 的位置、置信度、类别概率误差，其他的 4 个不参与损失计算。

最后，补充 YOLO v2 的一个小技巧，使用先验框的目的是因为模型很难学习到物体的形状。在选择 5 个候选框哪一个来预测 ground truth 的时候，需要计算每一个的 IoU，在计算 IoU 的时候，只考虑形状不考虑中心点的位置。例如，假设 ground truth 的框(100,100,50,50)是以(100,100)为中心的宽和高都是 50 的正方形，有一个候选框(50,50,50,50)是以(50,50)为中心的宽和高都是 50 的正方形。这两个框的 IoU 是 1。把两个框放在同一个中心进行计算。因为这样可以计算出最适合 truth 的候选框形状是哪一个。也许中心点偏差得很远，但是网络学习得很快，很快就可以修改过来，但是选错了候选框的形状，那就很难改正了。

9.3.4 小结

YOLO v2 之所以讲得细致，是因为 v2 结合了很多先进的目标检测技巧，同时提升了

YOLO 模型的效果。所以学完 YOLO v2,其实已经学会了很多实用的思想理念了。再次进行一个小结。

(1) 首先为了让模型适应高精度的图片,在训练 Darknet-19 的时候使用 10 个 epoches 来训练 448×448 的图片。

(2) 使用 K-means 确定了 5 个 Prior Anchor,让模型预测候选框相对于先验框的偏移,让模型快速学习物体的形状。

(3) 使用 passthrough 层来让浅层网络的特征图与深层特征图融合。

(4) 使用 Batch Normalization 层。

(5) 总共 13×13 个 cell,每个 cell 生成 5 个 anchor,如何判断哪个 cell 是背景?(答案:5 个 anchor 的 IoU 都小于 0.6 的就是背景。)判断哪一个 anchor 负责与 truth 计算损失?(答案:5 个 anchor 中 IoU 最大的)。剩下 4 个 anchor 怎么处理?

9.4　YOLO v3

YOLO v3 就像开发者所说,并非是一个完整的模型,是基于 YOLO v2,做了一些改进,这里主要有两个改进。

(1) 使用了残差模型。在第 8 章的 ResNet 和 GoogLeNet 的 Inception-resnet 中,都证明了残差连接在深度神经网络中的有效性。

(2) 采用特征金字塔网络(Feature Pyramid Networks,FPN)架构实现多处检测。

首先讲一下 YOLO v3 保留了之前版本的哪些特性:

(1) 依然使用划分单元格,也就是 cell 的方式;

(2) 依旧采用 YOLO v2 更新的 Leak ReLU 作为激活函数;

(3) 依然采用 Batch Normalization(BN 层);

(4) 依旧使用多尺度训练。

每一个版本的 YOLO 都更新了 backbone,backbone 是模型的网络主体部分,在 v2 版本中使用的是 Darknet-19,现在 backbone 使用了残差连接 Darknet-53。首先看训练图像分类的 Darkent-53 的网络结构,如图 9.19 所示。

每个 CBL 包含一个卷积层、一个 Batch Normalization 和 Leaky ReLU 激活函数,算是一层网络。Darknet-53 不再使用 Darknet-19 中的最大池化层来缩小图片的尺寸,而是使用 Stride=2 的卷积层来缩小,估计这也是后来网络的主流,放弃池化层使用 Stride=2 的卷积来代替。每一个 res 残差模块包含两个卷积层,然后加和操作不改变特征图尺寸和通道数,只是对应元素加和,像是矩阵相加。总共分成 1、2、8、8、4,总共 23 个残差模块,再加上 5 个代替最大池化层的步长 2 的卷积层、最后的 FC 层和第一个卷积层,共计 23×2+5+1+1=53 层。

还可以看到每一个残差模块内部有两个卷积层。这里不给出每一层的输入特征图的尺度。因为简单推算一下:输入图片是 256×256×3 的,经过第一个步长为 2 的卷积层之后

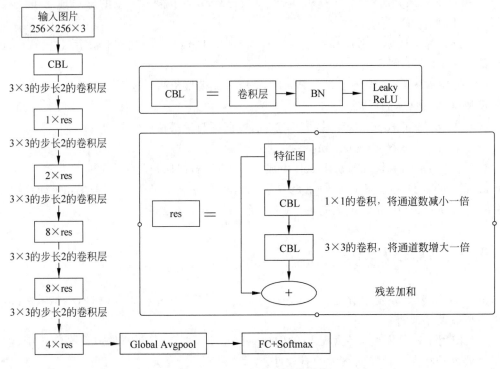

图 9.19　Darknet-53 网络结构

变成 $128 \times 128 \times 64$，然后经过残差模块中的第一个卷积层，变成 $128 \times 128 \times 32$，再经过第二个卷积层变回 $128 \times 128 \times 64$，经过两个卷积层的特征图与进入残差模块之前的特征图进行加和（类似矩阵加法的对应元素相加），然后得到一个 $128 \times 128 \times 64$ 的特征图。每一次降低图像尺寸的同时，就会增加一倍特征图的通道数（VGG 网络策略）。

训练完 Darknet-53 之后，开始准备进行目标检测的训练，该网络的改进之一便是多尺度输出，如图 9.20 所示。

它便是借用了 FPN 策略，采用多尺度对不同 size 的目标进行检测，这样 52×52 的输出就更适合检测出精细的物体。如图 9.20 所示，在 3 个输出的左边各有一个 1×1 的卷积层，这个卷积是为了保证输出的通道数是 255。255 是什么含义？因为 YOLO v3 模型是可以预测 80 个不同类别的物体，所以每个候选框需要 80 个类别概率，再加上 4 个位置信息和 1 个置信度，那么为什么 $\frac{255}{80+5}=3$，为什么 YOLO v3 的每个 cell 只给出 3 个候选框？

YOLO v3 沿用了 v2 中的 prior anchor 的策略，准备 9 个根据 K-means 聚类分析出来的先验框，然后给每一个输出分 3 个先验框。假设 9 个先验框的像素大小如下：10、13，16、30， 33、23， 30、61， 62、45， 59、119， 116、90， 156、198， 373、326。

因为 13×13 的小尺寸图片是预测大物体的，所以选择后面 3 个先验框。

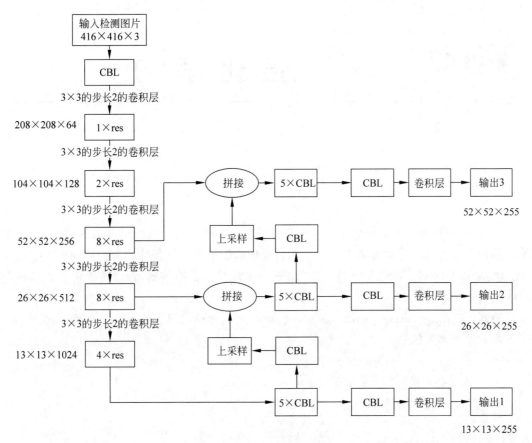

图 9.20 YOLO v3 网络结构

注意：这里的先验框以像素为单位，而在训练中是归一化到 0～1 之间的，v3 预测的位置信息依旧采用 v2 的方法，预测中心点相对于 cell 的距离以及候选框相对于先验框的比例的 ln 值。

YOLO v3 总共会给出多少个候选框？

$$13 \times 13 \times 3 + 26 \times 26 \times 3 + 52 \times 52 \times 3 = 10\ 647$$

虽然 YOLO v3 的论文中并没有明确说明 YOLO v3 的损失函数变化，但是通过比对 v2 与 v3 损失函数的区别，发现 v3 使用了二值交叉熵来代替 v2 中的均方误差。

关于二值交叉熵的讲解在"问题解答"的"交叉熵"中。YOLO v3 的 Python 实现会在"实战：目标检测"中讲解，读者会看到本章讲的所有知识点均会在代码中呈现出来。

## 第 10 章

强 化 学 习

强化学习(Reinforcement Learning,RL)是近年来机器学习领域最热门的方向之一,是实现通用人工智能的重要方法之一。本章将通俗易懂地讲一下强化学习中的两个重要的模型:DQN 和 DDPG。强化学习是 AI 中的一个非常有意思的领域,希望读者可以一起享受这次旅程。

注意:Reinforcement Learning 被称为强化学习、增强学习、再励学习、评价学习。

本章主要涉及的知识点:

- 了解什么是 Reinforcement Learning;
- 了解 DQN 相关原理和进阶;
- 了解强化学习的基础知识。

10.1 铺垫知识

10.1.1 什么是 RL

强化学习比较著名的例子就是前几年轰动的 AlphaGo 的围棋 AI。围棋 AI 是怎么变得这么会下围棋的呢?跟人类一样,通过不断尝试,不断学习,不断失败,然后从失败中总结经验。这听起来与人类的学习过程类似。

在 RL 中,想象有一个这样的 AI 机器人(就是一个程序,不用非得是个人型)称为智能体(Agent),它身处在一个环境中,例如:对于 AlphaGo,环境就是围棋。这个过程是:

(1) Agent 从环境中获取"这个时刻"环境信息→基于环境得到一个动作;

(2) Agent 做这个动作,然后这个动作会影响环境,此时环境变成"下一个时刻"环境;

(3) Agent 在"下一个时刻"环境中获取信息然后决策,然后"下下时刻"环境……

不难发现,这个过程中,关键问题就是如何让 Agent 可以根据环境信息正确决策。在 AlphaGo 的例子中,就是如何让 AlphaGo 理解当前棋局,然后做出正确的落子位置的判断。

那么 Agent 如何学习呢？可以很直观地想到，需要有个人告诉它，你做得对，你做得不对。就像一个围棋老师，能够告诉你：你这个落子位置不好，根据环境信息做出的判断不够好。然而，是没有这样一个人能够不厌其烦地教一个程序的，所以强化学习的重中之重就是找到一个奖赏函数，这个函数的输入是环境信息，输出是好与不好的一个奖赏值。通过这个函数，Agent 可以知道自己的决策对不对。整个过程如图 10.1 所示。

图 10.1　强化学习过程

10.1.2　马尔可夫决策过程

马尔可夫决策过程（Markov Decison Process，MDP）包括两个对象：Agent 和环境。包含 4 个要素：环境状态、智能体动作、智能体策略和奖励。Agent 从环境中获取"状态"，然后根据"策略"做出"动作"，改变了"环境"，得到了"奖励"。而希望得到的，就是一个好的"策略"，在 RL 中，这个"策略"就是一个神经网络，输入是环境状态，输出是动作。

这里重复一遍，强化学习的目的就是训练出一个好的"策略"，也就是神经网络。强化学习要解决的问题中，环境和动作一般都是给定的，这个奖赏函数是需要自己设置的。剩下的就是训练出一个"策略"。简单地说，关键就在于这个奖赏函数如何设置。

这里看一下如何用数学语言来表示上述概念：

（1）s 是一个状态，在围棋中，当前棋局是一个 s；

（2）a 是一个动作，在围棋中，在某个位置落子是一个 a；

（3）$R(s,a)$ 是奖赏函数，这里有三种奖赏函数 $R(s)$、$R(s,a)$、$R(s,a,s')$ 分别表示这个奖赏函数是仅仅考虑当前状态的，是要考虑当前状态和做出的决策的，或者是要考虑再多一些，考虑当前状态、做出的动作和下一时刻的状态。

（4）最需要记住的一个符号是 $\pi(s) \to a$，π 是策略（Policy），这个策略根据一个状态，可以决策出要执行哪一个动作。这个策略函数，在 RL 中使用神经网络来拟合。

注意：$\pi(s)$ 和 $\pi(a|s)$ 是不同的含义。前者是一个动作；后者是在当前状态 s 的情况下，选择 a 动作的概率。一个是动作，一个是概率，虽然策略都是 π，但是两个表示不同的含义。

10.1.3　回报 Return

本节的目的是：分清楚回报和奖赏的区别。

例如式（10.1）：

$$s_0 \to a_0 \to s_1 \to a_1 \to s_2 \to a_2 \to s_3 \to \cdots \tag{10.1}$$

之前知道，奖赏就是 $R(s_1)$、$R(s_2)$ 这样的函数，而回报是 $G(s_0, s_1, \cdots)$。回报 G 代表执行了一组的动作后所有状态累积的奖赏值。

因为强化学习的目的是最大化长期未来奖励,寻找最大的 G。这容易理解,如果只看重奖赏 R,用一个成语——鼠目寸光;如果看重的是长期的回报,那就是深谋远虑。用式(10.2)来帮助读者更好地理解 G:

$$G(s_0, s_1, \cdots) = \sum_{t=0}^{\infty} \gamma^t R(s_t) \leqslant \sum_{t=0}^{\infty} \gamma^t R_{\max} = \frac{R_{\max}}{1 - \gamma}, \quad 0 \leqslant \gamma < 1 \qquad (10.2)$$

γ 是折扣率。直观的解释就是:越远的未来状态的奖赏值对现在的影响应该越小,这样比较合理。实际上如果没有折扣率,G 什么情况下最大?就是陷入一个死循环 $s_1 \rightarrow a_1 \rightarrow s_2 \rightarrow a_2 \rightarrow s_1 \rightarrow a_1 \cdots$的时候 G 是无穷大的。这样强化学习追求最大的 G 的时候会有一个死循环的倾向,假设增加了折扣率,这样就可以得到一个最大值。这样求取最大值的问题才有意义。

10.1.4 价值函数

价值函数主要有两种。

(1) 状态价值函数:$v_\pi(s_t) = E_\pi[G_t | s_t]$。意思就是一个状态的价值是基于一定的动作选择策略的未来回报的期望。先理解含义,不考虑怎么计算这个很抽象的公式。

(2) 动作价值函数:$q_\pi(s_t, a_t) = E_\pi[G_t | s_t, a_t]$。类似地,就是当前状态 s_t 情况下,采取了 a_t 动作的未来回报的期望。

每一个 Agent 在某个状态下做出的动作都是有概率的,做不同的动作有不同的概率。例如,假设 Agent 遇到一个岔路口,向左走的奖励是 1,概率是 0.3;向右走的奖励是 2,概率是 0.7,这就是一个非常简单的一次动作决策的一个过程。

(1) 对于状态价值函数而言,当前状态就是 Agent 遭遇岔路口和每个岔路口的奖励值。策略 π 就是向左走的概率 0.3,向右走的概率 0.7。当然实际中,肯定选择概率大的动作行动,但是价值函数是计算期望,所以每一个动作都要考虑,

$$v_\pi = 0.3 \times 1 + 0.7 \times 2 = 1.7$$

(2) 对于动作价值函数而言,Agent 在岔路口可以选择两个动作,所以基于这个状态会有两个动作价值函数。假设选择了向左走:

$$q_\pi(岔路口, 向左走) = 1$$
$$q_\pi(岔路口, 向右走) = 2$$

通过这个例子,可以直观地感受到,状态价值函数是单纯衡量,基于某一个动作决策策略,来判断某一个状态的价值;而动作价值函数则更进一步,去指导哪一个动作更具有价值。在求解 MDP 问题的时候,需要结合价值函数来求解。

10.1.5 贝尔曼方程

贝尔曼(Bellman)方程在 RL 中是非常重要的。

这里扩展一个数学符号:

$P^a_{s \to s'}$ 描述的过程是状态 s 下执行了动作 a, 得到了新的状态 s'。关键点在于: 状态 s 下采取动作 a, 不一定能得到新状态 s', 也有可能是新状态 s'', 所以得到 s' 的概率就是 $P^a_{s \to s'}$。

注意: 这个过程包含两个概率。一个是基于状态 s 采取动作 a, 是有一个概率, 不一定采取哪一个动作; 采取了动作 a, 不一定得到哪一个下一时刻的状态。

之前的状态价值函数可以写成(这里结合了之前的所有知识, 之前的内容就是为了推导该公式):

$$v_\pi(s_t) = E[G_t \mid s_t] = \sum_{a_t \in A_t} \pi(a_t \mid s_t)\left(R(s_t, a_t) + \gamma \sum_{s_{t+1} \in S_{t+1}} P^{a_t}_{s_t \to s_{t+1}} v_\pi(s_{t+1})\right)$$

$$(10.3)$$

式(10.3)中包含以下知识点:

A_t 就是在 t 时刻, 基于状态 s_t 下所有可能采取的行动集合。在上面分岔路的例子中, 假设是在 t 时刻遇到分岔路口这个状态的, 那么 $A_t = \{向左走, 向右走\}$; 同理, S_{t+1} 表示 s_t 状态通过执行某一个动作, 可以到达的下一时刻状态的集合。

回顾 $\pi(a_t \mid s_t)$ 表示概率, 基于状态 s_t, 通过决策策略 π 来得到执行某一个动作 a_t 的概率; $R(s_t, a_t)$ 是一开始讲的奖赏函数。

式(10.3)看起来非常复杂是因为里面包含了两层概率, 正如之前讲解的执行什么动作是一个概率, 同一个动作会指向不同状态又是一个概率, 这里为了简化问题, 假设同一个状态下同一个动作必定导致同一个新状态的产生(类似于因果论), 这样就只剩下一层概率, 把概率转换为期望如下:

$$v_\pi(s_t) = \sum_{a_t \in A_t} \pi(a_t \mid s_t)(R(s_t, a_t) + \gamma v_\pi(s_{t+1})) = E_\pi[R(s_t, a_t) + \gamma v_\pi(s_{t+1}) \mid s_t]$$

当然, 把这个假设去掉, 现在再把另外一层的概率也转换成期望:

$$v_\pi(s_t) = E_\pi[R(s_t, a_t) + \gamma v_\pi(S_{t+1}) \mid s_t]$$

$$(10.4)$$

看起来与式(10.3)没有什么区别, 其实, 就只是把 $v_\pi(s_{t+1})$ 中的小写换成了大写 $v_\pi(S_{t+1})$。

式(10.4)反映了一个关系: t 时刻的状态价值函数与 $t+1$ 时刻的状态价值函数之间的关系。这个关系重要是因为它会作为强化学习网络的 Loss 函数。

现在推导一下动作价值函数:

$$q_\pi(s_t, a_t) = E[G_t \mid s_t, a_t] = \sum_{s_{t+1} \in S_{t+1}} P^{a_t}_{s_t \to s_{t+1}} (R(s_{t+1}) +$$

$$\gamma \sum_{a_{t+1} \in A_{t+1}} \pi(a_{t+1} \mid s_{t+1}) q_\pi(s_{t+1}, a_{t=1}))$$

$$= E_\pi[R(s_{t+1}) + \gamma q_\pi(S_{t+1}, A_{t+1}) \mid s_t, a_t]$$

$$(10.5)$$

注意: 关于式(10.5)的个人理解是 RL 希望找到一个最大长期回报的决策, 但是关键在于如何衡量每一个状态的好与坏。通过价值函数来衡量状态的好坏或者是动作决策的好坏, 这个价值函数中存在一个"长期预期回报", 这个回报的概念是非常复杂的。这个回报要如何计算？未来的所有的状态不可能都纳入考虑的。所以通过这个推导过程，将"价值函数与回报之间的关系"转化成"价值函数与奖赏之间的关系"。奖赏是基于一个时刻状态的，所以可以设立一个评价某一个状态的函数，来完成 RL 的训练。

10.2   DQN

DQN 是 Deep Q-learning Network 的缩写，一般人们称为深度 Q 学习。

注意：这里不详细讲解 Q 学习（Q-learning）的过程，DQN 的基础是 Q 学习，但不了解 Q 学习也不妨碍后面的学习。

10.2.1   DQN 损失函数

DQN 为什么要用 Q 这个字母呢？回想到前面的"动作价值函数"也是用 q 这个字母的——$q_\pi(s_t, a_t)$。

假想一个神经网络，输入是当前状态，输出是当前状态的所有可能动作的回报（价值函数的函数值），这样，是不是就可以找到当前状态要执行的最优决策了呢？

之前也提到过了，如果想要用神经网络拟合"价值函数与回报之间的关系"，因为回报是一个长期的、非常难获取的一个数值，所以通过数学推导得到了"价值函数与奖赏之间的关系"，也就是：

$$q_\pi(s_t, a_t) = E_\pi\left[R(s_{t+1}) + \gamma q_\pi(S_{t+1}, A_{t+1}) \mid s_t, a_t\right] \tag{10.6}$$

但是神经网络的损失函数不像式(10.6)，希望上述等式成立，换句话说也就是式(10.6)等号左右两边的差值越小越好，这就可以形成下面的 Loss 函数：

注意：之前提到了 S_{t+1} 和 s_{t+1} 的区别，一个代表所有可能的下一时刻状态。一个代表某一个确定的下一时刻状态。在训练的过程中，当前状态的下一状态只可能是确定的一个，所以在损失函数中可以用 s_{t+1} 来代替 S_{t+1} 了。例如，扔一个骰子朝上的数字有 6 种不同的情况，但是假设真的扔了一次，那么朝上的数字只可能是六个可能性中的一种。

$$\text{Loss} = E\left[(R(s_{t+1}) + \gamma\max Q(s_{t+1}, A_{t+1} \mid \theta_i) - Q(s_t, a_t \mid \theta_t))^2\right] \tag{10.7}$$

在这个 Loss 函数中有以下知识点：

- $R(s_{t+1}) + \gamma\max Q(s_{t+1}, A_{t+1} \mid \theta_i)$ 被称为 q-target 值，$Q(s_t, a_t \mid \theta_t)$ 被称为 q-eval 值；

- $Q(s_t, a_t \mid \theta_t)$ 中 θ_t 表示的是神经网络的参数，而 $Q(s_{t+1}, A_{t+1} \mid \theta_i)$ 中使用了 θ_i，表示这是一个不同于 $Q(s_t, a_t \mid \theta_t)$ 的另外一个神经网络。所以，可知 DQN 其实使用了两个神经网络。

- t 表示时间，两个神经网络中，θ_t 网络相比是随着 t 的变化，每一个时刻都在更新的，而 θ_i 看起来并不是实时更新的。每当 θ_t 网络更新一定次数，θ_i 网络更新一次，θ_i 网络更新的方式就是复制一遍 θ_t 网络，所以两个网络的结构是完全相同的。

$\max Q(s_{t+1}, A_{t+1} | \theta_i)$，看起来太不直观了，所以改写成如下：

$$\text{Loss} = E\big[(R(s_{t+1}) + \gamma Q(s_{t+1}, \underset{a}{\text{argmax}}\, Q(s_{t+1}, a_{t+1} | \theta_i) | \theta_i) -$$

$$Q(s_t, a_t | \theta_t))^2\big] \tag{10.8}$$

唯一的变化就是 $\max Q(s_{t+1}, A_{t+1} | \theta_i)$ 变成 $Q(s_{t+1}, \underset{a}{\text{argmax}}\, Q(s_{t+1}, a_{t+1} | \theta_i) | \theta_i)$，后者虽然复杂，但是逻辑上更为清晰。

注意：$\underset{x}{\text{argmax}}\, F(x)$ 的含义就是当 $F(x)$ 取最大值的时候的 x 的值。假设 $F(x) = -x^2 + 1$，那么当 $x = 0$ 的时候 $F(0) = 1$ 为最大值，所以 $\underset{x}{\text{argmax}}\, F(x) = 0$，而 $\max F(x) = 1$。

10.2.2 DQN 训练技巧

那么 DQN 有了损失函数和两个结构相同的神经网络，是不是就可以训练了呢？并不，仅仅这样的话 DQN 的训练是非常困难，非常难收敛的。所以 DQN 有两个训练技巧，当然这里说技巧不太妥当，可以认为是 DQN 训练的标准配置，一个是记忆库，一个是固定 q_target。

记忆库其实是一个说法，就是 train_data（训练集）。训练集中的数据都是统一的格式：$<s, a, r, s\_>$（比较通用的写法），用之前学到的符号表达是 $<s_t, a_t, R(s_t), s_{t+1}>$，把每一次的当前状态、执行动作、当前状态的 Reward 和下一个状态记录下来。然后通过这些数据计算损失更新 eval 网络。这个记忆库的好处就是可以让模型学习到当前经历的、过去经历的。每一次训练的时候都会从记忆库中随机抽取 Batch_size 的 sample 去放到模型中。记忆库中的样本是按照时间顺序排放的，所以使用随机抽取可以打乱样本之间的相关性，从而增强模型的泛化能力。

固定 q-target 英文就是 fixed q-target，其实就是之前提到的 θ_i 网络并不是像 θ_t 网络那样实时更新的，而是先固定住 q-target 网络（θ_i 网络），不断更新 q-eval 网络（θ_t 网络），更新一定次数之后，再把 θ_t 网络的参数复制给 θ_i 网络。

注意：个人感觉有一些类似 GAN 训练时候 Generator 训练慢，Discriminator 训练快的做法。

10.2.3 DDQN

DDQN 就是 Double DQN，为什么会有一个这样的 DDQN 呢？再来看一下 DQN 的损失函数：

$$\text{Loss} = E\big[(R(s_{t+1}) + \gamma Q(s_{t+1}, \underset{a}{\text{argmax}}\, Q(s_{t+1}, a_{t+1} | \theta_i) | \theta_i) -$$

$$Q(s_t, a_t | \theta_t))^2\big] \tag{10.9}$$

其中，$Q(s_{t+1}, \underset{a}{\text{argmax}}\, Q(s_{t+1}, a_{t+1} | \theta_i) | \theta_i)$ 包含两个步骤，选择与衡量。第一个是选择最大 Q 的动作，然后衡量这个动作的 Q 值。简单地说，有人认为两个都是用同一个网络 θ_i，

会造成过于乐观的估计,得到的值可能会过高。所以结果就是选择和衡量不能都用 q-target 网络得到,使用 q-target 进行选择,然后使用 q-eval 进行衡量。这称为对选择和衡量两个步骤进行解耦,而这就是双 Q 学习。所以 DDQN 的损失函数改为:

$$\text{Loss} = E\big[(R(s_{t+1}) + \gamma Q(s_{t+1}, \arg\max_a Q(s_{t+1}, a_{t+1} \mid \theta_i) \mid \theta_t) -$$

$$Q(s_t, a_t \mid \theta_t))^2\big] \tag{10.10}$$

改动非常简单。至于效果好不好,会在实战中进行证明,不过效果自然是好的。

10.2.4　基于优先级的记忆回放

基于优先级的记忆回放(Periority Experience Replay, PER)是 DQN 中从记忆库抽取样本的方式。在 DQN 中,是随机从记忆库中抽取样本,后来发现这样收敛速度非常慢。而且假设有一个样本的价值非常高但是出现概率非常低,这样的话在记忆库中随机抽中这样的样本的概率就很低,模型就学习不到这些有价值的东西。例如,假设想让模型去学习怎么买彩票,但是记忆库中总共 2000 样本,1999 都是“谢谢惠顾”,就一个中了奖,使用随机抽取的话,很难抽中中奖的样本,这样模型如何学习买彩票呢?

所以 PER 就改进了,对这种非常有价值的样本提高了采样的概率。那么怎样判断这个样本优先级别呢?就是通过损失函数。假设一个样本的损失越大,说明这个样本还有很多需要学习的地方,所以这个样本的优先级就高一点。

优先级转换为概率:

$$\text{prob}_n = \frac{\text{prior}_n^\alpha}{\sum\limits_{i=1}^{N} \text{prior}_i^\alpha} \tag{10.11}$$

其实也不难理解,prior 就是之前得到的优先级,也就是每一个样本的 Loss,这个 Loss 的 α 次方(一般取 0.6)再除以它们的和就是最后的概率。在代码中可以详细地看到此过程;此外,N 是记忆库所容纳的样本数量。如果样本多于记忆库容纳范围了就把最老的记忆重新覆盖掉。

最后在计算误差的时候,也要相应地增加一个权重参数,之前 DQN 是随机抽取,所以每一个样本的抽中概率都是相同的,每一个样本都是平等的,但是这里每一个样本的抽中概率不同,抽中概率越大,样本的损失函数的权重就相应地小一些。损失函数的权重计算如下:

$$w_n = (N \text{prob}_n)^{-\beta} \tag{10.12}$$

$$w_n = w_n / \max(w) \tag{10.13}$$

详细的计算过程会在实战章节讲述。现在只需记住 Prioritized DQN 就是按照概率在记忆库中取样,然后损失函数增加一个权重。

10.2.5　Dueling DQN

之前提到了 DQN 中有两个网络,q-target 和 q-eval 网络,这个网络输入的是一个时刻的状态,输出是这个时刻的每一个动作的 q 值。但是 Dueling 不一样,duel 有决定、竞争的含义,Dueling DQN 输出两个值,一个是当前的状态价值,一个是状态和动作的价值,如图 10.2 所示。

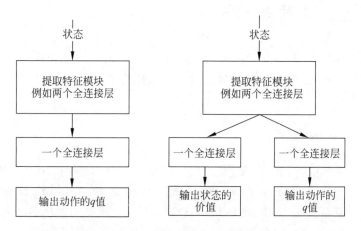

图 10.2　DQN 和 Dueling DQN 的区别

可以看到,区别就在于网络要输出两个值,一个是当前状态的值,一个是每一个动作的值。所以之前的 $Q(s_t, a_t | \theta_t)$,现在就要写成:

$$Q(s, a | \theta) = V(s | \theta) + A(s, a | \theta) - \mathrm{mean}(A(s, a | \theta)) \tag{10.14}$$

式(10.14)中 $V(s|\theta)$ 可以理解成是当前状态的价值(一个数),$A(s, a|\theta)$ 是当前状态的所有动作的价值(是 $1 \times A$ 个数,A 是动作数量),然后再减去所有动作的价值的均值。最后得到每一个基于状态的动作的 q 值。

注意:这里可能有一些复杂。简单地说就是让模型先预测出状态的价值,然后再预测出动作的价值。只需要知道动作之间的相对价值,然后加上当前的状态,产生基于状态的动作的绝对价值。这样比较好理解,但是其实减去均值是可以从数学上证明合理性的,这里就不再多说了。

到这里 DQN 基本讲完了。DQN 有 3 个改进,分别为 Double、Prioritized 和 Dueling,这 3 个不冲突,可以同时使用,但是个人认为 Prioritized 的改进效果是最好的,这也能从侧面体现数据的重要性。

(1) DQN 的损失函数:

$$\mathrm{Loss} = E\left[(R(s_{t+1}) + \gamma Q(s_{t+1}, \underset{a}{\mathrm{argmax}}\, Q(s_{t+1}, a_{t+1} | \theta_i)\, | \theta_i) - Q(s_t, a_t | \theta_t))^2\right]$$

(2) Double DQN 的损失函数:

$$\mathrm{Loss} = E\left[(R(s_{t+1}) + \gamma Q(s_{t+1}, \underset{a}{\mathrm{argmax}}\, Q(s_{t+1}, a_{t+1} | \theta_i)\, | \theta_t) - Q(s_t, a_t | \theta_t))^2\right]$$

(3) PER-DQN 改变了从记忆库中取一个 batch 数据的采样概率。初始的 DQN 是随机抽取,PER-DQN 的抽样概率的关键是损失函数计算的损失的 α 次方,之后计算 batch 数据的损失时还要考虑权重。

（4）Dueling DQN 改变了模型的结构。

10.3　全面讲解基础知识

之前讲解的 DQN 只是强化学习中的一部分，而且讲解过程比较粗略，所有知识点都是围绕着 DQN 展开的。这里就从强化学习的一些基础内容讲解一下，帮助读者对增强学习建立一个完整的框架。

10.3.1　策略梯度

之前提到了策略（Policy），就是用 π 来表示的。Policy 是属于 Agent 的，就是机器人、智能体或者称为与环境互动的一个个体。这里 Agent 还有一个名字，称为 Actor，能做出 Action 的个体。策略梯度（Policy Gradient，PG）就是基于策略的强化学习方法。

Actor 需要接收到环境的状态信息，根据它的 Policy 决定要做出什么动作 Action。所以这里扩展一下图 10.1，变成图 10.3。

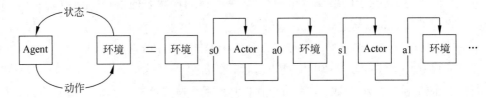

图 10.3　互动过程

之前提到过两个概率，Actor 根据环境状态信息做出的动作是概率的，环境根据 Actor 的动作产生的新的状态信息也是概率的。例如，汽车是 Actor，交通状况是环境。一辆车在路口等红绿灯，它可能直走或者向左走，假设它直走了，那下一个路口也可能是红灯或者绿灯。

所以，图 10.3 展示的过程是 $\{s_0,a_0,s_1,a_1,s_2,\cdots\}$，这个过程称为轨迹（trajectory），用希腊字母 τ 表示。Actor 接收到 s_0 的信息，恰好选择了 a_0 动作，然后环境接受了 a_0 动作，恰好产生了 s_1 新状态……这很多个恰好组成了 τ，所以出现 τ 的概率为：

$$P_\pi(\tau) = P(s_0)P_\pi(a_0 \mid s_0)P(s_1 \mid s_0,a_0)P_\pi(a_1 \mid s_1)\cdots$$
$$= P(s_0)\prod_{t=0}^{T} P_\pi(a_t \mid s_t)P(s_{t+1} \mid s_t,a_t) \tag{10.15}$$

P_π 是 Actor 做出某个决策的概率，P 是产生下一时刻某一个环境的概率。

回报就是每一环节的奖赏的累计和。奖赏用 r 来表示，r 可能是 $r_t(s_t)$、$r_t(s_t,a_t)$ 或者 $r_t(s_t,a_t,s_{t+1})$。那么上述的 τ 轨迹的回报 R：

$$R(\tau) = r_0 + r_1 + r_2 + \cdots = \sum_{t=0}^{T} r_t \tag{10.16}$$

之前计算了 τ 的概率,现在可以计算 π 策略的期望回报:

$$R_\pi = \sum P_\pi(\tau) R(\tau) \tag{10.17}$$

为了找到一个 π,可以让 R_π 尽可能大。怎么办?求导。求导之前先推一个公式:

$$f'(x) = f(x) \frac{1}{f(x)} f'(x) = f(x) \frac{\partial \log(f(x))}{\partial f(x)} \frac{\partial f(x)}{\partial x} = f(x) \log(f(x))' \tag{10.18}$$

这里改成梯度算子:

$$\nabla f(x) = f(x) \nabla \log(f(x)) \tag{10.19}$$

注意:此推导过程不太严谨,但是易于理解。

所以这里对 R_π 求导:

$$\nabla R_\pi = \sum \nabla P_\pi(\tau) R(\tau) = \sum R(\tau) P_\pi(\tau) \nabla \log(P_\pi(\tau))$$
$$= E[R(\tau) \nabla \log(P_\pi(\tau))] \tag{10.20}$$

一般训练的时候都是对一个 batch 数据的训练(每一个样本都是一个 τ),所以这里的期望其实就是一个 batch 数据计算出来的均值:

$$\nabla R_\pi = \frac{1}{\text{Batch\_size}} \sum_{n=1}^{\text{Batch\_size}} R(\tau^n) \nabla \log(P_\pi(\tau^n)) \tag{10.21}$$

再把 $\nabla \log(P_\pi(\tau^n))$ 用式(10.15)展开,唯一的区别在于所有元素多了一个上角标 n,表示这是第 n 个轨迹 τ 中发生的动作和状态:

$$\nabla \log(P_\pi(\tau^n)) = \nabla \log\left(P(s_0^n) \prod_{t=0}^{T} P_\pi(a_t^n \mid s_t^n) P(s_{t+1}^n \mid s_t^n, a_t^n)\right)$$

$$= \nabla \left(\log(P(s_0^n)) + \log(P_\pi(a_0^n \mid s_0^n)) + \log(P(s_{t+1}^n \mid s_t^n, a_t^n)) + \cdots\right)$$

$$= \nabla \log(P(s_0^n)) + \nabla \log(P_\pi(a_0^n \mid s_0^n)) + \nabla \log(P(s_{t+1}^n \mid s_t^n, a_t^n)) + \cdots \tag{10.22}$$

因为希望更新策略 π,所以不包含策略 π 的项其实可以看作常数项,梯度为 0,所以从式(10.22)可以得到:

$$\nabla \log(P_\pi(\tau^n)) = \nabla \log(P_\pi(a_0^n \mid s_0^n)) + \nabla \log(P_\pi(a_1^n \mid s_1^n)) + \cdots$$

$$= \sum_{t=0}^{T} \nabla \log(P_\pi(a_t^n \mid s_t^n)) \tag{10.23}$$

把式(10.23)结论带到式(10.21)中得到:

$$\nabla R_\pi = \frac{1}{\text{Batch\_size}} \sum_{n=1}^{\text{Batch\_size}} R(\tau^n) \sum_{t=0}^{T} \nabla \log(P_\pi(a_t^n \mid s_t^n))$$

$$= \frac{1}{\text{Batch\_size}} \sum_{n=1}^{\text{Batch\_size}} \sum_{t=0}^{T} R(\tau^n) \nabla \log(P_\pi(a_t^n \mid s_t^n)) \tag{10.24}$$

在式(10.24)中,假设要更新策略 π,那就需要用到梯度 ∇R_π,而在梯度 ∇R_π 中,把环境

概率丢弃,只留下了基于环境做出决策的概率,而没有了 $P(s_{t+1}|s_t,a_t)$。这意味着,在寻找一个策略的时候,并不需要对环境有很彻底的了解,不需要了解环境是如何演变的。假设环境是一个黑箱,只需要把 π 策略的 Actor 放进环境,记录下过程 τ,然后更新 π 就可以了。

在更新同一组的 $P_\pi(a_t|s_t)$ 的时候,$R(\tau)$ 可能天差地别。直观地思考这个问题:下象棋。第一局对弈,第一步走炮,最后赢了,加 100 分,$R(\tau^1)=100$;第二局对弈,第一步依然走炮,最后输了,$R(\tau^2)=-100$。那模型迷惑了,在同样的环境下做了同样的行动,怎么结果相反?这样模型该如何更新参数?这就造成训练困难的问题。所以这里就采用了 DQN 提到的价值函数,用 $Q(s_t,a_t)$ 来代替 $R(\tau)$。这样同样的情况和同样的动作就只会产生一个价值。

10.3.2 Actor-Critic 行动者评论家算法

之前推出了 ∇R_π,那么 AC 行动者评论家算法其实就非常简单。Actor 就是基于 PG 来更新策略 π 的,那么什么是 Critic 评论家呢?就是刚刚代替了 $R(\tau)$ 的 $Q(s_t,a_t)$。

直观上就是 Policy Gradient 只训练一个网络,更新一组参数,即决策 π,现在把 $Q(s_t,a_t)$ 也当成一个网络来训练,所以现在就有两个网络,写成 $Q_\theta(s_t,a_t)$ 表示这也是一个要更新参数的模型。

但是现在有了一个新的问题,$Q_\theta(s_t,a_t)$ 依然不够好。不难想到,假设象棋中,下了很多回合,最后我只剩下一个老将和一个卒苦苦支撑,你车马炮样样都有,不难想象,胜利一定是你的。Critic 自然也可以判断出这个情况,所以这种情况下不管你做出什么选择,$Q_\theta(s_t,a_t)$ 都会是正数。但是即便你是大优势的情况下,也存在好的行为(尽快战胜对手)和不好的行为(浪费回合给对方机会)。

比方说,你决定全面出击,$Q_\theta(s_t,全面出击)=80$;或者你决定让我两步,$Q_\theta(s_t,让两步)=60$。这样就行不通,坏的行为就应该有一个负数的价值,如果坏行为也是正数,那说明坏行为也是好的,只是没那么好。所以,这里加上一个 baseline:

$$\nabla R_\pi = \frac{1}{\text{Batch\_size}} \sum_{n=1}^{\text{Batch\_size}} \sum_{t=0}^{T} (Q_\theta(s_t^n,a_t^n) - \text{baseline}) \nabla \log(P_\pi(a_t^n|s_t^n)) \quad (10.25)$$

只要上述情况 baseline$=70$,好的行为就可以判断成正价值;不好的行为就是负价值。到这里 Actor-Critic 算法就讲完了。

注意:Actor-Critic 算法应该是不包含 Baseline 部分的。baseline 算是一个 AC 算法训练的提升技巧,所以可以说 Actor-Critic with Baseline。不过这些文字游戏不必太纠结,重点是学到知识。

10.3.3 A2C 与优势函数

A2C 就是 Actor-Critic 算法的改进,称为 Advantage Actor-Critc。

注意:AAC 听起来可能没有 A2C 酷。

什么是优势函数？其实需要借用到之前讲到的状态价值函数和动作价值函数的概念。不难想到，AC 算法中的 $Q_\theta(s_t, a_t)$ 就是动作价值函数。baseline 的取值令人头疼，这时可以把状态价值函数当成 baseline。

所以优势函数就是 $Q_\theta(s_t, a_t) - V_{\theta'}(s_t)$，这样的话，就可以计算出某一个动作的优势。但是这样就又多了一个参数化模型。之前只一个 π，后来增加了 θ，如果再增加一个 θ'，那计算量可能有点大。所以这里，省略了大量数学证明之后，得到了：

$$Q_\theta(s_t, a_t) - V_{\theta'}(s_t) = r_t + V_{\theta'}(s_{t+1}) - V_{\theta'}(s_t) \tag{10.26}$$

这样的话就依然是训练两个参数，而使用了优势函数的 AC 就是 A2C。

$$\nabla R_\pi = \frac{1}{\text{Batch\_size}} \sum_{n=1}^{\text{Batch\_size}} \sum_{t=0}^{T} (r_t^n + V_{\theta'}(s_{t+1}^n) - V_{\theta'}(s_t^n)) \nabla \log(P_\pi(a_t^n \mid s_t^n)) \tag{10.27}$$

这里来讨论一下模型结构，要训练两个参数化模型，两个神经网络。一个参数是 π，输入是环境状态，输出是每一个动作的概率值（离散空间）或者概率分布（连续空间）。另一个参数是 θ'，输入依然是环境状态 s，然后输出是这个环境状态的价值，一个标量。所以，其实可以把两个网络混合成一个单输入两个输出的网络，如图 10.4 所示。

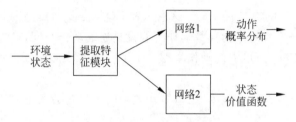

图 10.4　A2C 网络模型结构

之后还有一个 A3C 的算法，Asynchronous（异步）Advantage Actor-Critic。这个是将 A2C 算法部署到多个处理器多个 GPU 上同时训练。

10.3.4　Off-policy

这里介绍一个小概念。在 On-policy 和 Off-policy 中，Off-policy 是比较好的。

之前提到了一个 batch 的数据都是 τ，那么要考虑一下这一个 batch 中的所有的 τ 是否都基于同一个策略 π。

如果是，那么就是 On-policy。最大的问题就是训练速度慢。为什么呢？假设一个 Batch 是 32 个数据，那么每一次更新 π，就要再运行 32 次环境与 Actor 的互动过程，然后再更新 π，太慢。

如果不是，那么就是 Off-policy。可以设置一个记忆库，把所有的基于不同的 π 的互动过程都保留下来，然后随机选取一些做成一个 Batch。所以，之前提到的 DQN 就是 Off-policy。

10.3.5　连续动作空间

在强化学习中,很多情况下会看到这个字眼"连续动作空间"。那么什么是"连续"与"离散"呢? 离散的动作空间就比如,一个汽车在路口,只能选择前进、左转、右转这三个可选择的动作;连续的动作空间就是一个汽车在赛道上行驶,汽车要向某一个方向偏转行驶方向多少角度、汽车要以多大的加速度进行加减速。

不难看出,离散的动作空间只能解决一些比较规范的、简单的场景,而现实生活中的实际问题往往是复杂的、连续的。

那么 DQN 算法是解决连续动作问题还是离散动作问题呢? 答案在 DQN 算法的损失函数:

$$\mathrm{Loss} = E\big[(R(s_{t+1}) + \gamma Q(s_{t+1}, \mathop{\mathrm{argmax}}\limits_{a} Q(s_{t+1}, a_{t+1} \mid \theta_i) \mid \theta_i) -$$

$$Q(s_t, a_t \mid \theta_t))^2\big] \tag{10.28}$$

那么 DQN 的损失函数有这样的一项 $\mathop{\mathrm{argmax}}\limits_{a} Q(s_{t+1}, a_{t+1} \mid \theta_i)$,选取最大 Q 值的动作作为在这一时刻基于环境状态的决策。这意味着 DQN 需要知道当前状态下所有可行动作对应的 Q 值然后比较最大的作为决策动作。假设是连续动作空间,有非常多的动作可以选择,这时候就无法确定 Q 值最大的动作是哪一个了。所以,结论就是 DQN 是解决离散动作空间的算法。

注意: DQN 在后续的改进版本中,有解决连续动作问题的改进版本。但是连续动作的解决模型还是 PG。

为什么说 PG 是可以解决连续动作空间的呢? 因为 PG 中避免了对最优动作的选取,而是输出连续动作的概率分布,然后进行采样。这意味着,不管是多么糟糕的行为,在 PG 中都有可能执行,只是执行的概率非常的小。

这里顺带提一下"确定性策略"与"随机性策略"的区别。DQN 是一个典型的确定性策略,在策略不变的情况下,只会选择价值最大的那一个动作。相同的环境重复 100 次决策,也只会选择 100 次同样的动作;而 PG 是随机性策略,因为是从概率分布中采样,同样的环境重复 100 次决策,可能会有不同的决策产生。相应地,AC 算法也是随机性策略,而 DQN 基于的 Q-learning 自然也是确定性策略。

## 第 11 章

GAN 进阶与变种

GAN 是 2014 年提出的架构。提出的时候虽然设想非常的美好,但是实际操作的时候有种种问题。在之后的几年内,GAN 逐渐发展出各种各样的优化版本,效果更好。GAN 的优化版本细数的话可能有超过 50 种,但是本章主要介绍效果最好、最具有代表性的几个杰出代表。

首先梳理一下时间线:

(1) 2014 年,GAN 出现;

(2) 2016 年,DC GAN(Deep Convolutional GAN)出现;

(3) 2017 年,Wasserstein GAN 出现:同年,LSGAN、BEGAN 等出现。

有这么多的改进版本,究竟哪一个更好呢? Google 公司曾经做了一个研究,发现其实没有什么很大的区别。WGAN-GP 目前是比较常用的,如果生成高清图片,BEGAN 效果比较好。所以本章主要介绍 DCGAN、WGAN、WGAN-GP 和 BEGAN 以及这些改进版的相关知识扩展。

11.1 基础 GAN 存在的问题

在开始讲解变种之前,首先讲一下 GAN 存在的问题。

第一个问题就是判别器 D 太强了,损失都是 0。假设判别器 D 能力强,G v1 生成的图片与真实图片相差巨大,G v2 生成的图片与真实图片相差不多,但是判别器都能完美地识别出所有的正负样本,这样就无法知道 G v1 更好还是 G v2 更好了。

造成这个的原因是刚开始训练 G 的时候,生成图片与真实图片之间有着非常巨大的区别,分类器永远可以分类出所有样本,所以 G 就不知道如何朝着最优解更新参数。例如:假如有 10 个选择题,你做出选择之后,老师只会告诉你是不是满分,这样每次蒙的答案就是随机的,直到某一次碰巧全都正确;另外一种情况,同样 10 个选择题,你每次做出选择之后,老师会告诉你对了几道题,这样就可以启发地搜索所有题的答案。

第二个问题就是生成多样性的问题,也称为 Mode Collapse。假设手写数字有 0~9 共计 10 个数字,在理想状态下,用生成器 G 随机生成的图像应该是 0~9 中随机的一个,但是经过训练,生成器 G 发现,假如只生成"数字 1",那么判别器 D 识别正确的概率低,生成器 G 就会生成大量的"1",导致虽然 D 识别不出生成照片和真实照片,但是生成照片的极为单一化。

11.2　DCGAN

DCGAN 就是将生成器 G 和判别器 D 的网络结构用卷积来代替了。在"实战:GAN 之 MNIST"的基础 GAN 中,使用了全连接层来搭建判别器 D 和生成器 G。

假设使用了卷积层,对于判别器 D 来说,应该很好搭建,就是一个简单的图像分类问题,不断卷积池化就可以了。但是对于生成器 G 来说,如何把一个随机向量,例如一个 1×100 的标准正态分布采样的向量扩展成一个图片呢?

在这里介绍一个概念——反卷积。

11.2.1　反卷积(转置卷积＋微步卷积)

在 DCGAN 中,生成器 G 可以将一个 1×100 的向量扩展成 $64\times 64\times 3$ 的彩色图像(如果是 MNIST 黑白图像就是 $28\times 28\times 1$)。整个过程采用的就是去卷积的方法。

先讲一下名词,去卷积、反卷积、上采样,都是一个概念,都是扩大特征图尺寸的,英文是 Deconvolution。

去卷积包含两个方式,转置卷积和微步卷积。在讲解如何反卷积之前,先进行简单的头脑风暴,在卷积的时候一般设置两个参数,一个是步长,一个是填充。如果是一个 3×3 的卷积核,Stride＝1,那么当 Padding＝1 的时候,才能保证卷积前后大小不变。那么假设 Padding＝2 呢? 扩大填充的数量,就是转置卷积的直观理解,如图 11.1 所示。

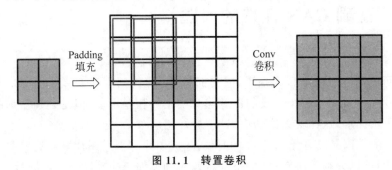

图 11.1　转置卷积

如图 11.1 所示,假设有一个 2×2 的特征图,通过 Padding＝2 的操作,让 2×2 的特征图填充到 6×6,再用 3×3 的卷积核进行扫描,得到的结果就是 4×4 的特征图。

那么什么是微步卷积呢? 其实也是用 Padding,但是使用 Padding 的方式不同,如图 11.2 所示。

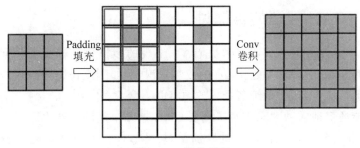

图 11.2 微步卷积

微步卷积就是把 3×3 的特征图打散,然后分别进行填充,3×3 的特征图可以变成 5×5 的特征图。其实到这里有一点发现,转置卷积似乎类似 Stride=1 的卷积层,特征图尺寸呈现线性增长;而微步卷积对应 Stride=2 的卷积层或者池化层,特征图尺寸呈现倍数增长。

11.2.2 空洞卷积

空洞卷积(Dilated Convolution),Dilate 是扩张、膨胀之意。卷积核的大小,通常就意味着感受野的大小,卷积核越大,感受野就越大,但是相应的计算量也会成倍地增加。在学习 GoogleNet 的时候,通过用两个 3×3 的卷积核来代替一个 5×5 的卷积核,可以在保证同样的感受野的同时降低计算量。

这里空洞卷积就是另外一个增加感受野的同时不增加计算量的方法。这里就不详细讲解空洞卷积的好处了,直接看用法,如图 11.3 所示。

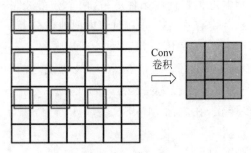

图 11.3 空洞卷积

空洞卷积就是把 3×3 的卷积核散成一个 5×5 的卷积核的方法。它是一个感觉比较狡猾但是确实有效果的方法。

11.3 WGAN

WGAN(Wasserstein GAN)可以说是为 GAN 提供了一个飞跃式的提升。Wasserstein 距离比 KL 距离和 JS 距离拥有更优越的性质。

11.3.1 GAN 问题的再探讨

在 DCGAN 中,使用卷积并没有解决 GAN 出现的多样化和梯度消失问题,而 WGAN 解决了。在 WGAN 的论文中,使用大量的数学知识,例如测度论、拓扑学等,在这里简单讲解帮助大家理解整体内容,但是细节推导的内容并不会太多。

下面尽可能通俗地帮助大家进一步理解 GAN 这两个问题的产生原因:

在 11.1 节就提到了,基础 GAN 的判别器 D 越强,Loss 就越可能是 0,这就会造成生成器 G 的更新没有目标的问题。在基础 GAN 中,得到了一个这样的式子:

$$V(G,D) = E_{x \sim P_{\text{data}}} \left[\log D(x) \right] + E_{x \sim P_g} \left[\log(1 - D(x)) \right]$$
$$= -2\log 2 + 2\text{JS}(P_{\text{data}}(x) \mid\mid P_G(x)) \tag{11.1}$$

意思就是假设判别器为最优判别器 $D^* = \dfrac{P_{\text{data}}(x)}{P_{\text{data}}(x) + P_G(x)}$ 的时候,生成器 G 的 Loss 其实就是分布 P_{data} 与生成图片分布 P_G 之间的 JS 散度(JS 距离)。生成器 G 希望不断地让 P_G 靠近 P_{data},来减小 JS 距离。

注意:JS 散度的取值范围是 $[0, \log 2]$。

假设两个分布距离比较远,或者判别器 D 可以完全区分两个分布的采样,这时候 JS 取值为 log2。这意味着什么呢? 就算两个分布相聚十万八千里,这个距离也是 log2,就算两个分布非常近,但是因为判别器太强,依然可以正确区分每一个样本,那么 JS 取值为 log2。所以 Loss 是一个常数,这意味着梯度为 0。

而且经过论证,在判别器近似最优的条件下,这两个分布被完全区分的可能性是非常大的。两个分布的重合部分,一定存在一个分割曲面来把他们分开。

这也就是原始 GAN 不稳定的原因。判别器 D 训练太好,Loss 为 0,梯度消失;判别器 D 训练不好,生成器 G 也会效果不好。所以在 WGAN 出现之前,训练 GAN 处理判别器 D 和生成器 G 的平衡问题一直是一个极为耗费精力的任务。

另外一个问题就是多样化,在之前 MNIST 生成任务中,为什么生成的图片 90% 都是 "数字 1"呢?

首先,回顾一下 KL 散度的写法:

$$\text{KL}(P_g \parallel P_{\text{data}}) = \int_x P_g(x) \log\left(\frac{P_g(x)}{P_{\text{data}}(x)}\right) dx$$

$$= E_{x \sim P_g} \left[\log \frac{P_g(x)}{P_{\text{data}}(x)} \right]$$

$$= E_{x \sim P_g} \left[\log \frac{\dfrac{P_g(x)}{P_{\text{data}}(x) + P_g(x)}}{\dfrac{P_{\text{data}}(x)}{P_{\text{data}}(x) + P_g(x)}} \right] \tag{11.2}$$

因为 $D^* = \dfrac{P_{\text{data}}(x)}{P_{\text{data}}(x) + P_G(x)}$ 是最优判别器,所以,带入式(11.2):

$$\text{KL}(P_g \parallel P_{\text{data}}) = E_{x \sim P_g}\left[\log \frac{1 - D^*(x)}{D^*(x)}\right]$$

$$= E_{x \sim P_g}\left[\log(1 - D^*(x))\right] - E_{x \sim P_g}\left[\log D^*(x)\right] \tag{11.3}$$

式(11.1)和式(11.3)进行简单的组合,可以得到:

$$-E_{x \sim P_g}\left[\log D^*(x)\right] = \text{KL}(P_g \parallel P_{\text{data}}) - E_{x \sim P_g}\left[\log(1 - D^*(x))\right]$$

$$= \text{KL}(P_g \parallel P_{\text{data}}) + E_{x \sim P_{\text{data}}}\left[\log D(x)\right] + 2\log 2$$

$$- 2\text{JS}(P_{\text{data}}(x) \mid\mid P_G(x)) \tag{11.4}$$

式(11.4)共有 4 项,表示的含义就是 G 生成器的 Loss,其中 $E_{x \sim P_{\text{data}}}\left[\log D(x)\right] +$ 2log2 与生成器 G 无关,不用考虑。

注意:之前提到过,生成器 G 的 Loss 是从 $\log(1 - D(x))$ 到 $-\log(D(x))$ 的原因。

式(11.4)中剩下与 G 有关的是 $\text{KL}(P_g \parallel P_{\text{data}} - 2\text{JS}(P_{\text{data}}(x) \parallel P_G(x))$,更新生成器 G 的目标是最小化 Loss 函数 $-E_{x \sim P_g}\left[\log D^*(x)\right]$,这意味着,要最小化 KL 距离的同时,最大化 JS 距离。最大化 JS 距离会导致 GAN 梯度不稳定。而 KL 距离不是一个对称的距离,因此有的人说 KL 距离严格意义上不算是一种距离,因为:

$$\text{KL}(P \parallel Q) \neq \text{KL}(Q \parallel P) \tag{11.5}$$

来具体看以下两种情况:

(1) $P_g(x) \to 0, P_{\text{data}}(x) \to 1$。$P_{\text{data}}(x) \to 1$ 意味着 x 是一张真实图片,$P_g(x) \to 0$ 意味着生成器 G 不能生成这张真实图片,那么 $P_g(x)\log \dfrac{P_g(x)}{P_{\text{data}}(x)} \to 0$。

(2) $P_g(x) \to 1, P_{\text{data}}(x) \to 0$。$P_{\text{data}}(x) \to 0$ 意味着 x 是一张虚假照片,$P_g(x) \to 1$ 意味着生成器 G 生成了一张虚假照片,那么 $P_g(x)\log \dfrac{P_g(x)}{P_{\text{data}}(x)} \to +\infty$。

生成器 G 的参数更新是为了最小化 $-E_{x \sim P_g}\left[\log D^*(x)\right]$,当生成器 G 生成了一个虚假照片的时候,Loss 会变得非常大,惩罚巨大,而不能生成某个图片的惩罚为 0,这就意味着,生成器宁可多生成一些重复但"安全"的图片,也不会去生成多样性的样本。这就是 mode collapse 的数学原因。

到这里为止,GAN 面临的梯度消失的问题和缺乏多样性的问题,都从数学上进行了证明。

11.3.2　解决方案

在 WGAN 出现之前,如何解决 Loss=0 的梯度消失问题呢?可以在真实图片和生成图片上增加噪声,以试图增加两个分布的宽度,来让他们产生重叠。这里举一个极端的例子,假设两个图片都加上百分之百的服从正态分布的噪声,那么这张图片不管原来如何,现在一定服从同一个分布。通过增加噪声,来强行拉近 P_{data} 和 P_g 的距离。然后随着训练的进行,增加的正态分布的噪声的方差逐渐减小,以至于最后去掉噪声,这也是退火算法的一种体现。

注意:退火算法更多的内容会在问题解答中。

这个方法仅仅解决了判别器过强导致的梯度消失问题,梯度不稳定和多样性问题依旧没有办法解决,而这两个问题是由于 KL 和 JS 距离的性质导致的,所以 WGAN 提出的办法就是使用 Wasserstein 距离代替 JS 散度,实现质的优化。

Wasserstein 距离也称为 EM(Earth-Mover)距离。EM 距离翻译成中文是推土机距离,为什么称为推土机呢?假设有两个非常简单的分布,每个分布只有一种可能的采样,如图 11.4 所示。

如图所示,如果计算两个分布的 JS 距离,那么一定是等于 log2 的,因为两个分布没有重叠部分,两个分布计算 EM 距离的话,就是 EM=a,相当于把左边的分布移动到右边所需要的花费,如图 11.5 所示。

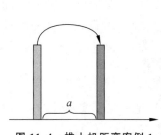

图 11.4　推土机距离案例 1

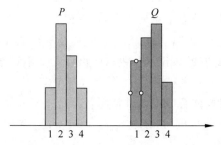

图 11.5　推土机距离案例 2

如图 11.5 所示,假设要移动这样一个相对复杂的分布,那么如何计算 EM 距离呢?如图 11.5 所示,可以用这样的一个公式:

$$\text{EM}(P,Q) = \sum_{i,j \in [1,2,3,4]} (\text{从 } P_i \text{ 到 } Q_j \text{ 搬运量} \times \text{从 } P_i \text{ 到 } Q_j \text{ 的距离}) \quad (11.6)$$

有的读者可能发现,从 P 到 Q 的搬运过程有不止一种的搬运方案。所以 EM 距离就是穷举所有的可能的搬运方案,按照上面的进行计算,然后求取所有结果的下界(在这里可以按照最小值来理解,但是严格来说,两者在数学中是不同的概念)。

大概了解 EM 距离,也就是对 Wasserstein 距离直观理解即可。这个距离的数学表达比较复杂,而且对学习 WGAN 用处也不大。

EM 距离相对于 JS 性能更好,就是在两个分布不相交、不重合的时候,EM 距离依然可以提供启发性的信息,告诉模型这两个分布相距多远,而不是像 JS 一样,只说明这两个分布不相交,但是并不告诉模型两个分布的距离多远。

所以 WGAN 采用了 EM 距离,WGAN 最大的贡献就是改写了 GAN 中的 $V(G,D)$

$$V(G,D) = \max_{D \in 1-\text{Lipschitz}} \{E_{x \sim P_{data}}[D(x)] - E_{x \sim P_g}[D(x)]\} \quad (11.7)$$

这是 Loss 函数,就是在 $D \in 1-\text{Lipschitz}$ 的条件下,尽可能地放大 $E_{x \sim P_{\text{data}}}[D(x)]$,然后尽可能地缩小 $E_{x \sim P_g}[D(x)]$。把 x 当作横坐标,判别器的结果 $D(x)$ 纵坐标,可以得到这样的一个图 11.6:

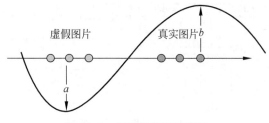

图 11.6　判别器的平滑程度

如图 11.6 所示,横坐标就是不同分布的图片,有真实图片,也有虚假图片(其实这些图片应该是高维空间的点,但是这里为了方便理解,假设这些照片在低维空间中可以表示)。有一条曲线就是 $D(x)$,假如没有 $D \in 1-\text{Lipschitz}$ 的条件,那么 a 应该是 $-\infty$,b 应该是 $+\infty$,假如如此,图中的曲线,从 $-\infty$ 到 $+\infty$,斜率应该非常大,接近 $+\infty$。这就称为不平滑,$D(x)$ 太陡峭。

$D \in 1-\text{Lipschitz}$ 表示的是 LF(Lipschitz Function)的概念,并不是 1 减去 Lipschitz。LF 为

$$||f(x_1)-f(x_2)|| \leqslant K\|x_1-x_2\| \tag{11.8}$$

式中,"$\|\cdots\|$"表示的就是高维空间中点之间的距离。例如,$x_1=1$,$x_2=2$,那么 $x_2-x_1=1$,假设 $x_1=(1,2)$,$x_2=(2,3)$,那么两者的距离就可以用 $\|x_2-x_1\|$ 来表示。而 $D \in 1-\text{Lipschitz}$ 就是 $K=1$ 的情况下,要求 $D(x)$ 的斜率小于或等于 1。但是,这样的一个约束条件,很难在深度网络中实现。所以 WGAN 使用了一个近似的操作,称为 Weight Clipping。这个方法是限制判别器 D 中所有的参数 $w \in [-c,c]$,如果梯度下降之后 $w>c$ 则 $w=c$,如果 $w<-c$ 则 $w=-c$,即强制限制了 w 的取值范围,来解决 $D \in 1-\text{Lipschitz}$ 这个条件的问题。

至此可以发现 WGAN 做了大量的数学证明,最后实际的改变只有 Weight Clipping。容易联想到一个故事:一个工程师修理汽车发动机,工程师在发动机的外面画了一条线,让人把里面的线圈换成新的,然后要价一万美元。别人问他,你就画了一条线,怎么这么贵。他说画线 1 美元,知道在哪里画线 9999 美元。

在这里用一幅图来总结 WGAN 的贡献,如图 11.7 所示。

那么如果想把 GAN 改成 WGAN,那么如何操作呢? 主要有 4 个部分:

(1) 修改判别器 D 的 Loss 函数;

(2) 修改生成器 G 的 Loss 函数;

(3) 去掉判别器 D 的最后一个 Sigmoid 层;

(4) 增加 Weight Clipping。

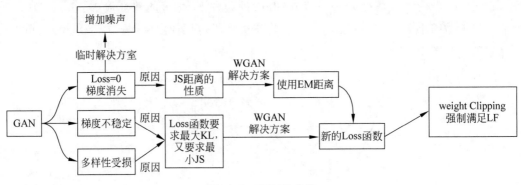

图 11.7　WGAN 总结

11.4　WGAN-GP

使用了 EM 距离之后,GAN 的问题得到了很大的缓解。接下来看一下 WGAN 的进阶版本,WGAN-GP。

注意:WGAN-GP 的 GP 是 Gradient Penalty,GP 也就是这个版本最大的贡献。当然这个 WGAN-GP 也称为 Improved WGAN。

11.4.1　WGAN 的问题

之前讲解的 WGAN 似乎解决了所有的 GAN 的问题,但是也带来了一些新的问题。WGAN 使用 Weight Clipping 来强制实现 1-Lipschitz 条件,但是效果并不好。简单地思考一下,Weight Clipping 是把所有的参数都变成$[-c,c]$内,这样会产生两个问题。

(1) c 的取值问题。假设 $c=0.1$,太大了,会造成梯度爆炸问题,假设 $c=0.001$,太小了,梯度消失问题,$c=0.01$ 依然有一些轻微的梯度消失的问题。直观来看,把每一个参数都用相同的限制来约束就会过于呆板。

(2) 因为使用了 Weight Clipping,虽然 $w \in [-c,c]$,但是 90%的参数值都是 c 或者$-c$,如果神经网络的参数都是一样的,那意味着神经网络失去了强大的拟合能力和泛化能力。

11.4.2　梯度惩罚

为了解决 WGAN 的问题,WGAN-GP 提出了 Gradient Penalty,就是在 WGAN 的 Loss 函数基础上,增加了一个 GP 项:

$$V(G,D) = \max_{D \in 1-\text{Lipschitz}} \{E_{x \sim P_{\text{data}}}[D(x)] - E_{x \sim P_g}[D(x)]\}$$

$$+ \lambda E_{x \sim P_{\text{datag}}}[(||\nabla_x D(x)||_2 - 1)^2] \tag{11.9}$$

$\nabla_x D(x)$表示对 $D(x)$求 x 的偏导,表示梯度算子。$||\nabla_x D(x)||_2$ 下标"2"是求第二范数

的意思。具体的计算会配合代码讲解。

在式(11.8)中有一个新的分布 P_{datag}，这个分布可以由 P_{data} 和 P_g 计算得到：

$$\hat{x} = \text{rand} x + (1 - \text{rand}) \tilde{x} \tag{11.10}$$

- $\hat{x}$ 就是最后得到的服从 P_{datag} 分布的图片；
- x 是真实图片，服从 P_{data} 分布；
- $\tilde{x}$ 是生成图片，服从 P_g 分布。

即 P_{datag} 分布应该就是介于 P_{data} 与 P_g 之间的分布，如图 11.8 所示。

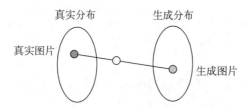

图 11.8　$\hat{x}$ 是如何产生的

经过实验证明，这样的效果好。因此这个 GP 选取的是真假分布之间的抽样处理。

GP 项是对每一个样本都进行独立的梯度惩罚，因此需要保证每一个样本的独立性，所以在模型中不能使用 BN，因为 BN 层会让同一个 Batch 的不同样本之间产生关系。

这里给出 WGAN-GP 的参数，$\lambda = 10$。在 WGAN-GP 出现之后，效果依然不好，有的时候甚至不如 WGAN，直到另外一篇论文提出，λ 的值应该随着 P_{data} 与 P_g 之间的距离不断减小而减小，不然会出现梯度消失的问题。

注意：究竟是 WGAN-GP 好还是 WGAN 好？不同的人处理不同任务的情况下，可能会得出不同的结论。

WGAN-GP 总的来说就是 WGAN 的改进，但是却有很大的变化，具体的内容可以在"实战：GAN 进阶"中了解，实战的内容不多，建议读者有时间的情况下，学习实战内容来加深理解。

总结一下 WGAN-GP 相对 WGAN 的改进：去掉了 Batch Normalization 层和 Weight Clipping，修改了 Loss 函数。

11.5　VAE-GAN

这是一个与 WGAN 和 WGAN-GP 不同的改进方向。GAN 的两个问题 mode collapse 和梯度消失，WGAN 从 Loss 函数进行改进，而 VAE-GAN 是通过与 VAE 进行结合来解决问题。

回顾一下 VAE 的概念：VAE 是一个自编码器，但是与 AE、DAE 这种只能编码存储的网络相比，VAE 生成的是潜在变量的分布，所以 VAE 是拥有生成能力的。

至此，应该对两个不同类型的生成有了一个基础的认识，下面讲一下 VAE 和 GAN 的缺点。

（1）VAE 缺点：生成图像比 GAN 模糊。

（2）GAN 缺点：模型坍塌 mode collapse 和梯度消失。

VAE 之所以模糊，是因为缺少一个强力的判别器来判断生成图像是否接近原始图像，因此给 VAE 加上一个判别器 D 迫使 Decoder 生成比较清晰的图片，所以给 VAE 加上一个判别器 D。VAE 中的 Decoder 和 GAN 中的生成器 G 基本一样，所以这里两者合体，Decoder 也称为 Generator。结构变成图 11.9 所示。

—输入图片→ | Encoder | — 重采样→ | 生成器G | —生成图片→ | 判断器D | —判断真假→

图 11.9　VAE-GAN 的结构

这里 VAE-GAN 的介绍从简，不给出大量的数学推导证明这个模型的可行性。运行的结果如图 11.10 所示。

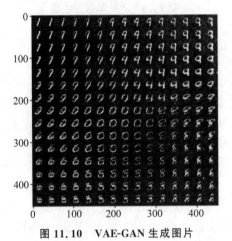

图 11.10　VAE-GAN 生成图片

11.6　CVAE-GAN

之前讲到了 CGAN，那么怎样才能在 VAE-GAN 中生成指定标签的图像呢？和 CGAN 的简单的拼接不同，这里使用了一个新的模型来判定类别，称为 Classifier。模型的结构变成图 11.11。

如图 11.11 所示，在重采样之后，依然采用最简单的和 CGAN 一样的拼接来加入标签信息；最后的 Classifier 采用和判别器 D 同样的模型结构，只是把最后的输出从 1 个变成 10 个。

生成器 G 的 Loss 函数包含 3 个部分：

（1）生成图像应该更接近原始图像，而且生成的 mean 和 logstd 也应该满足标准分布；

（2）生成图像应该可以被 Classifier 判断出对应的类别；

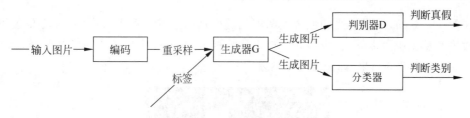

图 11.11　CVAE-GAN 的结构

（3）生成图像应该可以被判别器 D 判断成是真实的图像。

这 3 个部分会在实战的对应部分再次提到。

这里先看一下运行效果，因为使用标签信息，所以可以生成指定数字的图片，如图 11.12 所示。

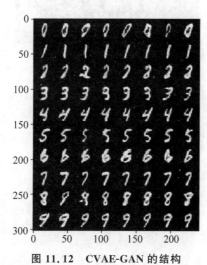

图 11.12　CVAE-GAN 的结构

如图 11.12 所示，每一行都是相同的数字，而且每个数字的写法略有不同，每个数字看起来也跟真的差不多。CVAE-GAN 的比较有趣的部分如图 11.13 所示。

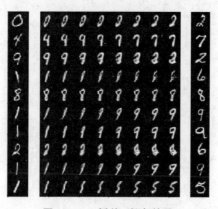

图 11.13　插值，渐变效果

如图 11.13 所示,最左边和最右边两列是随机抽取生成的真实图片,中间是模型生成的渐变效果。从图中可以看到,数字 0 是如何逐渐变成 2 的,数字 4 和数字 7 之间还要经过数字 9。另一个有趣的结果,如图 11.14 所示。

图 11.14　风格迁移

如图 11.14 所示,这是一个利用生成网络生成相同风格的数字。每一行都有自己的风格,例如第一行的风格暂且称之为扭曲,这一行的每一个数字都比较扭曲;例如倒数第三行,风格是加粗,这一行每一个数字都加粗了。

## 第 12 章

实战 1：决策树与随机森林

第一个实战是一些简单易懂的例子。通过决策树和随机森林来走进机器学习的大门，感受机器学习的魅力。通过本章的实战可以学习到如何处理大数据，如何探索大数据，以及如何使用决策树模型去预测数据。

本章主要涉及的知识点：

（1）了解 Sklearn 库、Pandas 库；

（2）了解 Python 在大数据竞赛中的常见操作；

（3）学会如何在 Python 中使用决策树和随机森林模型；

（4）数据可视化及模型可视化。

注意：在阅读本章的时候，最好边看边操作，以加深印象。

12.1　数据集介绍

这次使用的数据集是 sklearn.datasets 中的内嵌的数据集，这意味不需要读者额外下载数据集进行操作。首先简单介绍一下 sklearn.datasets 自带的经典数据库：

（1）波士顿房价数据（回归任务，包含 506 个不同房产的房价数据）；

（2）乳腺癌数据（分类问题，569 个病人的乳腺癌的类别型数据）；

（3）糖尿病数据（回归任务，442 个不同患者的数据，预测对象是一年后糖尿病的某项指标）；

（4）鸢尾花数据（分类问题，包含 150 个鸢尾花样本，是一个非常经典的数据集）；

（5）红酒数据（分类问题，共有 178 个红酒样本）；

（6）手写数字数据集（分类任务，包含 1797 个样本，每个样本有 64 个像素。后面会有专门的一个实战来讲解如何应用卷积神经网络来识别 MNIST 手写数字数据集）。

注意：介绍这些数据集的目的在于扩展读者的知识储备，读者不用专门记忆，只要有印象即可。这些都是比较经典的数据集，在介绍"机器学习"的时候可以引用。

这次的案例使用的是乳腺癌数据，因为数据样本稍微多一些。

12.1.1 乳腺癌数据简介

乳腺癌数据集包含了美国威斯康星州记录的 569 个病人的乳腺癌的病情,包含 30 个维度的生理指标数据(特征),以及乳腺癌是恶性还是良性的标签。因为这是一个二分类问题,也叫二类判别数据集。

12.1.2 任务介绍

这数据主要包含 569 个样本。每个样本有 30 个特征(30 个生理指标数据)和 1 个标签(良性还是恶性)。对于本次任务,并不需要了解 30 个生理指标的含义。只要知道,这 30 个指标和恶性、良性之间存在某种关联。

12.2 解决思路

解决思路非常简单,对于这种大数据问题(对于几百万的数据来说流程类似),主要有 5 个步骤:

(1) 了解数据集,探索数据;

(2) 特征工程;

(3) 构建模型;

(4) 训练模型;

(5) 用测试集来评估模型。

具体流程如图 12.1 所示。

图 12.1 基本处理步骤

注意:①这个流程是主要的流程步骤,但不是绝对的。在下一个实战中,会讲解如何使用模型融合,来增强整体模型的泛化能力。②本节实战内容比较简单,所以在讲解中,构建模型、训练模型和评估模型放在一起讲解;特征工程也会在第 13 章 boost 实战中讲解。本章主要是对一些 Python 常见库的基本操作的讲解和决策树的可视化讲解。

12.2.1 Pandas 库与 Sklearn 介绍

首先导入一些会用到的库: Pandas 库和 Sklearn 库。

```
# 先导入 Sklearn 库
from sklearn.datasets import load_iris,load_breast_cancer
from sklearn.model_selection import train_test_split
# 导入 Pandas 库的同时,也要导入 NumPy 库,就像是连体婴儿
import pandas as pd
import numpy as np
```

Sklearn 库的全称是 Scikit-learn,是一种机器学习的工具。可以简单高效地进行数据挖掘,快速地调用常见的数据分析工具。它的依赖库是 NumPy、SciPy 和 matplotlib 库。NumPy 库是 Python 的一个常见的扩展程序库,支持高纬度数组和矩阵的运算;SciPy 是用于数学、科学领域的软件包,可以处理插值、积分、优化等问题;matplotlib 是一个画图包。

Pandas 库是基于 NumPy 的一个工具(一般不导入 NumPy 而使用 Pandas 会报错),这个工具是为了解决数据分析任务而创建的,里面包含高效的操作大型数据集所需要的工具。这在后续的实战中会一一讲解。

除此之外,还要导入:

```
# 一个关于警告的库
import warnings
# 让本代码不再弹出任何警告
warnings.filterwarnings("ignore")
```

对于程序员来说,bug 和 error 是最让人头疼的东西。除此之外,warning 虽然不影响程序运行,但是总是弹出来也使人心神不宁。这个语句可以忽视所有的 warning,这样就不会在代码中看到任何的 warning 了,这是一个小技巧。但是建议大家在有时间且有能力的情况下,看一下 warning 打印出的信息。信息一般是,例如某个语法将会在未来某个版本中作废,请使用某语句来代替等。

12.2.2 探索数据

探索数据就是查看数据的大小、维度等特征。为了将数据整合整理,建议将数据都用 Pandas 的 dataframe 格式存储起来,这样操作快速,可视化方便。本节讲解 Pandas 的基本操作。下面开始对数据的探索:

```
# 先来看看 cancer 的数据的尺寸
cancer = load_breast_cancer()
# 打印 cancer 特征数据的维度
print(cancer.data.shape)
# 打印 cancer 标签的维度
print(cancer.target.shape)
```

运行结果:(569,30)和(569,)。

如前文所说，这个数据集包含 569 个样本和 30 个特征。查看 cancer.data 的数据类型：

```
# 打印 cancer 特征数据的类型
print(type(cancer.data))
```

运行结果：< class 'numpy.ndarray'>。

这是一个 NumPy 的数组，需要将它转化成 Pandas 的 dataframe 的格式。这是因为 Pandas 是一种专门针对大数据操作的库，它的工具更高效，而且可视化结果更平易近人。但是也可以直接用 NumPy。后文内容可以更深刻地体会"可视化"的含义。

将其转换成 dataframe 的格式，并且输出它的 type：

```
# 将 np.array 转换为 dataframe
df_train = pd.DataFrame(cancer.data,columns = cancer.feature_names)
print( type( df_train ) )
```

运行结果：< class 'pandas.core.frame.DataFrame'>。

说明操作成功。下面来看 df_train：

```
# 打印 df_train 的前 5 行数据
df_train.head()
# 打印 df_train 的前 10 行数据
# df_train.head(10)
```

运行结果如图 12.2 所示。

	mean radius	mean texture	mean perimeter	mean area	mean smoothness	mean compactness	mean concavity	mean concave points	mean symmetry	mean fractal dimension	...
0	17.99	10.38	122.80	1001.0	0.11840	0.27760	0.3001	0.14710	0.2419	0.07871	...
1	20.57	17.77	132.90	1326.0	0.08474	0.07864	0.0869	0.07017	0.1812	0.05667	...
2	19.69	21.25	130.00	1203.0	0.10960	0.15990	0.1974	0.12790	0.2069	0.05999	...
3	11.42	20.38	77.58	386.1	0.14250	0.28390	0.2414	0.10520	0.2597	0.09744	...
4	20.29	14.34	135.10	1297.0	0.10030	0.13280	0.1980	0.10430	0.1809	0.05883	...

图 12.2　dataframe 与 NumPy 对比 1

运行 NumPy 的数组进行对比：

```
print( cancer.data )
```

运行结果如图 12.3 所示。

不难发现，从可视化可读性角度来看，Pandas 是高于 NumPy 的。然后把 cancer.target 转换为 dataframe 的格式。

```
[[1.799e+01 1.038e+01 1.228e+02 ... 2.654e-01 4.601e-01 1.189e-01]
 [2.057e+01 1.777e+01 1.329e+02 ... 1.860e-01 2.750e-01 8.902e-02]
 [1.969e+01 2.125e+01 1.300e+02 ... 2.430e-01 3.613e-01 8.758e-02]
 ...
 [1.660e+01 2.808e+01 1.083e+02 ... 1.418e-01 2.218e-01 7.820e-02]
 [2.060e+01 2.933e+01 1.401e+02 ... 2.650e-01 4.087e-01 1.240e-01]
 [7.760e+00 2.454e+01 4.792e+01 ... 0.000e+00 2.871e-01 7.039e-02]]
```

图 12.3　dataframe 与 NumPy 对比 2

```
#将 cancer 的标签也转换为 dataframe
df_target = pd.DataFrame(cancer.target,columns = ['label'])
#打印前五行
print( df_target.label.unique() )
```

运行结果：[0,1]。

输出的是 target 中 label 列里面所有元素(不重复的)的列表 list。可以看到标签中有 0 和 1 两个数组。下面来看 0 和 1 同恶性和良性是如何匹配的：

```
print(cancer.target_names )
```

运行结果：array(['malignant','benign'],dtype='< U9')。

可见，0 对应'malignant'恶性，1 对应'benign'良性。至此，已经基本了解和认识这个数据库和 Pandas 和 NumPy 库。更多的 Pandas 的操作技巧可参考"问题解答之 Pandas 操作指南"。

12.2.3　决策树模型

在训练之前，需要划分数据集和测试集。把数据集中的 30% 作为测试集来验证模型的效果：

```
#数据集分割
X_train,X_test,y_train,y_test = train_test_split(df_train,df_target,test_size = 0.3,random
_state = 0)
```

train_test_split 是一个非常好用的方法，在实际比赛中也是经常使用的方法，下面来看它的参数。

(1) df_train 是要被划分的特征；df_target 是对应特征的标签，也就是 label。

(2) test_size 是数据集中，把多少划分成 test，多少划分成 train。

(3) random_state 是设定随机种子，因为这个划分是随机在数据集中选取 30% 的数据作为 test(不是前 30% 也不是后 30% 而是随机选取)，因此每一次运行代码可能得到的测试集不一样，这样就难以重复运行同样的代码来改进模型。因此通过设定 random_state，让每一次的随机都是相同的随机。

注意：这个划分不仅仅可以用于划分测试集和训练集，还可以用来分割训练集来实现多模型，增强泛化能力。例如，假设现在已经有的训练集和测试集。可以再把训练集对半分成训练集 1 和训练集 2。在训练模型的时候，可以一个用训练集 1 进行训练，一个用训练集 2 进行训练，在验证模型的时候分别把测试机输入两个模型，然后将结果取平均值。这样泛化能力会增强，更多的细节会在后面进行讲解。

调用 Sklearn 中的决策树分类器：

```
# 载入决策树的可视化工具
from sklearn.tree import export_graphviz
import pydot
# 载入决策树模型
from sklearn.tree import DecisionTreeClassifier
# 决策树参数初始化是随机的,这里的 random_state 限制了随机数种子
tree = DecisionTreeClassifier(random_state = 0)
# 训练决策树
tree.fit(X_train, y_train)
# 通过决策树预测值
preds = tree.predict(X_test)
```

运行结果：[0,1]。

载入了决策树模型，用 X_train 和 y_train，也就是实现划分的训练集，然后用 X_test 得到测试集的标签的预测值。下面来比较标签的预测值和标签的真实值之间的准确率，代码如下：

```
# 计算准确率
y_test['preds'] = preds
y_test['if_correct'] = y_test.apply(lambda x:x[0] == x['preds'], axis = 1)
print('分类正确的有{}/{}'.format(y_test.loc[y_test['if_correct'] == True].count().preds, len
(y_test)))
```

运行结果：分类正确的有 156/171。

讨论一下 dataframe 的基本操作之一：增加列和 lambda 操作。如图 12.4 所示，这是对 dataframe 进行 lambda 操作后的效果。

最左边的是 y_test 最原始的状态，只有一列，这一列是标签的真实值。现在已经得到标签的预测值，把预测值增加到 dataframe 里面，用如下代码：

```
# 中括号里面的就是新增加的列名
y_test['preds'] = preds
```

lambda 操作是非常实用的操作，学会该操作即可掌握 Pandas 操作精髓的四分之一。

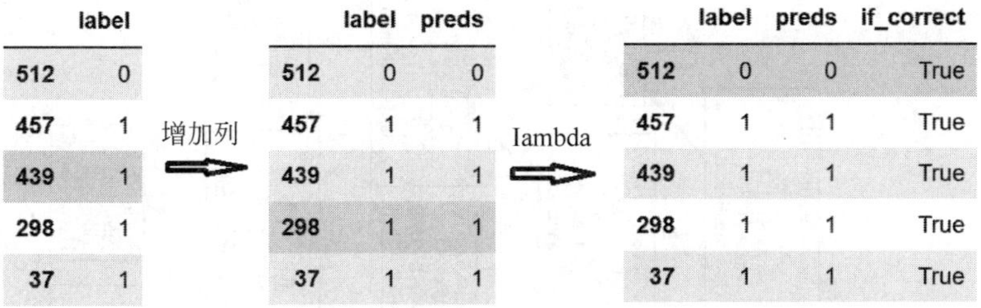

	label			label	preds			label	preds	if_correct
512	0		512	0	0		512	0	0	True
457	1	增加列	457	1	1	lambda	457	1	1	True
439	1	⟹	439	1	1	⟹	439	1	1	True
298	1		298	1	1		298	1	1	True
37	1		37	1	1		37	1	1	True

图 12.4 dataframe 基本操作

```
y_test['if_correct'] = y_test.apply(lambda x:x[0] == x['preds'],axis = 1)
```

从等号左边来看,在 t_test 中建立了一个新的列,称为'if_correct',等号右边是对 y_test 进行 apply 操作。lambda 中的 x 就是 y_test 中的一行或者一列,如果 axis＝0,就对每一列进行操作,axis＝1 就对每一行进行操作。这里需要对行进行操作,对每一行都判断 pred 和 label 是否相同,相同就是 True,不同就是 False。执行之后,y_test 的效果图就是图 12.4 的最右边的图。'if_correct'中 True 的数量就是预测正确的数量。

决策树的可视化效果如下:

```
# 创建.dot 文件
export_graphviz(tree,out_file = "tree.dot",class_names = iris.target_names,
        feature_names = iris.feature_names,impurity = True,filled = False)
# 读取.dot 文件
(graph,) = pydot.graph_from_dot_file('tree.dot')
# 生成.png 图片文件
graph.write_png('tree.png')
```

这段代码是把刚才生成的决策树模型的决策流程打印出来,先生成 tree.dot 文件,再生成 tree.png 图片。这段代码就是可视化的过程,这里不赘述,算法关系不大,可以直接复制使用。决策时的流程如图 12.5 所示。

显而易见,这是一个树状结构。从每一个节点可以看到:

（1）worst concave points <=0.142 是节点分裂的条件;

（2）gini＝0.468 是基尼指数;

（3）sample＝398 是样本数量;

（4）value＝[149,249]是分裂的两个样本空间的数量;

（5）class＝'benign'是当前类别。

到这里已经结束了,但是还可以继续改进。正如前面讲到的剪枝 pruning,通过 pruning 来增加决策树的泛化能力。修改决策树,加上最大深度的设置,代码如下:

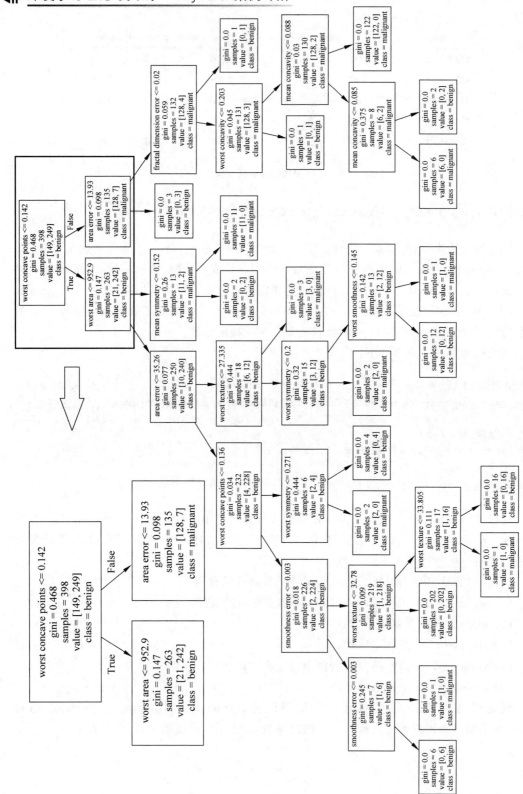

图 12.5 决策树结构图 1

```
from sklearn.tree import DecisionTreeClassifier
# 这里增加了 max_depth = 3,就是指决策树的最大深度是 3
tree = DecisionTreeClassifier(max_depth = 3, random_state = 0)
tree.fit(X_train, y_train)
preds = tree.predict(X_test)
y_test['preds'] = preds
y_test['if_correct'] = y_test.apply(lambda x:x[0] == x['preds'], axis = 1)
print('分类正确的有{}/{}'.format(y_test.loc[y_test['if_correct'] == True].count().preds, len
(y_test)))
```

运行结果：分类正确的有 162/171。

效果比 pruning 之前的好。直接看图片,运行同样的代码,生成决策树的结构如图 12.6 所示。

```
xport_graphviz(tree, out_file = "tree.dot", class_names = iris.target_names,
          feature_names = iris.feature_names, impurity = True, filled = False)
(graph,) = pydot.graph_from_dot_file('tree.dot')
graph.write_png('tree.png')
```

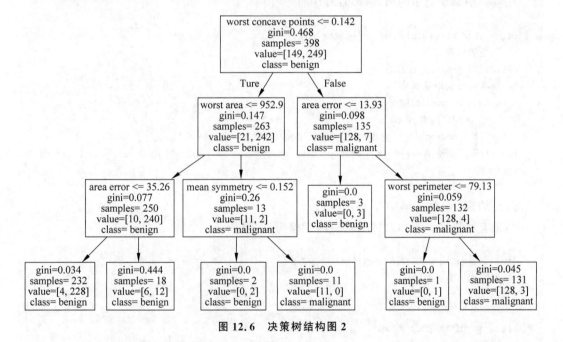

图 12.6　决策树结构图 2

可以看到整个模型只有 3 层(不算根节点)。仔细观察,发现第一个根节点和图 12.5 的根节点的信息是相同的。因为剪枝 pruning 不会影响节点的分类,只是会控制模型防止其过拟合,增强其泛化能力。

12.2.4 随机森林模型

代码和决策树有异曲同工之妙,但是又稍有变化:

```
# 载入随机森林分类器
from sklearn.ensemble import RandomForestClassifier
# 设置随机森林中有两棵决策树
clf = RandomForestClassifier(n_jobs = 2)
# 训练随机森林
clf.fit(X_train, y_train)
# 预测并且获取准确率
preds = clf.predict(X_test)
y_test['preds'] = preds
y_test['if_correct'] = y_test.apply(lambda x:x[0] == x['preds'], axis = 1)
print('分类正确的有{}/{}'.format(y_test.loc[y_test['if_correct'] == True].count().preds, len
(y_test)))
```

运行结果:分类正确的有 159/171。

往森林中添加更多的树,假如森林中有 5 棵树:

```
clf = RandomForestClassifier(n_jobs = 5)
# 训练随机森林
clf.fit(X_train, y_train)
# 预测并且获取准确率
preds = clf.predict(X_test)
y_test['preds'] = preds
y_test['if_correct'] = y_test.apply(lambda x:x[0] == x['preds'], axis = 1)
print('分类正确的有{}/{}'.format(y_test.loc[y_test['if_correct'] == True].count().preds, len
(y_test)))
```

运行结果:分类正确的有 167/171。

结果有所提高。假如森林中有一两百棵树,效果如下:

```
lf = RandomForestClassifier(n_jobs = 100)
# 训练随机森林
clf.fit(X_train, y_train)
# 预测并且获取准确率
preds = clf.predict(X_test)
y_test['preds'] = preds
y_test['if_correct'] = y_test.apply(lambda x:x[0] == x['preds'], axis = 1)
print('分类正确的有{}/{}'.format(y_test.loc[y_test['if_correct'] == True].count().preds, len
(y_test)))
```

运行结果: 分类正确的有 166/171。

结果反而下降。这是因为树太多的话会导致一定的过拟合,泛化能力是一个模型想要学习的本质东西。

随机森林还提供了一个工具,可以获取到这个特征的重要性。通过 feature_importances_接口:

```
np.round(clf.feature_importances_,3)
```

运行结果如图 12.7 所示。

```
array([0.   , 0.014, 0.175, 0.004, 0.013, 0.024, 0.023, 0.026, 0.007,
       0.003, 0.007, 0.009, 0.007, 0.009, 0.   , 0.001, 0.009, 0.005,
       0.007, 0.003, 0.084, 0.017, 0.091, 0.346, 0.022, 0.012, 0.023,
       0.026, 0.019, 0.011])
```

图 12.7 随机森林特征重要性

刚好 30 个数据,对 30 个特征的重要性,可以画成柱状图,表现得更清晰一些。使用 matplotlib.pyplot 库可以非常快速地画成好看的图标,这里不做赘述。

注意: np.round(a,2)是把 a 这个 NumPy 的数组内的所有元素都四舍五入保留两位小数含义。

12.3 小结

通过本章的实战学习,可以收获以下内容:

(1) 了解 Pandas 和 NumPy 库,以及 Sklearn 的部分用法;

注意: Pandas 中 apply 和 lambda 的用法是重中之重。

(2) 了解大数据比赛中的基本流程;

(3) 学会通过 Sklearn 工具建立决策树模型和随机森林模型;

(4) 通过可视化决策树,获取漂亮优雅的模型结构图;

(5) 理解决策树剪枝的概念,并且知道如何在实际应用中使用它。

## 第 13 章

实战 2：MNIST 手写数字分类

对于图像处理初学者来说，首先要学习、掌握的第一个项目，一定是 MNIST 手写数字识别。通过本章的学习，可以了解到机器视觉（Computer Vision）的基本流程以及如何使用 Python 去实现它。

本章主要涉及的知识点：

(1) 了解什么是 MNIST 数据集；

(2) 了解卷积神经网络对图片处理的流程；

(3) 能够看懂 Python 编写的对图片分类任务的代码；

(4) 在一定程度上掌握处理类似任务的编程能力。

注意：本章节使用开源机器学习库 PyTorch。

13.1　数据集介绍

不管是这次的 MNIST 图像分类任务，还是参加竞赛。每一个参赛者的首要任务就是阅读比赛相关的数据集的介绍和内容。不管是多么厉害的模型和算法，都离不开数据，离不开对数据的探索与分析。如俗话所说，"数据决定了最终成绩的上限，而模型只是不断逼近这个上限而已"。

13.1.1　MNIST 简介

MNIST 是"Modified National Institute of Standards and Technology"的缩写。

每一个程序员刚开始接触编程的时候，一定都见过"Hello World!"，而 MNIST 数据集，就是计算机视觉中的"Hello World"数据集。自 1999 年发布以来，这个经典的手写图像数据集已然成为了分类算法的基础。随着新的机器学习技术的出现，MNIST 仍然是研究人员和学习者的可靠资源。

MNIST 数据集分为训练集和测试集。训练集包含 60000 个样本，测试数据包含 10000 个样本。训练数据是由 250 个不同的人手写的数字构成的，其中 50% 是高中生，50% 来自人口普查局的工作人员；测试集也是同样比例的手写数字数据。

13.1.2 任务介绍

这次要完成的任务是图像分类任务。首先来探索一下数据集。这个数据集是一个 csv 数据文件存储的(类似 excel 的表格,但是读取速度更快)。这个数据文件总共有 60000 行,分别代表 60000 个训练图像。

这里可以提出问题,为什么一个图像可以用一行数据来表示？不应该用 jpg 图像文件吗？

首先了解一下图像的基本元素 pixel。每一个 pixel 都有它的颜色值,而电脑普遍把颜色值分为 256 个区间,也就是 0～255。0 就是黑色,255 就是最亮的白色。如果这个图像是一个 RGB 三通道图像,那一个 pixel 就会有 3 个数值,分别表示红色、绿色和蓝色 3 个颜色的值。在 MNIST 数据集中,是单通道的黑白灰图像,所以每一个 pixel 只要一个数值就可以表示了。一行数据有 784 个值,而这刚好是 28 的平方。数据集中就是把 28×28 的图像数据摊平,变成 1×784 这样的数据格式。

首先导入需要的数据库,如下所示:

```
# 导入需要用到的库
import pandas as pd
import numpy as np
import torch
import torch.nn as nn
import torch.nn.functional as F
import torch.optim as optim
from torch.optim import lr_scheduler
from torch.autograd import Variable
from torch.utils.data import DataLoader, Dataset
from torchvision import transforms
from torchvision.utils import make_grid
import torchvision
import math
import random
from PIL import Image, ImageOps, ImageEnhance
import numbers
import matplotlib.pyplot as plt
```

数据集如下:

```
导入数据文件,MNIST 数据集可以在网上直接免费下载
train_df = pd.read_csv('./data/train.csv')
random_sel = np.random.randint(len(train_df), size = 8)
# 将数据集可视化
```

```
grid = make_grid(torch.Tensor((train_df.iloc[random_sel,1:].as_matrix()/255.).\
                              reshape((-1,28,28))).unsqueeze(1),nrow = 8)
plt.rcParams['figure.figsize'] = (16,2)
plt.imshow(grid.numpy().transpose((1,2,0)))
plt.axis('off')
plt.show()
print(*list(train_df.iloc[random_sel,0].values),sep = ',')
```

运行结果如图 13.1 所示。第一行是官方给出的训练集的标签,第二行是训练集数据的可视化结果。这次的任务就是让算法知道,手写图像的 1 就是数字 1,手写图像的 2 就是数字 2。所以这次分类任务是十分类(0~9)。

图 13.1　MNIST 数据集可视化

13.2　解决思路

解决思路非常简单,对于图像分类问题来说,具体流程如图 13.2 所示。一般分为 5 个步骤:

(1) 了解数据集,探索数据;

(2) 图像处理;

(3) 构建模型;

(4) 用训练数据训练模型;

(5) 用测试数据评估模型。

图 13.2　处理步骤

13.2.1　图像处理

探索数据基本完成,接下来看图像处理部分。

注意:对数据的探索是非常重要的任务,在真正比赛中的任务远比 MNIST 数据集复杂且难得多,可以说对数据的探索是展示一个数据分析师真正实力和经验的地方。这里是因为 MNIST 数据集简单而且本书重点不在如何探索数据上,所以简单探索一下数据与任务。

　　常见的图像处理部分就是对图像进行旋转、翻转、平移、重塑大小、标准化等操作。一般来说，最常见的操作就是先旋转，再平移，再标准化。这里也采用同样的方法：

```python
from torch.utils.data import DataLoader,Dataset
# 先定义 MNIST_data 类,继承
class MNIST_data(Dataset):
    def __init__(self,file_path,
                    transform = transforms.Compose([transforms.ToPILImage(),transforms.
ToTensor(),
                    transforms.Normalize(mean=(0.5,),std=(0.5,))])):
        df = pd.read_csv(file_path)
        if len(df.columns) == 28*28:
            # test data
            self.X = df.values.reshape((-1,28,28)).astype(np.uint8)[:,:,:,None]
            self.y = None
        else:
            # training data
            self.X = df.iloc[:,1:].values.reshape((-1,28,28)).astype(np.uint8)[:,:,:,
None]
            self.y = torch.from_numpy(df.iloc[:,0].values)
        self.transform = transform
    def __len__(self):
        return len(self.X)
    def __getitem__(self,idx):
        if self.y is not None:
            return self.transform(self.X[idx]),self.y[idx]
        else:
            return self.transform(self.X[idx])
```

　　对于 MNIST_data 类的定义，涉及 PyTorch 中 dataset 类和 dataloader 类之间的运行，如果这部分代码难以理解，可以参考 20.2 节。

```python
# 定义 transform,也就是数据增强的一些操作
train_dataset = MNIST_data('../input/train.csv',transform= transforms.Compose(
                    [transforms.ToPILImage(),
                    transforms.RandomRotation(degrees=20),
                    RandomShift(3),
                    transforms.ToTensor(),
                    transforms.Normalize(mean=(0.5,),std=(0.5,))]))
test_dataset = MNIST_data('../input/test.csv')
train_loader = torch.utils.data.DataLoader(dataset=train_dataset,
                                        batch_size=batch_size,shuffle=True)
test_loader = torch.utils.data.DataLoader(dataset=test_dataset,
                                        batch_size=batch_size,shuffle=False)
```

此处理过程称为 transform,它包含(compose)多个对图像处理的步骤。

(1) 把数据转化为 PIL Image 图片格式。

(2) 对图片进行旋转和平移(SHIFT)的操作。

(3) 把 PIL Image 变量转化为 Tensor 变量。Tensor 是 PyTorch 中的变量,只有 Tensor 变量才能进行训练。

(4) 对 Tensor 变量进行归一化,平均值是 0.5,标准差是 0.5。

13.2.2　构建模型的三要素

构建模型需要考虑两个地方。

(1) 模型结构:第一层是什么,第二层是什么……

(2) 代码编写:PyTorch 编写模型类的技巧(如何用 PyTorch 编写模型类可参考 20.1 节)。

首先来看模型结构,这是本书中第一次实战使用 CNN 卷积神经网络,所以编写一个最简单的网络。

```
# 导入必要的库
Import torch
Import torch. nn as nn
Import torch. nn. functional as F
# 创建一个类,要继承 torch. nn. Module,这是第一个要素
class Net(nn.Module):
# 定义初始化函数__init__(self),在这个函数中定义要用到的神经网络组件,这是第二个要素
    def __init__(self):
        super(Net,self).__init__()
# 第一个网络模块,定义 4 个卷积层和两个池化层
        self.features = nn.Sequential(
            nn.Conv2d(1,32,kernel_size = 3,Stride = 1,padding = 1),
            nn.BatchNorm2d(32),
            nn.ReLU(inplace = True),
            nn.Conv2d(32,32,kernel_size = 3,Stride = 1,padding = 1),
            nn.BatchNorm2d(32),
            nn.ReLU(inplace = True),
            nn.MaxPool2d(kernel_size = 2,Stride = 2),
            nn.Conv2d(32,64,kernel_size = 3,padding = 1),
            nn.BatchNorm2d(64),
            nn.ReLU(inplace = True),
            nn.Conv2d(64,64,kernel_size = 3,padding = 1),
            nn.BatchNorm2d(64),
            nn.ReLU(inplace = True),
            nn.MaxPool2d(kernel_size = 2,Stride = 2)
        )
# 第二个模块,定义几个全连接层
# 定义了几个全连接层呢?答案:三个
```

```
        self.classifier = nn.Sequential(
            nn.Dropout(p = 0.5),
            nn.Linear(64 * 7 * 7,512),
            nn.BatchNorm1d(512),
            nn.ReLU(inplace = True),
            nn.Dropout(p = 0.5),
            nn.Linear(512,512),
            nn.BatchNorm1d(512),
            nn.ReLU(inplace = True),
            nn.Dropout(p = 0.5),
            nn.Linear(512,10),
        )
# 模型初始化方法设置
        for m in self.features.children():
# 如果模型是卷积层,就使用normal的方法初始化
            if isinstance(m,nn.Conv2d):
                n = m.kernel_size[0] * m.kernel_size[1] * m.out_channels
                m.weight.data.normal_(0,math.sqrt(2. / n))
# 如果不是卷积层,就把权重设置为1,偏执初始设置为0
            elif isinstance(m,nn.BatchNorm2d):
                m.weight.data.fill_(1)
                m.bias.data.zero_()
# 再来初始化第二个模块self.classifier
        for m in self.classifier.children():
# 如果是全连接层,就用xavier_uniform的方法初始化
            if isinstance(m,nn.Linear):
                nn.init.xavier_uniform(m.weight)
# 如果不是,就把权重初始化为1,偏执初始化为0
            elif isinstance(m,nn.BatchNorm1d):
                m.weight.data.fill_(1)
                m.bias.data.zero_()
# 用forward把在__init__(self)中定义的组件组合起来,形成网络,这是第三要素
    def forward(self,x):
# x是输入进来的图片数据,图片数据先经过卷积模块self.features
        x = self.features(x)
# 卷积模块输出的是一个m*m这个样子的数据,而非是一维数据,所以在这里把数据拉成1维度的
# 保证与全连接层的input_size契合.在这里,输出数据是7×7×64(64是通道数目)的
        x = x.view(x.size(0), -1)
        x = self.classifier(x)
        return x
```

代码虽多,但都是重复的内容,容易理解。PyTorch模型构建的三要素：

（1）继承nn.Module,让PyTorch知道这个类是一个模型；

（2）在__init__(self)中设置好需要的组件,比如卷积层（Conv）、池化层（pooling）、全连接层等；

（3）在 forward(self) 中用定义好的组件进行组装，依次把之前定义好的组件连起来，这样模型就定义完成了。

上面的代码主要定义了一个简单的网络，其中包含两个组件：self.features 和 self.classifier。其中第一个网络模块包含 6 层网络，分别为 4 个卷积层（Conv2d）和 2 个池化层（MaxPool2d），具体如下所示：

```
elf.features = nn.Sequential(
        nn.Conv2d(1,32,kernel_size = 3,Stride = 1,padding = 1),
        nn.BatchNorm2d(32),
        nn.ReLU(inplace = True),
        nn.Conv2d(32,32,kernel_size = 3,Stride = 1,padding = 1),
        nn.BatchNorm2d(32),
        nn.ReLU(inplace = True),
        nn.MaxPool2d(kernel_size = 2,Stride = 2),
        nn.Conv2d(32,64,kernel_size = 3,padding = 1),
        nn.BatchNorm2d(64),
        nn.ReLU(inplace = True),
        nn.Conv2d(64,64,kernel_size = 3,padding = 1),
        nn.BatchNorm2d(64),
        nn.ReLU(inplace = True),
        nn.MaxPool2d(kernel_size = 2,Stride = 2)
    )
```

包含组件的第二个模块定义了 3 个全连接层，具体如下所示。

```
self.classifier = nn.Sequential(
        nn.Dropout(p = 0.5),
        nn.Linear(64 * 7 * 7,512),
        nn.BatchNorm1d(512),
        nn.ReLU(inplace = True),
        nn.Dropout(p = 0.5),
        nn.Linear(512,512),
        nn.BatchNorm1d(512),
        nn.ReLU(inplace = True),
        nn.Dropout(p = 0.5),
        nn.Linear(512,10),
    )
```

注意：每个全连接层都包含一个 Dropout 层（防止过拟合）、一个 BatchNorm 层（防止协方差偏移问题，称为批归一化层）和一个 ReLU 激活函数（线性整流函数）。一般把这些一起称为一层网络，而不是四层网络。

```
def forward(self,x):
    x = self.features(x)
    x = x.view(x.size(0),-1)
    x = self.classifier(x)
    return x
```

输入的数据 x 是一个 batch 的图片数据。先经过 self.features 的 6 层网络，再经过 self.classifier 的 3 个全连接层，最后得到训练结果。至此，模型构建完毕。

13.2.3　训练模型

至此，模型类编写完毕，开始准备训练模型。模型的训练主要有两个部分的操作：

（1）定义损失函数和优化器；

（2）定义训练函数。

注意：这一步是否定义成函数的样子，凭个人喜好。

定义损失函数和优化器如下：

```
＃先把模型实例化
model = Net()
＃定义优化器
optimizer = optim.Adam(model.parameters(),lr = 0.003)
＃定义损失函数
criterion = nn.CrossEntropyLoss()
＃这个是 PyTorch 中自动调整学习率的一个机制
exp_lr_scheduler = lr_scheduler.StepLR(optimizer,step_size = 7,gamma = 0.1)
＃判断是否可以使用 GPU 进行训练
if torch.cuda.is_available():
    model = model.cuda()
    criterion = criterion.cuda()
```

PyTorch 库内有多种优化器和损失函数可以选择，在之后的章节会详细介绍。定义损失函数和优化器之后，准备开始训练网络：

```
def train(epoch):
    ＃ 开启训练模式
    model.train()
    ＃ 更新学习率 learning_rate,
    exp_lr_scheduler.step()
    ＃ 从 train_loader 读取数据，每一次迭代的 data 都是一个 batch 的数据
    for batch_idx,(data,target) in enumerate(train_loader):
        data,target = Variable(data),Variable(target)
        ＃ PyTorch 比较麻烦的一点就是如果要使用 GPU 训练的话,需要把每一次的数据从 CPU
        ＃ 转移到 GPU 上,就是用.cuda()实现
```

```
        if torch.cuda.is_available():
            data = data.cuda()
            target = target.cuda()
        # 将所有参数的梯度置零,PyTorch 的优化器并没有自动置零的功能,所以需要加上这句
        optimizer.zero_grad()
        # 把一个 batch 的数据放到模型中,并且得到预测的结果
        output = model(data)
        # 比对预测的结果和真实的结果,通过事先设定好的 Loss function 来计算出 Loss
        Loss = criterion(output,target)
        # 让 Loss 反向传播
        Loss.backward()
        # 让优化器更新参数空间,是基于反向梯度的
        optimizer.step()
        # 最后就是每执行 50 个 batch,就输出一些训练的信息
        if (batch_idx + 1) % 50 == 0:
            print('Train Epoch: {} [{}/{} ({:.0f} %)]\tLoss: {:.6f}'.format(
                epoch,(batch_idx + 1) * len(data),len(train_loader.dataset),
                100. * (batch_idx + 1) / len(train_loader),loss.item()))
```

总结上述函数,PyTorch 训练网络的流程如下。

(1) 实例化模型类,定义优化器和损失函数,本案例中还定义了一个自动减小学习率的 scheduler。

(2) 定义 model.train(),说明这是训练过程;再定义 scheduler.step();不断从 train_loader 中取 data 数据;清空梯度;通过 data 和 model 得到预测 output;通过 output 和真实值计算出 Loss;把 Loss 反向传播;更新模型参数。整个过程如图 13.3 所示。

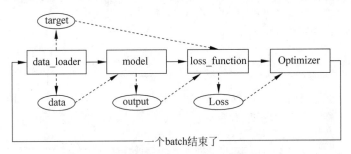

图 13.3　网络训练一个 batch 中数据流图

除此之外,通常还会定义一个 evaluate() 函数,用来在模型训练完一个 epoch 后,评估整体准确率,具体如下:

```
# 定义评估函数
def evaluate(data_loader):
    # 同上面的 model.train()一样,但是功能有所区分
    model.eval()
```

```
Loss = 0
correct = 0
# 同样是从 data_loader 中取数据
for data,target in data_loader:
    data,target = Variable(data,volatile = True),Variable(target)
    if torch.cuda.is_available():
        data = data.cuda()
        target = target.cuda()
    # 让数据通过模型产生预测值,与上面的函数的区别在于,这里没有优化器
    # 优化器的作用是更新模型的参数,这里是检验模型的效果
    output = model(data)
    loss += F.cross_entropy(output,target,size_average = False).item()
    pred = output.data.max(1,keepdim = True)[1]
    correct += pred.eq(target.data.view_as(pred)).cpu().sum()
# 计算 Loss,与上面差别不多(其实没有这个函数,也是可以的)
loss /= len(data_loader.dataset)
print('\nAverage loss: {:.4f},Accuracy: {}/{} ({:.3f} % )\n'.format(
    loss,correct,len(data_loader.dataset),
    100. * correct / len(data_loader.dataset)))
```

定义完 train()和 evaluate()之后，执行如下：

```
# 设置 epoch 总共有 30 个
n_epochs = 30
for epoch in range(n_epochs):
    train(epoch)
    evaluate(train_loader)
```

运行结果如图 13.4 所示。

```
Train Epoch: 29 [35200/42000 (84%)]     Loss: 0.015332
Train Epoch: 29 [38400/42000 (91%)]     Loss: 0.022182
Train Epoch: 29 [41600/42000 (99%)]     Loss: 0.046853

Average loss: 0.0251, Accuracy: 41712/42000 (99.314%)
```

图 13.4 网络训练结果部分图

可以看到，这里用 42000 个数据进行训练。前三行设置的每 50 个 batch 输出一次结果。设置的 batch 是 64，因此是 50×64＝3200 个数据，每训练 3200 个数据输出一次结果。最终的模型对训练集的拟合效果达到了 99.314％，说明训练的效果比较理想。

13.2.4 评估模型

在定义 train_loader 的时候，还需要定义 test_loader。仔细观察用 model 进行预测的

执行代码,会发现和上面的 train() 和 evaluate() 有异曲同工之妙。

```
def prediciton(data_loader):
    model.eval()
    test_pred = torch.LongTensor()
    # 同样从 dataloader 读取数据
    for i,data in enumerate(data_loader):
        data = Variable(data,volatile = True)
        if torch.cuda.is_available():
            data = data.cuda()
        # 得到预测值
        output = model(data)
        # 把每一个 batch 的预测值拼接起来,就是最终的测试集预测值
        pred = output.cpu().data.max(1,keepdim = True)[1]
        test_pred = torch.cat((test_pred,pred),dim = 0)
    return test_pred
# 执行预测函数,得到测试集预测值
test_pred = prediciton(test_loader)
```

经过比对,测试集的准确率达到了 99.485%,是一个比较理想的成绩。

13.3　进一步改进 finetune

这个模型是作者自己创建的,如果使用 Google 公司等创建的经典网络,就要使用到迁移学习(transfer learning)和微调(finetune)。这两者的区别在第 21 章详细介绍,操作如下。

之前使用的卷积模块 self.feature 是仅仅六层的网络,不妨使用残差网络 Resnet34 作为 pre-trained model,也称为瓶颈层。

```
class Net(nn.Module):
# 定义初始化函数__init__(self),在这个函数中定义要用到的神经网络组件,这是第二个要素
    def __init__(self):
        super(Net,self).__init__()
# 这是第一个网络模块,这个模块中定义了 4 个卷积层和两个池化层
        self.features = nn.Sequential(
            nn.Conv2d(1,3,kernel_size = 3,Stride = 1,padding = 1),
            nn.BatchNorm2d(3),
            nn.ReLU(inplace = True),
        )
# 这里的第二个模块就是 Resnet101
self.resnet = torchvision.models.resnet101(pretrained = True)
# 这个是第三个模块,定义了几个全连接层
# 定义了几个全连接层呢?答案:3 个
        self.classifier = nn.Sequential(
```

```
            nn.Dropout(p = 0.5),
            nn.Linear(1000,128),
            nn.BatchNorm1d(128),
            nn.ReLU(inplace = True),
            nn.Dropout(p = 0.5),
            nn.Linear(128,128),
            nn.BatchNorm1d(128),
            nn.ReLU(inplace = True),
            nn.Dropout(p = 0.5),
            nn.Linear(128,10),
        )
# 模型初始化方法设置
        for m in self.features.children():
# 如果模型是卷积层,就使用 normal 的方法初始化
            if isinstance(m,nn.Conv2d):
                n = m.kernel_size[0] * m.kernel_size[1] * m.out_channels
                m.weight.data.normal_(0,math.sqrt(2. / n))
# 如果不是卷积层,就把权重设置为1,偏执初始设置为0
            elif isinstance(m,nn.BatchNorm2d):
                m.weight.data.fill_(1)
                m.bias.data.zero_()
# 再来初始化第二个模块 self.classifier
        for m in self.classifier.children():
# 如果是全连接层,就用 xavier_uniform 的方法初始化
            if isinstance(m,nn.Linear):
                nn.init.xavier_uniform(m.weight)
# 如果不是,就把权重初始化为1,偏执初始化为0
            elif isinstance(m,nn.BatchNorm1d):
                m.weight.data.fill_(1)
                m.bias.data.zero_()
# 用 forward 把在__init__(self)中定义的组件组合起来,形成网络,这是第三要素
def forward(self,x):
# x 是输入进来的图片数据,图片数据先经过卷积模块 self.features
    x = self.features(x)
    x = self.resnet(x)
# 这里需要注意,resnet 的输出是一个 size = 1000 的全连接层,这也是官方为了方便大众做的一个
# 接口
# 因此这里可以直接用全连接层接上
    x = self.classifier(x)
    return x
```

运行结果是 99.528%,比之前提高了 0.15% 左右。

如果把 pre-trained model 从 Resnet101 改为 EfficientNet-b0,最终的成绩会变成 99.672%,比之前再次提高了 0.15% 左右。

13.4　小结

通过本章的实战学习,可以收获以下的内容。

(1) 拥有阅读 PyTorch 代码的能力。

注意:如果零基础学起,不强求可以写出 PyTorch 的整套代码,但是至少拥有了阅读别人代码的能力。之后可以自行学习,"师傅领进门,修行靠个人"在程序员中尤为真实。

(2) 知道 PyTorch 中模型类的构建(重要级别:强)。

(3) 知道迁移学习和 finetune(重要级别:强)。

(4) 了解到什么是 MNIST 数据库(重要级别:强)。

(5) 了解 PyTorch 中 dataset 和 dataloader 的关系(重要级别:中)。

## 第 14 章

实战 3：GAN 基础之手写数字对抗生成

本章是对最原始的 GAN 的实战内容。在学习本章前，建议先学习 8.3 节。

本章的目标是看懂 GAN 最初始版本的代码，结合之前的原理，建立一个理论到代码的桥梁。本章节的学习目的有以下几点：

- 看懂 GAN 基础架构的代码；
- 重点是 GAN 的损失函数的构成；
- 理解如何从 GAN 修改成 CGAN；
- 尝试复现本章实战任务。

14.1 GAN 任务描述

GAN 的任务是生成，用两个模型相互对抗，来增强生成模型的效果。此处准备的数据集是 MNIST 手写数字，希望生成类似的手写数字的图像。真实图片和项目的生成图片的对比图，如图 14.1 所示，生成图片是使用原始 GAN 的 G v100 也就是迭代到第 100 版本后随机生成的图片。

真实手写数字图片

生成手写数字图片

图 14.1　真实图片与生成图片对比

14.2 GAN 解决过程及讲解

14.2.1 数据准备

首先，导入所需要使用的库：

```
import torch.autograd
import torch.nn as nn
from torchvision import transforms
from torchvision import datasets
from torchvision.utils import save_image
import os
```

这次实战采用的数据集是 MNIST，在 torchvision.datasets 中已经提供了下载地址，所以本次实战仅仅需要代码就可以复现。想要复现的读者可以从附件中获取代码，也可以按照本章节的代码进行手工录入。

接下来，设置一些超参数：

```
batch_size = 128
num_epoch = 100
z_dimension = 100
```

PyTorch 深度网络框架的 dataset 和 dataloader 类是需要定义的。Dataset 类可以直接下载获取，dataloader 也是一行代码解决的问题。代码如下：

```
# mnist 数据集下载,存放到./data 文件夹中
mnist = datasets.MNIST(
    root = './data/', train = True, transform = img_transform, download = True
)
# 定义图形处理的过程
img_transform = transforms.Compose([
    # 把数据转成 tensor 格式
    transforms.ToTensor(),
    # 对图像进行标准化,标准化之前的 tensor 图像都是 0~1
    # 标准化之后的图像变成[-1,1]上的.
    transforms.Normalize(mean = [0.5], std = [0.5])
])
# 定义 dataloader
dataloader = torch.utils.data.DataLoader(
    dataset = mnist, batch_size = batch_size, shuffle = True
)
```

准备工作完成，即下载 dataset，然后创建 dataloader。

14.2.2 模型搭建

GAN 框架最早是在 2014 年提出的，那时 CNN 刚刚流行，所以最原始的 GAN 中并没有使用 CNN，而是采用浅层全连接网络作为判别器 D 和生成器 G。

```python
# 定义判别器 D,一个非常简单的 PyTorch 模型类的定义
class discriminator(nn.Module):
    def __init__(self):
        super(discriminator,self).__init__()
        self.dis = nn.Sequential(
            nn.Linear(784,256),        # 输入特征数为 784,输出为 256
            nn.LeakyReLU(0.2),          # 一个比 ReLU 效果更好的激活函数
            nn.Linear(256,256),        # 进行一个线性映射
            nn.LeakyReLU(0.2),
            nn.Linear(256,1),
            # Sigmoid 可以把实数映射到【0,1】,作为概率值,
            nn.Sigmoid()                # 也是一个激活函数,用于二分类问题中,
        )
    def forward(self,x):
        x = self.dis(x)
        return x
# 定义生成器 G
class generator(nn.Module):
    def __init__(self):
        super(generator,self).__init__()
        self.gen = nn.Sequential(
            nn.Linear(100,256),        # 用线性变换将输入映射到 256 维
            nn.ReLU(True),
            nn.Linear(256,256),
            nn.ReLU(True),
            nn.Linear(256,784),
            # Tanh 激活使得生成数据分布在[-1,1]之间
            nn.Tanh()
        )
    def forward(self,x):
        x = self.gen(x)
        return x
# 创建判别器 D 和生成器 G,然后判断是否可以使用 GPU
D = discriminator()
G = generator()
if torch.cuda.is_available():
    D = D.cuda()
    G = G.cuda()
```

从判别器 D 和生成器 G 的定义中,可以发现,判别器 D 中的输入是一个 784 长度的向量,可想而知,就是一个 28×28 的图片拉长为 1×784 的向量,输出用 Sigmoid 函数,映射到 0~1 的范围上。和之前讲解的概念一致,这个概率越靠近 0 说明这个图像越虚假,越靠近 1 说明这个图像越真实;生成器 G 的输入是 1×100 的随机向量,是 0~1 之间的服从高斯分布的随机采样。这个 1×100 的随机采样经过生成器 G 会输出一个 1×784 的向量,就是虚

假照片的向量。

接下来是最重要的环节——损失函数。GAN 最大的贡献就是提出了损失函数,避免了用似然计算的困难(这里不讨论损失函数对梯度下降的重要性)。

```
♯是单目标二分类交叉熵函数
criterion = nn.BCELoss()
♯定义两个模型的优化器
d_optimizer = torch.optim.Adam(D.parameters(),lr = 0.0003)
g_optimizer = torch.optim.Adam(G.parameters(),lr = 0.0003)
```

BCELoss()的源码如下:

```
class BCELoss(_WeightedLoss):
    __constants__ = ['reduction','weight']
    def __init__(self,weight = None,size_average = None,reduce = None,reduction = 'mean'):
        super(BCELoss,self).__init__(weight,size_average,reduce,reduction)
    def forward(self, input,target):
        return F.binary_cross_entropy(input,target,weight = self.weight,reduction = self.reduction)
```

binary_cross_entropy 就是核心。二分类的交叉熵如下:
$$BCE = -(y_i) * \log(y_p) + (1-y_t)\log(1-y_p)$$
需要注意以下几点。

(1) BCE 是 Binary_Cross_Entropy 的缩写。

(2) y_i 是样本的真实标签的值,在二分类中,不是 0 就是 1,这意味着 BCE 中只有一个不是 0,其他的都是 0,假设一张图片是真实图片,那么样本就是 1,那么 $(1-y_t)\log(1-y_p)=0$。

(3) y_p 是这个样本的标签为 1 的概率。例如,假设一张图片是真实图片,则 $y_t=1$,所以 $BCE=-\log(y_p)$,假如判别器效果好,真实图片的样本为 1 的概率为 1,那么 $BCE=0$;假设图片是虚假图片,那么 $y_t=0$,所以 $BCE=-\log(1-y_p)$,假如分类器效果不好,虚假图片的预测标签为 1 的概率 $y_p=1$,那么 BCE 就会接近正无穷。

(4) 上述讲解了如何计算单个样本的 BCE,在本案例中,Batch_size=128,即把 128 的样本的 BCE 值求平均。

(5) 二分类交叉熵可以参考 20.4 节。

14.2.3   训练过程(核心)

训练网络,代码如下:

```
for epoch in range(num_epoch):                                    # 进行多个 epoch 的训练
    for i,(img,_) in enumerate(dataloader):
        # 这个 num_img 就是 128,也就是之前设置的 batch_size
        num_img = img.size(0)
        # < ================== 训练生成器 ==================>
        # view()函数作用是把 img 变成[batch_size,channel_size,784]
        img = img.view(num_img, -1)
        real_img = img.cuda()
        real_label = torch.ones(num_img).cuda()              # 定义真实的图片 label 为 1
        fake_label = torch.zeros(num_img).cuda()             # 定义假的图片的 label 为 0
        # <=== 计算真实图片的损失 ===>
        real_out = D(real_img).squeeze(1)
        # 这个 real_label 所有元素都是 1
        d_loss_real = criterion(real_out,real_label)         # 得到真实图片的 Loss
        real_scores = real_out # 得到真实图片的判别值,输出的值越接近 1 越好
        # <=== 计算假的图片的损失 ===>
        # torch.rand()是均匀分布的随机采样;torch.randn()是标准正态分布的随机采样;
        z = torch.randn(num_img,z_dimension).cuda()
        # 这个 z 就是 128×100 的正态分布随机数
        fake_img = G(z)
        # fake_img 就是 128×784 的生成虚假图片,然后放到判别器中
        fake_out = D(fake_img).squeeze(1)
        d_loss_fake = criterion(fake_out,fake_label)         # 得到假的图片的 Loss
        fake_scores = fake_out # 得到假图片的判别值,对于判别器来说,假图片的损失越接近 0
                               # 越好
        # <=== 损失函数和优化 ===>
        d_loss = d_loss_real + d_loss_fake                   # 损失包括判真损失和判假损失
        d_optimizer.zero_grad()                              # 在反向传播之前,先将梯度归 0
        d_loss.backward()                                    # 将误差反向传播
        d_optimizer.step()                                   # 更新参数


        # < ================== 训练生成器 ==================>
        # 计算假的图片的损失,z 就是 128×100 的随机数,下面都是重复的代码
        z = torch.randn(num_img,z_dimension).cuda()
        fake_img = G(z)
        output = D(fake_img).squeeze(1)
        # 这里区别在于,output 与 real_label 进行比较.说明希望结果靠近 1
        g_loss = criterion(output,real_label) # 得到的假的图片与真实的图片的 label
                                              # 的 Loss
        #更新参数
        g_optimizer.zero_grad()                              # 梯度归 0
        g_loss.backward()                                    # 进行反向传播
        g_optimizer.step()     # .step()一般用在反向传播后面,用于更新生成网络的参数
```

整个过程非常简单。在附件的代码中,还包括生成图像保存图像的可视化步骤,这里不

做赘述。

在讲解 GAN 基础原理的时候,推导出来的这样的损失函数:

$$V = \frac{1}{m}\sum_{i=1}^{m}\log D(x_i) + \frac{1}{m}\sum_{i=1}^{m}\log(1 - D(\hat{x}_i))$$

这个损失函数和前面讲的 BCE 其实是一样的。对于 BCE 来说,如果样本都是正样本,那么 $BCE = -\log(y_p)$,在本案例中,有 128 个正样本(真实图片),多个样本取平均值 $\frac{1}{m}\sum_{i=1}^{m}\log D(x_i)$,同样的道理,计算负样本的时候,$BCE = -\log(1 - y_p)$,所以可以得到 $\frac{1}{m}\sum_{i=1}^{m}\log(1 - D(\hat{x}_i))$。因为 V 表示的是两个分布的距离,所以判别器 D 的任务是要最大化 V,其实就是最小化 $-V$,所以 $-V = -\left(\frac{1}{m}\sum_{i=1}^{m}\log D(x_i) + \frac{1}{m}\sum_{i=1}^{m}\log(1 - D(\hat{x}_i))\right)$。

G 的损失函数要最小化损失函数: $L_G = \frac{1}{m}\sum_{i=1}^{m}\log(1 - D(G(z_i)))$,在前面的 GAN 概念讲解中,提到用 $-\log(D(x))$ 代替 $\log(1 - D(x))$,所以生成器 G 的损失函数是 $L_G = -\frac{1}{m}\sum_{i=1}^{m}\log(D(G(z_i)))$。这样代替是为了保证更新初期较快的梯度下降速度。

在训练所有 epoch 都计算完之后,把生成器 G 的模型保存下来:

```
# 保存模型
torch.save(G.state_dict(),'./generator.pth')
```

14.3　GAN 进化——CGAN

GAN 的任务是生成,用两个模型相互对抗,来增强生成模型的效果。那么 CGAN 就是给定条件进行指定数字的生成。这里回顾一下图 14.1 所示 GAN 的生成图片。

注意:之前提到两个任务,一个是指定数字生成,一个是生成图片的同时生成标签,其实两者是同一个任务。

如图 14.1 所示,生成 5 个图片的同时,要如何知道生成的数字是 1、4、7、7、1 呢?生成标签的 one-hot 编码如下:

```
for i,(img,label) in enumerate(dataloader):
    num_img = img.size(0)
    label_onehot = torch.zeros((num_img,10)).to(device)
    label_onehot[torch.arange(num_img),label] = 1
```

修改模型结构如下：

```
# 修改判别器
class discriminator(nn.Module):
    def __init__(self):
        super(discriminator,self).__init__()
        self.dis = nn.Sequential(
            nn.Linear(784,256),
            nn.LeakyReLU(0.2),
            nn.Linear(256,256),
            nn.LeakyReLU(0.2),
            nn.Linear(256,10),          # 之前是 nn.Linear(256,1)
            nn.Softmax()                # 之前是 Sigmoid(),多分类用 Softmax()
        )
    def forward(self,x):
        … …


class generator(nn.Module):
    def __init__(self):
        super(generator,self).__init__()
        self.gen = nn.Sequential(
            nn.Linear(110,256),  # GAN 是 nn.Linear(100,256),现在多了 10 位 one-hot 编码
            nn.ReLU(True),
            nn.Linear(256,256),
            nn.ReLU(True),
            nn.Linear(256,784),
            nn.Tanh()
        )
def forward(self,x):
    … …
```

修改了这些之后，程序仍然会报错，但是剩下的错误都是维度不匹配的错误，读者可以自行解决这些问题。如果没有解决，可以对照附件的代码总结原因。

用训练好的 CGAN 模型来生成指定数字，就是随机一个 1×100 的向量，后面加上要生成输入的 one-hot 编码。例如，假设想生成数字 2，那么就在 1×100 的向量后面拼接上[0,0,1,0,0,0,0,0,0,0]，变成 1×110 的向量放到 Generator 中生成的就是指定数字，如图 14.2 所示，图看起来像是每个数组都复制了 8 遍。这是因为 GAN 模型会损坏生成多样性（这个在后面小节"问题发现"中会细讲）。这也和 1×100 和 1×10 的标签信息组合方式有关，这里使用的是简单的拼接成 1×110，这就会导致，模型可能会忽视前面 1×100 的随机向量，模型只要记住 10 张图片，就可以应付所有的情况了。所以结果就是，模型真正的有效输入只有 one-hot 的那 10 位，所以才会生成一模一样的图片。

在 GAN 进阶中，会讲一种新的模型称为 CVAE-GAN，使用类似的结构，可以生成多样化、效果非常好的图片。

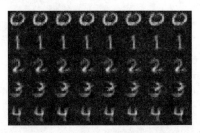

图 14.2　CGAN 生成指定数字

14.4　小结

本实战的内容并不多,主要目的是了解 GAN 的整体框架。回顾内容如下:

(1) GAN 的损失函数与 BCE 之间的转换;

(2) GAN 的判别器 D 和生成器 G 模型的输入输出;

(3) GAN 如何转化成 CGAN;

(4) CGAN 中窥视到 GAN 结构似乎有损害多样性的缺点。

14.5　问题发现

可以看到,在训练的过程中先更新一次判别器 D 的参数,再更新一次生成器 G 的参数。但是根据对 GAN 概念的讲解,应该是判别器 D 的参数可以多次更新,生成器 G 的参数更新慢一些。

调整代码,变成更新 4 次判别器 D 的参数,再更新一次生成器 G 的参数。增加了判别器 D 的准确率,理想状态下生成器 G 的效果应该更好。因为对手增强了,自身的能力也应该有所提高,但是实际结果并非如此。

来看一下运行代码的输出:

```
Epoch[1/100],d_loss:0.000444,g_loss:9.042152 D real: 0.999914,D fake: 0.000358
Epoch[1/100],d_loss:0.000360,g_loss:9.309554 D real: 0.999833,D fake: 0.000192
Epoch[1/100],d_loss:0.000187,g_loss:9.938335 D real: 1.000000,D fake: 0.000186
Epoch[1/100],d_loss:0.001343,g_loss:7.051609 D real: 0.999592,D fake: 0.000931
……
Epoch[10/100],d_loss:0.000557,g_loss:12.024059 D real: 0.999780,D fake: 0.000335
Epoch[10/100],d_loss:0.009432,g_loss:15.205280 D real: 0.992621,D fake: 0.000042
Epoch[10/100],d_loss:0.005135,g_loss:12.146931 D real: 0.995289,D fake: 0.000087
Epoch[10/100],d_loss:0.015928,g_loss:13.435310 D real: 0.987782,D fake: 0.000036
```

第一个问题是 g_loss 经过 10 次更新没有任何的改善。

第二个问题是对比不同迭代器的生成图片，如图 14.3 所示，图中出现的问题是，为什么全部都是 1？这是因为生成图片多样性遭到了损坏。在"GAN 进阶与变种"中，将会解决这个问题。

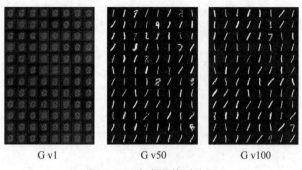

图 14.3　生成图片对比图

第 15 章

CHAPTER 15

实战 4：GAN 进阶与优化

本章是对原始的 GAN 的进阶实战内容。在学习本章前，需要先学习第 11 章。

本章节的目标有以下几点：

- 理解 WGAN 和 WGAN-GP 的代码；
- 在 WGAN 和 WGAN-GP 的原理与代码之间建立桥梁；
- 尽可能复现本实战。

15.1　前情提要

本实战的内容都是对前一个 GAN 基础实战进行优化。建议读者先复现或者下载前一个实战的代码。

前一个实战，通过使用 GAN 和简单的 3 层全连接网络，使判别器 D 和生成器 G 相互对抗，来生成随机的手写数字。不妨重新回顾一下 GAN 所生成的手写数字集，如图 15.1 所示。

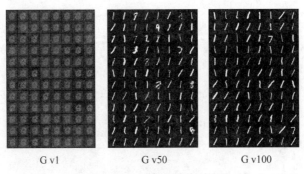

| G v1 | G v50 | G v100 |

图 15.1　GAN 生成图片对比图

GAN 的问题主要有两点：Loss 等于 0 的梯度消失问题和梯度不稳定以及多样性受损。前者是因为选择的分布函数使用 JS 距离，这个距离不能衡量两个不相交的分布的距离；后者是因为 Loss 函数要求 KL 距离最小，JS 距离最大，所以梯度不稳定，而且 Loss 函数对正确率要求太大，多样性要求小，所以会造成模型选择大量生成"安全"的"数字 1"来降低 Loss 函数。

注意：对于 GAN 的问题有不明白的读者，可重新阅读前文的原理部分。

首先讨论一下 WGAN 和 WGAN-GP 的结果。WGAN 使用了 EM 距离，保证了多样性，并且解决了梯度消失的问题，从实验结果来看，多样性是有保证的，但是生成图片的效果并不好，较难收敛（这里只是训练了 600 代生成器 G，如果增加训练的时间，可能会有更好的效果）。

WGAN-GP 的效果好，在第 100 代的时候，就可以生成多样化、图片清晰的手写数字。该实验证明了以下两点：

（1）WGAN 解决了多样性问题，这也说明，之前原理部分分析的多样性受损确实是由 Loss 函数造成的；

（2）WGAN-GP 比 WGAN 效果好，梯度惩罚（Gradient Penalty）的效果比 Weight Clipping 强，收敛速度快。

15.2　WGAN（2017）

首先，去掉了模型的 Sigmoid 层（最后一层），这与之前在原理部分提到的"假如没有 $D \in 1-\text{Lipschitz}$ 的条件，那么图中的 a 应该是 $-\infty$，b 应该是 $+\infty$……"相呼应，可以参考关于 WGAN 的 Loss 函数的图。

```python
class discriminator(nn.Module):
    def __init__(self):
        super(discriminator,self).__init__()
        self.dis = nn.Sequential(
            nn.Linear(784,256),
            nn.LeakyReLU(0.2),
            nn.Linear(256,256),
            nn.LeakyReLU(0.2),
            nn.Linear(256,1),
            # 改动就是去掉 nn.Sigmoid()
            # nn.Sigmoid()
        )

    def forward(self,x):
        x = self.dis(x)
        return x
```

然后，修改生成器 G 和判别器 D 的 Loss 函数，回顾一下 Loss 函数：

$$V(G,D) = \max_{D \in 1-\text{Lipschitz}} \{E_{x \sim P_{\text{data}}}[D(x)] - E_{x \sim P_g}[D(x)]\} \qquad (15.1)$$

对于判别器 D 来说,若要使 $V(G,D)$ 最大,那么它的 Loss 函数就要使 $-V(G,D)$ 最小。

```
# 注释 GAN 的判别器 D 的损失函数
# d_loss_real = criterion(real_out,real_label)
# d_loss_fake = criterion(fake_out,fake_label)
# d_loss = d_loss_real + d_loss_fake
# 在合适位置写下 WGAN 的新的 Loss 函数(相信读者现在肯定可以轻而易举地找到位置)
d_loss = torch.mean(fake_out) - torch.mean(real_out)
```

生成器 G 的 Loss 函数与 $E_{x \sim P_{\text{data}}}[D(x)]$ 无关,所以 $-E_{x \sim P_g}[D(x)]$ 就是 G 的 Loss。

```
# 注释 GAN 的生成器 G 的 Loss 函数
# g_loss = criterion(output,real_label)
# 在合适位置写下 WGAN 的 G 的新的 Loss 函数
g_loss = torch.mean( - output)
```

最后,增加上 Weight Clipping。Weight Clipping 将所有的参数都变到 $[-c,c]$ 内,这里截断值 $c=0.05$。截断值 c 要根据具体任务具体设置,如果 c 过小,会造成梯度消失;如果 c 过大,会造成梯度爆炸。由于 WGAN-GP 已经使用 GP 了,效果比 Weight Clipping 强,因此具体的设置过程无须过多了解。

```
for layer in D.dis:
    if (layer.__class__.__name__ = = 'Linear'):
    layer.weight.requires_grad = False
    layer.weight.clamp_( - c,c)
    layer.weight.requires_grad = True
```

D 是判别器,layer 就一个 PyTorch 的网络层。layer.__class__.__name__ 为 Linear 表示全连接层,为 Conv2d 表示卷积层。在该 MNIST 案例中,都是线性层。

由于截断操作是一个突变的过程,无法计算梯度,如果不关闭梯度,将会报错。因此要先关闭这一层的参数的梯度下降,否则无法进行截断。截断之后再打开梯度下降。

综上,虽然 WGAN 的数学证明非常复杂,但是实际代码中的改变很少。大道至简,这便是工科和数学的魅力所在。WGAN 的生成图片,如图 15.2 所示。

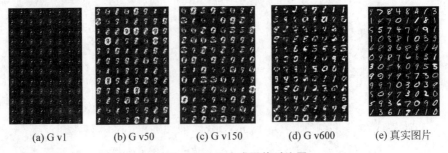

(a) G v1　　　(b) G v50　　　(c) G v150　　　(d) G v600　　　(e) 真实图片

图 15.2　WGAN 生成图片对比图

15.3 WGAN-GP（2017）

WGAN-GP 是 WGAN 的改进版本。WGAN 的问题是截断值的取值问题和大量参数被截断成截断值而导致的泛化能力的丢失。WGAN-GP 取消了 Weight Clipping，使用 Gradient Penalty 优化损失函数。

注意：神经网络的最大的优点在于泛化能力，理论上足够大的神经网络可以拟合各种函数，而这泛化能力正是神经网络中成千上万的大小不一、自动调整的参数凝聚而成的。假设这些参数一大半都是同一个常数（截断值），那泛化能力不久就下降了。

下面来看如何从 WGAN 改成 WGAN-GP。

第一步，删除 Weight Clipping：

```
# 注释掉 Weight Clipping
# for layer in D.dis:
#    if(layer.__class__.__name__ == 'Linear'):
#        layer.weight.requires_grad = False
#        layer.weight.clamp_(-c,c)
#        layer.weight.requires_grad = True
```

第二步，计算 Gradient Penalty。回顾一下 WGEN-GP 的 Loss 函数：

$$V(G,D) = \max_{D \in 1-\text{Lipschitz}} \{E_{x \sim P_{\text{data}}}[D(x)] - E_{x \sim P_g}[D(x)]\} +$$

$$\lambda E_{x \sim P_{\text{datag}}}[(||\nabla_x D(x)||_2 - 1)^2] \tag{15.2}$$

问题在于如何写出 $\lambda E_{x \sim P_{\text{datag}}}[(||\nabla_x D(x)||_2 - 1)^2]$，$\lambda$ 取值为 10。代码如下：

```
alpha = torch.rand((num_img,1,1,1)).to(device)
x_hat = alpha * real_img + (1 - alpha) * fake_img
pred_hat = D(x_hat)
gradients = torch.autograd.grad(outputs = pred_hat,
                        inputs = x_hat,
                        grad_outputs = torch.ones(pred_hat.size()).to(device),
                          create_graph = True,
                          retain_graph = True,
                          only_inputs = True)[0]
gradient_penalty = lambda_ * ((gradients.view(gradients.size()[0], -1).norm(2,1) - 1) ** 2).mean()
```

这里，P_{datag} 分布即介于 P_{data} 与 P_g 之间的分布，如图 15.3 所示。一张真实图片和一张生成图片按照一定的权重相加，即可得到服从 P_{datag} 的样本，这个权重就是上面代码中的 alpha，是一个随机生成的 0～1 的数。

代码中的 pred_hat，对应于式中的 $D(x)_{x \sim P_{\text{datag}}}$。

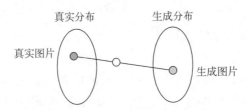

图 15.3 P_{datag} 是如何产生的

注意：$D(x)_{x \sim P_{datag}}$ 目的是说明 x 是服从 P_{datag} 分布的，与前面的服从 P_{data} 的 x 进行区分。

代码中的 gradients 与 $\nabla_x D(x)$ 有关联，$\nabla_x D(x)$ 的倒三角"梯度算子"表示对 $D(x)$ 求 x 的偏导。考虑函数 torch.autograd.grad，相关代码如下：

```
# x 是一个 tensor 变量
x = torch.tensor([[1,2,3],[2,3,4]]).float()
# 开启 x 的梯度下降功能
x.requires_grad = True
print(x)
# 对 x 进行计算，相当于函数 y = 2x
y = 2 * x
print(y)
# 对 y = 2x 求 x 的导数
grad = torch.autograd.grad(outputs = y,
                           inputs = x,
                           grad_outputs = torch.ones(x.shape),
                           )
print(grad)
```

运行结果如图 15.4 所示。

```
tensor([[1., 2., 3.],
        [2., 3., 4.]], requires_grad=True)
tensor([[2., 4., 6.],
        [4., 6., 8.]], grad_fn=<MulBackward0>)
(tensor([[2., 2., 2.],
         [2., 2., 2.]]),)
```

图 15.4   autograd.grad 说明 1

x.requires_grad = True 说明 x 变量是支持梯度下降的，通过 $y = 2x$，得到的 y 后面是 grad_fn=<MulBackward0>，这说明 y 不仅是一个数字，还记录了 y 是如何从 x 变过来的，正因为保留了这个过程，才可以进行求导。

可以看到代码中 grad 全都是 2，这是因为 $y' = (2x)' = 2$。再考虑 autograd.grad 的参数，outputs、inputs、grad_outputs 三个变量都是必要的。

• outputs 即为函数的 y；

- inputs 即为 x；
- grad_outputs 是一个权重值，shape 和 inputs.shape 相同，类似于 grad_outputs $\dfrac{\partial\,\text{outputs}}{\partial\,\text{inputs}}$。一般情况下，grad_outputs 都是 1。

其中 inputs 的意义在于导数要求到何处，如下例：

```
# x 是一个 tensor 变量
x = torch.tensor([[1,2,3],[2,3,4]]).float()
# 开启 x 的梯度下降功能
x.requires_grad = True
# 对 x 进行计算,相当于函数 y = 2x
x1 = 2 * x
y = 3 * x1
# 对 y = 2x 求 x 的导数
grad = torch.autograd.grad(outputs = y, inputs = x,
                           grad_outputs = torch.ones(x.shape))
print(grad)
grad = torch.autograd.grad(outputs = y, inputs = x1,
                           grad_outputs = torch.ones(x.shape))
print(grad)
```

可以看到，该函数 $y=3\times2x$，其中 $2x=x1$，如果 inputs 是 x，则梯度为 6，如果 inputs 是 $x1$，则梯度为 3，运行结果如图 15.5 所示。

```
RuntimeError: Trying to backward through the graph a second time, but the buffers have already been freed. Specify retain_graph=True when calling backward the first time.
```

图 15.5　autograd.grad 说明 2

报错说明"retain_graph=True"，这是因为每一次计算 grad 时，会自动释放"$x->y$"的计算图，这里不深究计算图的含义，只需了解当 retain_graph=False 时，会自动释放某个东西，导致不能再一次计算。因此修改代码如下：

注意：计算图是用来计算梯度的一个方法。

```
# x 是一个 tensor 变量
x = torch.tensor([[1,2,3],[2,3,4]]).float()
# 开启 x 的梯度下降功能
x.requires_grad = True
# 对 x 进行计算,相当于函数 y = 2x
x1 = 2 * x
y = 3 * x1
# 对 y = 2x 求 x 的导数
grad = torch.autograd.grad(outputs = y, inputs = x,
                           grad_outputs = torch.ones(x.shape),
```

```
                                retain_graph = True)
print(grad[0])
grad = torch.autograd.grad(outputs = y, inputs = x1,
                            grad_outputs = torch.ones(x.shape))
print(grad)
```

运行结果如图 15.6 所示。

```
tensor([[6., 6., 6.],
        [6., 6., 6.]])
(tensor([[3., 3., 3.],
        [3., 3., 3.]]),)
```

图 15.6   autograd. grad 说明 3

结果和前文讨论一致。不难发现 tensor 后边有一个逗号,这说明 autograd. grad 返回值就算只有一个 tensor,但为 tuple 形式。因此需要加上[0]来获取元素。

利用 autograd. grad 计算二阶导数:

```
# x是一个 tensor 变量
x = torch.tensor([[1,2,3],[2,3,4]]).float()
# 开启 x 的梯度下降功能
x.requires_grad = True
# 对 x 进行计算,相当于函数 y = x * x * x
y = x ** 3
# 对 y = x * x * x 求 x 的导数
grad = torch.autograd.grad(outputs = y, inputs = x,
                            grad_outputs = torch.ones(x.shape),
                            retain_graph = True)
grad = torch.autograd.grad(outputs = grad[0], inputs = x,
                            grad_outputs = torch.ones(x.shape))
print(grad)
```

对 $y = x^3$ 求导数,一阶导数 $y' = 3x^2$,二阶导数 $y'' = 6x$。

这里即对 grad[0]求 x 的导数,结果如图 15.7 所示。

```
RuntimeError: element 0 of tensors does not require grad and does not have a grad_fn
```

图 15.7   autograd. grad 说明 4

这说明参数 grad 没有计算图,不支持梯度计算,需要引入另外一个参数"create_graph = True",为返回值创建一个计算图。故修改代码如下:

```
grad = torch.autograd.grad(outputs = y, inputs = x,
                            grad_outputs = torch.ones(x.shape),
```

```
                                 retain_graph = True,
                                 create_graph = True)
grad = torch.autograd.grad(outputs = grad[0], inputs = x,
                                 grad_outputs = torch.ones(x.shape))
print(grad)
```

运行结果如图 15.8 所示。

```
tensor([[ 3., 12., 27.],
        [12., 27., 48.]], grad_fn=<MulBackward0>)
(tensor([[ 6., 12., 18.],
         [12., 18., 24.]]),)
```

图 15.8　autograd.grad 说明 5

发现 grad[0] 有一个 grad_fn，可理解为计算图。二阶导数和预期一致。

考虑 WGAN-GP：

```
gradients = torch.autograd.grad(outputs = pred_hat,
                                inputs = x_hat,
                                grad_outputs = torch.ones(pred_hat.size()).to(device),
                                create_graph = True,
                                retain_graph = True,
                                only_inputs = True)[0]
```

outputs 是 pred_hat，即 D(x_hat)，返回值 gradients 是一个和 x_hat 同样 shape 的梯度变量。

```
gradient_penalty = lambda_ * ((gradients.view(gradients.size()[0], -1).norm(2,1) - 1) **
2).mean()
```

其中，包含以下几个知识点。
- gradients.size()[0] 即为 batch_size。
- gradients.view(gradients.size()[0], -1) 即把 gradients 变成 [batch_size, 784] 的向量形式。
- torch.norm(p, dim)，norm 表示求范数，$||\nabla_x D(x)||_2$ 的脚标 2 表示第二范数，所以 $p=2$。由于 gradients.shape=[batch_size, 784]，因此 dim=1 表示计算每一个 784，也就是每一张图片的第二范数，然后根据损失函数，减去 1，再求平均值即为 batch 的 Gradient Penalty。

注意：更多关于范数的知识请参考 21.6 节。

大体上，WGAN-GP 即去掉 Weight Clipping，再加上 Gradient Penalty 的计算。WGAN-GP 的生成图片如图 15.9 所示。

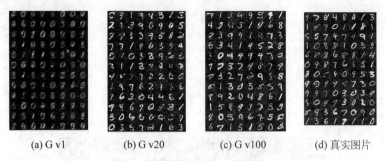

(a) G v1　　　　(b) G v20　　　　(c) G v100　　　　(d) 真实图片

图 15.9　WGAN-GP 生成图片

另外,WGAN-GP 的收敛速度快,效果好。若要得到更好的图片生成效果,可以逐渐减小 λ 的取值,从 10 逐渐减小到 0。上图是由固定的 $\lambda=10$ 的 Loss 函数得到的生成图。

15.4　DCGAN(2016)

前文已经讨论过深度卷积 GAN,即判别器 D 和生成器 G 加上了卷积层的 GAN,故先把基础 GAN 的判别器 D 和生成器 G 改写成如下模型:

```python
# 基础 GAN 的判别器 D 就是 3 层全连接层,现在是两个卷积层加上两个全连接层
class discriminator(nn.Module):
    def __init__(self):
        super(discriminator, self).__init__()
        self.dis = nn.Sequential(
            nn.Conv2d(1, 32, 3, Stride = 1, padding = 1),
            nn.LeakyReLU(0.2, True),
            nn.MaxPool2d((2, 2)),

            nn.Conv2d(32, 64, 3, Stride = 1, padding = 1),
            nn.LeakyReLU(0.2, True),
            nn.MaxPool2d((2, 2)),
        )
        self.fc = nn.Sequential(
            nn.Linear(7 * 7 * 64, 1024),
            nn.LeakyReLU(0.2, True),
            nn.Linear(1024, 1),
            nn.Sigmoid()
        )
```

再将生成器 G 改成如下模型:

```python
# 这个生成器 G 改写的是先用一个全连接层把 1×100 的随机向量变成 1×56×56 的通道数 1 的
# 图片
class generator(nn.Module):
```

```
        def __init__(self,input_size,num_feature):
            super(generator,self).__init__()
            self.fc = nn.Linear(input_size,num_feature)
            self.br = nn.Sequential(
                nn.BatchNorm2d(1),
                nn.ReLU(True),
            )
            #然后使用3个卷积层将1×56×56的图片,转换为1×28×28的图片
            self.gen = nn.Sequential(
                nn.Conv2d(1,64,3,Stride = 1,padding = 1),
                nn.BatchNorm2d(64),
                nn.ReLU(True),

                nn.Conv2d(64,32,3,Stride = 1,padding = 1),
                nn.BatchNorm2d(32),
                nn.ReLU(True),

                nn.Conv2d(32,1,3,Stride = 2,padding = 1),
                nn.Tanh(),
            )

        def forward(self,x):
            x = self.fc(x)
            x = x.view(x.shape[0],1,56,56)
            x = self.br(x)
            x = self.gen(x)
            return x
```

这里没有使用卷积层是因为使用去卷积层的效果不佳,猜想原因是应该在处理高像素比如 64×64 或者更大尺寸的图片的时候,使用去卷积层来减小运算量。这里是 28×28 的手写数字图片,图片不大,计算量不多,因此使用全连接层来扩大图片尺寸。

其他过程基本一致,在 GAN 中有改动,因为使用的是全连接网络,所以输入的应为形如[batch_size,784]的向量,而卷积网络,输入应改为[batch_size,通道数,宽,高],因此应该做出改动如下:

```
#把 GAN 的这个注释掉
# img = img.view(num_img,  -1)
#改成以下
img = img.view(num_img,1,28,28)
```

就此便完成了从 GAN 到 DCGAN 的改动,读者可参考附件中的代码,加以对比。

从 DCGAN 到 WDCGAN 再到 WDCGAN-GP 的过程与 GAN 到 WGAN 到 WGAN-GP 类似,这里只考虑第 25 代生成器生成图片的效果,效果对比如图 15.10 所示。可以看到 DCGAN 和 GAN 一样,甚至是更胜一筹的"单一",WDCGAN 依然无法收敛(可能是参数调整的问题),WDCGAN-GP 和 WGAN-GP 的效果都很好。

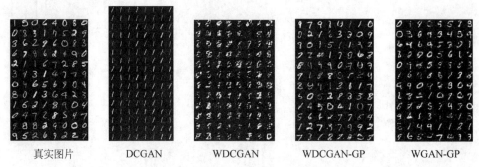

真实图片　　　　DCGAN　　　　WDCGAN　　　WDCGAN-GP　　　WGAN-GP

图 15.10　DCGAN 等模型生成图片对比

注意：实际中 WDCGAN 和 WDCGAN-GP 都属于 WGAN 和 WGAN-GP，这里为了区分所以加上"DC"字样。

15.5　CVAE-GAN

首先说明：CVAE-GAN(Conditional VAE-GAN)有 4 个不同的版本，这里给出的是笔者简化的一个版本，方便读者理解。CVAE-GAN 的算法推导对于没有系统学习概率论的读者过于复杂，如果感兴趣，可以尝试阅读原论文进一步学习。

回忆前文提到的 CVAE-GAN 的结构图，如图 15.11 所示。这里的 Encoder 和生成器 G 继续使用 VAE 的模型结构，判别器 D 和 Classifier 都照搬 DCGAN 的判别器 D 的模型结构。

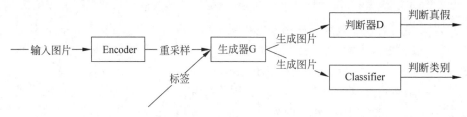

图 15.11　CVAE-GAN 的结构图

VAE 模型结构如下。

```python
class VAE(nn.Module):
    def __init__(self):
        super(VAE,self).__init__()
        #定义编码器
        self.encoder_conv = nn.Sequential(
            nn.Conv2d(1,16,kernel_size = 3,Stride = 2,padding = 1),
            nn.BatchNorm2d(16),
            nn.LeakyReLU(0.2,inplace = True),
            nn.Conv2d(16,32,kernel_size = 3,Stride = 2,padding = 1),
            nn.BatchNorm2d(32),
```

```
                nn. LeakyReLU(0. 2, inplace = True),
                nn. Conv2d(32, 32, kernel_size = 3, Stride = 1, padding = 1),
                nn. BatchNorm2d(32),
                nn. LeakyReLU(0. 2, inplace = True),
            )
        self. encoder_fc1 = nn. Linear(32 * 7 * 7, nz)          # 用于产生 mean
        self. encoder_fc2 = nn. Linear(32 * 7 * 7, nz)          # 用于产生 logstd
        self. decoder_fc  = nn. Linear(nz + 10, 32 * 7 * 7)     # 潜在变量 110
        self. decoder_deconv = nn. Sequential(
            nn. ConvTranspose2d(32, 16, 4, 2, 1),
            nn. ReLU( inplace = True),
            nn. ConvTranspose2d(16, 1, 4, 2, 1),
            nn. Sigmoid(),
        )
    # 这个函数是用来重采样的, 还记得为什么使用重采样吗? 为了可以梯度下降
    def noise_reparameterize(self, mean, logvar):
        eps = torch. randn(mean. shape). to(device)
        z = mean + eps * torch. exp(logvar)
        return z
    # 定义 Encoder 和 Decoder(Generator), 为之后调用方便
    # 把 Encoder 和 Decoder 模块封装成一个函数了
    def encoder(self, x):
        out1, out2 = self. encoder_conv(x), self. encoder_conv(x)
        mean = self. encoder_fc1(out1. view(out1. shape[0], -1))
      logstd = self. encoder_fc2(out2. view(out2. shape[0], -1))
        z = self. noise_reparameterize(mean, logstd)
        return z, mean, logstd
    def decoder(self, z):
        out3 = self. decoder_fc(z)
        out3 = out3. view(out3. shape[0], 32, 7, 7)
        out3 = self. decoder_deconv(out3)
        return out3
```

整个模型不难理解,它是一个简单的模型判别器,可以尝试写一个有几个卷积层和全连接层的判别器(可以在附件的代码中查看)。

```
print(" =====> 构建 VAE")
vae = VAE(). to(device)
# vae. load_state_dict(torch. load('. /CVAE - GAN - VAE. pth'))          # 这是用来加载模型参数的
print(" =====> 构建 D")
D = Discriminator(1). to(device)
# D. load_state_dict(torch. load('. /CVAE - GAN - Discriminator. pth'))
print(" =====> 构建 C")
C = Discriminator(10). to(device)
# C. load_state_dict(torch. load('. /CVAE - GAN - Classifier. pth'))
```

代码块中总共定义了 3 个模型,分别是 VAE、Discriminator 和 Classifier,其中 VAE 中包含了 Encoder 和 Decoder(Generator),判别器 D 和分类器 C 都是一样的模型,只是输出不同,一个是 1 位输出,一个是 10 位输出。

在训练过程中,跟 GAN 一样,每个模型轮着训练,这里先训练分类器 C,再训练判别器 D,最后训练生成器 G。分类器 C 的训练如下:

```
for i,(data,label) in enumerate(dataloader,0):
    #先处理一下数据
    data = data.to(device)
    label_onehot = torch.zeros((data.shape[0],10)).to(device)
    label_onehot[torch.arange(data.shape[0]),label] = 1        #把 label 变成 one-hot 编码
    batch_size = data.shape[0]
    #先训练分类器 C
    output = C(data)                        # output 就是 Classifier 对真实图像的类别判断结果
    real_label = label_onehot.to(device)
    errC = criterion(output,real_label)    #总的来说,Classifier 就是常规的训练方式
    C.zero_grad()
    errC.backward()
    optimizerC.step()
```

上述代码中可以看出,分类器 C 是一般的深度网络处理图像分类任务的训练方式。判别器 D 的训练如下:

```
#再训练判别器 D,先计算真实图片判断为 1 的误差
output = D(data)
real_label = torch.ones(batch_size).to(device)          # 定义真实的图片 label 为 1
fake_label = torch.zeros(batch_size).to(device)         # 定义假的图片的 label 为 0
errD_real = criterion(output,real_label)
#再计算生成图片判断为 0 的误差
z = torch.randn(batch_size,nz + 10).to(device)
fake_data = vae.decoder(z)
output = D(fake_data)
errD_fake = criterion(output,fake_label)
#总的来说,判别器 D 的训练方式与 GAN 的训练方式无异
errD = errD_real + errD_fake
D.zero_grad()
errD.backward()
optimizerD.step()
```

判别器 D 的训练方式和 GAN 的训练方式没有差别,即希望判别器可以把真实图片都归类为 1,生成图片都归类为 0。至于生成器 G 的损失函数,由三部分组成:

(1) 生成图像更接近原始图像,而且生成的 mean 和 logstd 也应该满足标准分布;

(2) 生成图像可以被 Discriminator 判断成是真实的图像;

(3) 生成图像可以被 Classifier 判断出对应的类别。

分别对应下面代码中的 1、2、3 部分:

```
#更新 VAE(G)1,损失函数就是传统 VAE 的损失函数
z,mean,logstd = vae.encoder(data)
z = torch.cat([z,label_onehot],1)
```

```
recon_data = vae.decoder(z)
vae_loss1 = loss_function(recon_data,data,mean,logstd)
#更新VAE(G)2,损失函数是传统GAN的损失函数,希望生成器G可以生成以假乱真的生成图片
output = D(recon_data)
real_label = torch.ones(batch_size).to(device)
vae_loss2 = criterion(output,real_label)
#更新VAE(G)3,是一个类别的损失函数,希望生成器G可以生成分类器C分得出类别的图片
output = C(recon_data)
real_label = label_onehot
vae_loss3 = criterion(output,real_label)
#3个部分损失函数进行梯度下降
vae.zero_grad()
vae_loss = vae_loss1 + vae_loss2 + vae_loss3
vae_loss.backward()
optimizerVAE.step()
vae = VAE().to(device)
```

了解GAN和VAE之后,再学习CVAE-GAN是比较简单的。

下面讨论前面的图像是怎么生成的,如图15.12所示。

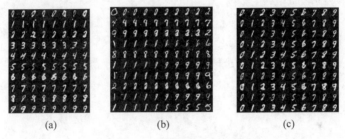

图 15.12   CVAE-GAN 的作品集

- 图15.12(a),从标准正态分布中采样出 $1 \times \in 100$ 的向量,然后拼接上想要数组标签的one-hot编码,组成一个 1×110 的潜在向量放到Generator中。

- 图15.12(b),先得到两个真实图片的data,这个data的形状应该是[1,1,28,28],然后把data放到encoder中,得到两个110的潜在变量 z_1、z_2,把 z_1 和 z_2 连线,线上的每一个点就是这两个图像的渐变过程,如图15.13所示。图中假设潜在变量 z 是一维度的,实际中,可以当成110维度进行同样方式的计算。

- 图15.12(c),在110维度中,前面100维度是随即生成的表示绘图风格的参数,而后面10位是表示绘图内容的,类似于风格迁移中的内容。所以只要固定前面100维,然后改变后面的one-hot的数值,就可以做到内容改变风格不变。

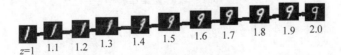

图 15.13   一种简单的插值方式

## 第 16 章

实战 5：风格迁移

之前已经学习过 VGG 网络了。本实战的前置内容包括 6.2 节和 6.7 节。

本实战是对卷积网络的应用，通过本章的学习，可以了解到风格迁移的基本步骤以及如何使用 Python 去实现它。

本章节主要涉及的知识点：

- 巩固 VGG 网络的结构；
- PyTorch 库的使用；
- 对神经网络的深层次理解；
- 体会到 AI 作画的神奇，激发学习的热情。

16.1　任务介绍

本次任务不需要任何数据，只需要一个 VGG 模型，一张风格图片和一张内容图片。首先回顾一下 VGG 模型，如图 16.1 所示。

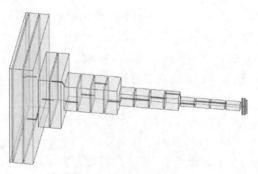

图 16.1　VGG 网络结构图

整个模型分成五个卷积模块，2＋2＋4＋4＋4＝16 个卷积层，以及 3 个全连接层，总共 19 层，称为 VGG19。

本次任务中，使用的风格图片是著名的《星空》，如图 16.2 所示。

图 16.2　《星空》

这里选择一张适合做成油画风格的风景画，如图 16.3 所示。

图 16.3　日落

目的是把"日落"用"星空"的风格呈现出来。最终效果图如图 16.4 所示。

图 16.4　星空版本的日落

风格迁移的原理在 6.7 节讲解了，下面开始讲述如何实现 Neural-Style Transfer。

16.2 解决思路

16.2.1 加载模型

首先导入必要库,代码如下:

```
#导入必要库,都是常见库
from PIL import Image
import matplotlib.pyplot as plt
import numpy as np
import torch
import torch.optim asoptim
from torchvision import transforms,models
```

PIL 库是处理图片的基本库,matplotlib 是画图的库,NumPy 是数组运算库,Torch 和 Torchvision 是 PyTorch 的深度学习和机器视觉的库。

```
#通过 torchvision.mdoels.vgg19 来导入 vgg 模型
vgg = models.vgg19(pretrained = True)
```

torchvision. mdoels. vgg19 的参数 pretrained＝True 的时候,会自动下载 VGG19 的参数文件并且导入。如果是 False 的话,得到的就是一个没有训练的 VGG 模型,参数都是没有训练的初始参数。

注意:这里再解释一下预训练(Pretrain)。VGG 模型是 2014 年 ImageNet 的亚军,这个模型已经学习了几百万张图片,学习的记忆就存储在参数中。VGG 模型虽好,但是没有 pretrained 的话,就相当于一个高智商的婴儿;"VGG 模型＋pretrained"就是一个高智商的成年人。因为 VGG 是 2014 年已经训练好的参数,这里只是拿来用,所以称为预训练。

```
#查看模型的结构
print( vgg )
```

输出结果如图 16.5 所示。可以看到,第一层卷积层(0)会把图片的 channel 从 3 变成 64,第三层卷积层(5)会把图片的 channel 从 64 变成128。该图可以证明,之前讲的 VGG 模型结构与代码中的 VGG 模型是一致的。

注意:这种"学到的理论与写的代码的内容是一致的"会使人真实地感受学到的知识,从而激发学习的成就感。

```
#禁止模型的所有参数被反向传播更新
for param in vgg.parameters():
param.requires_grad_(False)
```

```
VGG(
  (features): Sequential(
    (0): Conv2d(3, 64, kernel_size=(3, 3), stride=(1, 1), padding=(1, 1))
    (1): ReLU(inplace=True)
    (2): Conv2d(64, 64, kernel_size=(3, 3), stride=(1, 1), padding=(1, 1))
    (3): ReLU(inplace=True)
    (4): MaxPool2d(kernel_size=2, stride=2, padding=0, dilation=1, ceil_mode=False)
    (5): Conv2d(64, 128, kernel_size=(3, 3), stride=(1, 1), padding=(1, 1))
    (6): ReLU(inplace=True)
    (7): Conv2d(128, 128, kernel_size=(3, 3), stride=(1, 1), padding=(1, 1))
    (8): ReLU(inplace=True)
    (9): MaxPool2d(kernel_size=2, stride=2, padding=0, dilation=1, ceil_mode=False)
```

图 16.5　VGG19 结构前四层输出

读取 VGG 网络中的所有参数，然后用 .requires_grad_(False) 来禁止这个参数参与反向传播。如前文中所讲，VGG 网络的参数是不变的，变化的只有合成的图片。

```
# 用 torch.cuda.is_available() 来判断 GPU 是否可用
device = torch.device("cuda" if torch.cuda.is_available() else "cpu")
vgg.to(device) 模型构建基本结束，此外
```

若要使用 GPU 进行训练，那么可以通过 torch.cuda.is_available()，如果返回值是 True，则可以使用 GPU，反之使用 CPU。这里使用 CPU，一个图片训练十分钟左右。

16.2.2　加载图片

读取图片代码如下：

```
def load_image(img_path, max_size = 400, shape = None):
    # 根据图片路径读取图片，并将图片转换 RGB 三通道
    image = Image.open(img_path).convert('RGB')
    # 压缩图片
    if max(image.size) > max_size:
        size = max_size
    else:
        size = max(image.size)
    # 如果 shape 不是 None，就将 size 修改为变量 shape
    if shape is not None:
        size = shape
    # 做 Transforms
    in_transform = transforms.Compose([
                        transforms.Resize(size),
                        transforms.ToTensor(),
                        transforms.Normalize((0.5,0.5,0.5),(0.5,0.5,0.5))])
    # 给图片增加 batch 维度
    image = in_transform(image).unsqueeze(0)
    return image
```

总共读取 2 张图片：风格图和内容图。首先读取内容图。这个内容图是 3000×4000 的图片，经过 Resize 短边会变成 400，长边等比缩放。经过压缩之后的图片就是 400×533 的小照片。

注意：Resize 中的 size 参数如果是 int，那样图片的短边会压缩到 int 大小，长边等比缩放；如果 size 是 (h,w)，则图片会 resize 成这样 $h\times w$ 的大小。

压缩之后的图片，从 Image 格式转成 PyTorch 的变量 tensor，然后进行归一化，一般归一化的参数都是 0.5，后期可以自己修改，影响不大。Image 转成 tensor 之后，shape 是 $[3,400,533]$，但是要转换成 $[1,3,400,533]$，因为第一个维度是 batch 维度，即一个 batch 内有多少个样本。这里只有一个样本，但是依然要加上这个维度，否则后面给 VGG 网络的时候会报错。

```
#载入内容图
content = load_image('../input/neuralstyletransfersample-photo/londonsunset.jpg').to
(device)
#载入风格图
style = load_image('../input/neuralstyletransfersample-photo/starrynight.jpg',
        shape=content.shape[-2:]).to(device)
```

可以看到，在载入风格图的时候，shape 是 content 的 shape。这是为了保证风格图与内容图有相同的大小。.to(device) 是之前判断的，是否使用 GPU 进行训练，是否把这个变量放在 GPU 的内存上。

当图片经过了归一化，经过了增加 batch 维度，要如何把这张图片展示出来呢？这要通过一个反向操作。首先熟悉几个函数：

```
print(style.shape)
print(style.cpu().numpy().squeeze().shape)
print(style.cpu().numpy().squeeze().transpose(1,2,0).shape)
print(style.cpu().numpy().squeeze().transpose(1,2,0).clip(0,1).shape)
```

运行结果如图 16.6 所示。

```
torch.Size([1, 3, 400, 533])
(3, 400, 533)
(400, 533, 3)
(400, 533, 3)
```

图 16.6 tensor 常见操作函数

style 变量的维度是 $[1,3,400,533]$。

(1) 如果这个变量是在 GPU 内存上的，则需要将其移到 CPU 内存上才能输出图片；

(2) 从 tensor 格式转成 numpy 数组的形式；

(3) 使用 squeeze() 函数挤掉维度是 1 的维度；

（4）使用 transpose(1,2,0) 改变数组的维度的顺序。这里要注意，Image 图片一般都是"长×宽×通道数"，在之前的 transform 中将 Image 转换成 tensor 的过程中，自动改成了"通道数×长×宽"的顺序，所以这里需要再改回来。

从 tensor 转成 Image 的过程如下：

```
def im_convert(tensor):
image = tensor.detach()
image = image.cpu().numpy().squeeze()
image = image.transpose(1,2,0)
image = image * np.array((0.5,0.5,0.5)) + np.array((0.5,0.5,0.5))
image = image.clip(0,1)
return image
```

至此，图片成功加载完成，下面开始进行真正的核心了。

16.2.3 获取特征图和 Gram 矩阵

下面讨论风格迁移的内容：Loss 函数和风格损失函数。首先构建一个函数，用来获取特定卷积层输出的图像。

```
def get_features(image,model,layers = None):
    # 获取哪一层的特征
    if layers is None:
        layers = {'0': 'conv1_1',
                  '5': 'conv2_1',
                  '10': 'conv3_1',
                  '19': 'conv4_1',
                  '21': 'conv4_2',
                  '28': 'conv5_1'}
    features = {}
    x = image
    # 遍历 model._modules
    for name,layer in model._modules.items():
        # 让 x 经过这一层的处理
        x = layer(x)
        if name in layers:
            features[layers[name]] = x
    return features
```

上面代码的核心是 model._modules.items()。这里解释一下 PyTorch 对神经网络的操作：

```
# 先看看_modules 是什么
print(vgg._modules)
# 再看看_modules 的 type
print(type(vgg._modules))
```

运行结果：

```
OrderedDict([('0',Conv2d(3,64,kernel_size = (3,3),Stride = (1,1),padding = (1,1))),……
<class 'collections.OrderedDict'>
```

从第二行可知_modules 是一个 dict 字典，字典有 keys(索引)和 values(值)。从第一行可见，keys 应该是字符串"0"，values 是 Conv2d(3,64,kernel_size＝(3,3),Stride＝(1,1),padding＝(1,1))，keys 是数字，values 是神经网络层。上面没有解释的代码如下：

```
for name,layer in model._modules.items():
```

代码中的 name 和 layer 分别就是"0""1"，…和网络的第 0 层，第 1 层，……

```
x = layer(x)
```

即让图像经过那一层，得到那一层输出的图像，也就是特征图。

```
if name in layers:
    features[layers[name]] = x
```

检查 name 是否在 layers 中，虽然 layers 是一个字典，但是当查看 layers 中是否有 name 时，layers 就相当于它的所有索引值的数组，也就是 layers.keys()。

当 name 是 0,5,10,19,21,28 时，条件为真，layers[name]即为对应的"conv1_1""conv2_1""conv3_1"，……再把特征图存在变量 features 中，features 也是一个字典。

下面生成 Gram 矩阵：

```
def gram_matrix(tensor):
    _,d,h,w = tensor.size()
    tensor = tensor.view(d,h * w)
    gram = torch.mm(tensor,tensor.t())
    return gram
```

之前生成的图片的 tensor 是四维度的[batch，通道，长，宽]。现在把 tensor 改成 channel×(长×宽)的形式。因为在讨论风格迁移的风格损失函数时提到，把整张图片的像素拉平，可以消除一部分内容的信息，保留风格的信息。

Torch.mm 是求两个矩阵的内积。内积即两个矩阵相乘。这里[d,$h \times w$]的矩阵乘上它自身的转置$[h \times w, d]$，最后得到$[d, d]$的方阵，而d就是channel数。这就是下面计算公式的矩阵写法：

$$G_{i,j}^l = \sum_k F_{i,k}^l F_{j,k}^l \tag{16.1}$$

下面调用这样的函数，效果如下：

```
content_features = get_features(content,vgg)
style_features = get_features(style,vgg)
```

首先设想一下content_features应该是什么？它是一个dict，索引应该是"conv1_1"形式的，对应的值应该是相应层所输出的特征图。

```
style_grams = {layer: gram_matrix(style_features[layer]) for layerin style_features}
```

首先遍历style_features。这里的layer是"conv1_1"形式的，因为虽然style_features是一个字典，但是当遍历它的时候，返回值是它的索引。gram_matrix(style_features[layer])是求某一个特征图的Gram矩阵。

所以style_grams也是一个dict，索引是"conv1_1"形式，对应的值是对应层输出的特征图的Gram矩阵。

16.2.4 AI作画

需要得到两个Loss函数，即风格损失函数和内容损失函数。内容损失函数比较简单，是某一层的特征图之间的比较。

注意：在VGG网络中的某一层，是指conv4_2层。

风格损失函数是多个层的特征图的Gram矩阵之间的比较，多个层之间肯定有一个权重关系；此外，风格损失函数和内容损失函数之间也有一个权重关系：

$$L_{\text{total}}(\boldsymbol{p},\boldsymbol{a},\boldsymbol{x}) = \alpha L_{\text{content}}(\boldsymbol{p},\boldsymbol{x}) + \beta L_{\text{style}}(\boldsymbol{a},\boldsymbol{x})$$

这里给出了一个参考比重：

```
style_weights = {'conv1_1': 1.,
                 'conv2_1': 0.75,
                 'conv3_1': 0.2,
                 'conv4_1': 0.2,
                 'conv5_1': 0.2}
content_weight = 1   # alpha
style_weight = 1e9   # beta
```

现在准备就绪，进行最后一步，作图。

```python
# 首先初始化合成画,用内容画作为初始值
# 合成画的梯度下降是 True 说明是可以更改的。
target = content.clone().requires_grad_(True).to(device)
# 这个参数是每迭代多少次,展示一次目标画作
show_every = 200
# 这是一些 PyTorch 运行的超参数,这里采用 Adam 优化器
# 更多的优化器可以在本书的问题解答的地方寻找讲解
optimizer = optim.Adam([target], lr = 0.003)
# 总共要迭代多少次,5000 左右的效果就不错了
steps = 5000
# Let's draw
for ii in range(1, steps + 1):
    # 获取合成画的特征图
    target_features = get_features(target, vgg)
    # 计算内容损失函数
    content_loss = torch.mean((target_features['conv4_2'] - content_features['conv4_2']) *
* 2)
    # 计算风格损失函数,初始值为 0
    style_loss = 0
    # 然后比较每一层的 Gram 矩阵的损失,不断加到 style_loss 中
    for layer in style_weights:
        # 获取某一层的合成画特征图
        target_feature = target_features[layer]
        # 获取该层合成画的特征图的 Gram 矩阵
        target_gram = gram_matrix(target_feature)
        _, d, h, w = target_feature.shape
        # 获取同样层的风格画的 Gram 矩阵
        style_gram = style_grams[layer]
        # 计算该层风格画与合成画之间的 Gram 损失,并且乘上权重
        layer_style_loss = style_weights[layer] * torch.mean((target_gram - style_gram)
** 2)
        # 将 loss 加到 style_loss 中
        style_loss += layer_style_loss / (4 * d * d * h * g * w * w)

    # 计算整个损失函数
    total_loss = content_weight * content_loss + style_weight * style_loss
    # 更新合成画
    optimizer.zero_grad()
    total_loss.backward()
    optimizer.step()

    # 每 show_every 次迭代就输出一次图片和打印一次整体损失函数
    if ii % show_every == 0:
        print('Total loss: ', total_loss.item())
        plt.imshow(im_convert(target))
        plt.show()
```

重点理解代码中的注释,基本概念已经清楚,代码也准备完毕,生成的图片如图 16.7 所示。

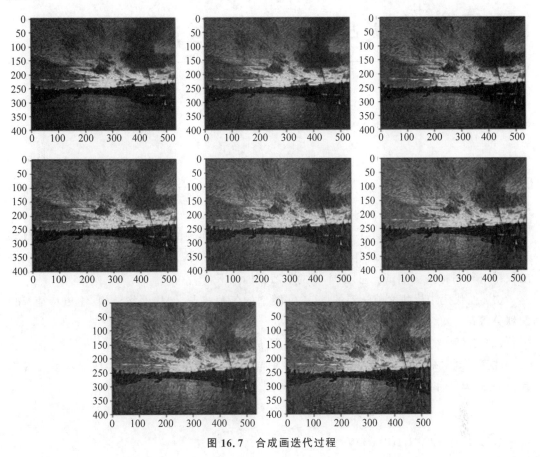

图 16.7 合成画迭代过程

16.3 小结

本章的实战学习,内容总结如下。

(1) 对卷积网络的理解更深一层：浅层网络更注重细节纹理,深层网络更注重内容。

(2) 可以对风格迁移进行复现,对之前讲解的理论知识有一个新的认识。

(3) 激发学习的热情。

## 第 17 章

实战 6：目标检测（YOLO）

本章是目标检测的实战，在学习本章之前，建议先学习第 9 章的"目标检测"：讲解 YOLO 目标模型从 v1 到 v3 的演变，以及模型的构成。

本章的目标是理解 YOLO 官方给出的 PyTorch 库实现的 Python 代码，以及使用代码进行目标检测的测试。本章节不涉及如何训练 Darknet-53，使用官方在 ImageNet 上训练的权重进行目标检测测试。总之，本章的学习目标如下：

（1）在代码中寻找之前学到的 YOLO 模型的各种特点，例如网络结构、输出特征、cell 的划分等；

（2）看懂 PyTorch 的实现，Python 能力更进一层楼。

注意：本章代码较多，所以在下面讲解中只会贴上部分代码，完整代码可以去官网下载，也可以从本书的附件中寻找，保证可以运行。

17.1 Darknet.py

重点是看懂 Darknet-53 的结构。回忆 v3 中 Darknet-53 采用的残差结构以及多尺度检测，这里引用之前章节的图片，回顾一下 Darknet-53 的网络结构，如图 17.1 所示。

首先看一下主函数是如何调用这个模型的：

```
# 主函数中加载模型
model = Darknet(args.cfgfile)
```

cfg 是配置文件，文本格式还是类似 txt 的，但是使用 cfg 后缀来区分，说明这是一个配置文件。args.cfgfile 就是这个模型的配置文件的路径。先看 cfg 文件中的部分内容：

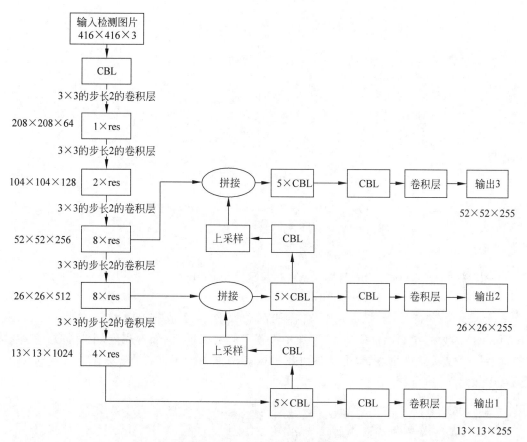

图 17.1 YOLO v3 网络结构

```
[net]
batch = 1
learning_rate = 0.001
[convolutional]
batch_normalize = 1
filters = 32
size = 3
Stride = 1
pad = 1
activation = leaky
…
```

　　cfg 中存放的是模型的结构，[net]中存放 batch 的数量、学习率等配置信息；在卷积层中，filters 是输出特征图通道数，size 是卷积核尺寸，Stride 是步长，pad 为是否填充，activation 是采用 Leaky ReLU 激活函数（这里体现了前面讲解的内容，YOLO 在 v2 之后就不再使用 ReLU，而是使用 Leaky ReLU）。

17.1.1 __init__（self）

下面来看 darknet.py 中的 darknet 模型类的初始化函数：

```
# Darknet 模型类的初始化函数
class Darknet(nn.Module):
    def __init__(self,cfgfile):
        super(Darknet,self).__init__()
        # 把配置文件拆分成字典
        self.blocks = parse_cfg(cfgfile)
        # print(self.blocks)
        self.net_info,self.module_list = create_modules(self.blocks)
        self.header = torch.IntTensor([0,0,0,0])
        self.seen = 0
```

输出结果：[{'type'：'net','batch'：'1','subdivisions'：'1','width'：'320',…
        {'type'：'convolutional','batch_normalize'：'1',…}]

parse_cfg(cfgfile) 是把 cfgfile 路径的配置文件转换成字典。接下来讨论 create_modules()函数的功能。可以猜测，字典中设置了的网络层，例如卷积层、上采样层等，需要把这些层变成真正的网络层，即组件可以插入在网络中的形式，首先来看 create_modules 函数中如何配置卷积层：

```
# 这个代码是 create_modules 函数的一部分,这个函数在 darknet.py 脚本中
# 虽然在 PyTorch 中,卷积层、BN 层、激活函数层是分成 3 层的
# 但是这 3 层往往是绑定的,像是连体婴儿一样,卷积层后面必是 BN 层和激活函数
# 所以此代码就把这三个层封装到一起了,来看这是怎么实现的
if (x["type"] == "convolutional"):
    # 这里 activation 是字符串'leaky'
    activation = x["activation"]
    try:
        batch_normalize = int(x["batch_normalize"])
        bias = False
    except:
        batch_normalize = 0
        bias = True
    # 读取字典中的配置参数
    filters = int(x["filters"])
    padding = int(x["pad"])
    kernel_size = int(x["size"])
    Stride = int(x["Stride"])
    # 这里也证明了 padding = 1 的含义是:是否填充
    # 如果填充了,padding = 1 了,那么计算到底填充几个像素,当然这个是根据卷积核的大小确
    # 定的
```

```
    if padding:
        pad = (kernel_size - 1) // 2
    else:
        pad = 0
    ♯ 这是定义了一个卷积层
    conv = nn.Conv2d(prev_filters,filters,kernel_size,Stride,pad,bias = bias)
    ♯ 这个 module 是之前定义的,module = nn.Sequential()
    ♯ 希望把卷积层、BN 层、激活层三个封装到一个 module 中.
    module.add_module("conv_{0}".format(index),conv)
    ♯ 如果有 batch_normalize 就把 BN 层也放到 module 中
    if batch_normalize:
        bn = nn.BatchNorm2d(filters)
        module.add_module("batch_norm_{0}".format(index),bn)
    ♯ 如果有 activation,那就加上 activation
    ♯ 在 darknet53 中,什么时候卷积层之后没有激活函数呢?
    ♯ 仔细看图 17.1,在 3 个输出的前一层就是单纯的卷积层
    if activation == "leaky":
        activn = nn.LeakyReLU(0.1,inplace = True)
        module.add_module("leaky_{0}".format(index),activn)
```

上面的代码解释非常清楚,它可以把卷积层、BN 层、激活函数层通过 nn.Sequential() 封装成一个 module,然后把这个 module 加到 module_list 中,整个 create_modules 函数返回的即为 module_list 列表。

这里看一个生成的卷积 module 的打印参数,或许有利于理解:

```
(5): Sequential(
    (conv_5): Conv2d(64,128,kernel_size = (3,3),Stride = (2,2),padding = (1,1),bias = False)
    (batch_norm_5): BatchNorm2d(128,eps = 1e-05,momentum = 0.1,affine = True,track_running_
stats = True)
    (leaky_5): LeakyReLU(negative_slope = 0.1,inplace = True)
  )
```

上采样层的实现如下:

```
♯ 如果 cfg 文件中的[……]是[upsample]
elif (x["type"] == "upsample"):
    Stride = int(x["Stride"])
    ♯ 上采样有很多不同的方法,这里使用的是 nearest
    upsample = nn.Upsample(scale_factor = 2,mode = "nearest")
    ♯ 简简单单,就把一个上采样层放到一个 module 中
    module.add_module("upsample_{}".format(index),upsample)
```

上采样层的打印参数:

```
(85) : Sequential(
    (upsample_85) : Upsample(scale_factor = 2.0, mode = nearest)
  )
```

下面讨论 route 层。route 层就是之前讲的 concat 拼接层，也叫融合层，作用是把两个同尺寸不同通道数的特征图，拼接成一个特征图，在 Darknet-53 中，总共有两层融合层。

```
elif (x["type"] == "route"):
    # 融合层的配置文件中只有一个参数,就是:layers = -1,61(下面的注释按照这个举例)
    x["layers"] = x["layers"].split(',')
    # 这里的 start 等于 -1
    start = int(x["layers"][0])
    # end = 61,有的时候 layers 可能只有一个,则 end = 0
    try:
        end = int(x["layers"][1])
    except:
        end = 0
    # index 是已经添加的模块的数量
    if start > 0:
        start = start - index
    if end > 0:
        end = end - index
    # 这个 route 除了拼接什么也不干,所以就在这个模块中只放一个空层
    route = EmptyLayer()
    module.add_module("route_{0}".format(index), route)
    # 这个 filter 是计算拼接之后的通道数的
    # 这里可以明白,layer 中的 -1 和 61 是什么意思
    # 1 就是指上一个模块输出的特征,61 就是指第 61 个模块输出的特征图
    if end < 0:
        filters = output_filters[index + start] + output_filters[index + end]
    else:
        filters = output_filters[index + start]
```

route 层的逻辑很简单，即拼接。可以发现，这里并没有实现拼接动作，只是计算了拼接之后的通道数。真正拼接的逻辑实现是在 darknet 模型类的 forward 函数中，后文会提及。

下面来看 shortcut 模块的含义：

```
# shortcut 层和 route 类似,但是是相加,不是拼接
# 用于每一个残差模块中
elif x["type"] == "shortcut":
    shortcut = EmptyLayer()
    module.add_module("shortcut_{}".format(index), shortcut)
```

shortcut 层是相加层，把两个相同尺寸的特征图对应元素相加得到一个新的特征图，这

里也是选择跟 route 一样，先放一个空层，具体实现逻辑放在 forward 中实现。

最后来看 YOLO 模块。首先看 cfg 文件中 YOLO 模块的参数，如图17.2所示，从图中可以看到 YOLO 模型估计就是目标检测得到候选框的一个模块，下面来看 YOLO 实现逻辑：

```
# 整个目标检测网络有 3 个 YOLO 层
elif x["type"] == "yolo":
    # 把 mask 转成整型数组：[0,1,2]
    mask = x["mask"].split(",")
    mask = [int(x) for x in mask]
    # 把 anchors 转成整型数组：[10,13,16,30,…]
    anchors = x["anchors"].split(",")
    anchors = [int(a) for a in anchors]
    # 把 anchors 转成 tuple 的 list：[(10,13),(16,30),…]
    anchors = [(anchors[i],anchors[i+1]) for i in range(0,len(anchors),2)]
    # 根据 mask 选取特定的 3 个 anchors
    # 这里体现了之前讲解的，YOLO v3 的 3 个不同尺寸的输出，每一个尺寸都有 3 个先验框
    anchors = [anchors[i] for i in mask]
    # 这里出现了一个 DetectionLayer 的模型类
    detection = DetectionLayer(anchors)
    module.add_module("Detection_{}".format(index),detection)
```

```
[yolo]
mask = 0,1,2
anchors = 10,13,  16,30,  33,23,  30,61,  62,45,  59,119,  116,90,  156,198,  373,326
classes=80
num=9
jitter=.3
ignore_thresh = .5
truth_thresh = 1
random=1
```

图 17.2　YOLO 模块在 cfg 的参数

DetectionLayer 的写法如下：

```
# 一个比 EmptyLayer 多一个属性 anchors 的类
class DetectionLayer(nn.Module):
    def __init__(self,anchors):
        super(DetectionLayer,self).__init__()
        self.anchors = anchors
```

YOLO 层的逻辑实现与 shortcut、route 一样，都在 darknet 的 forward 中实现。YOLO 模块的作用就是把输入的 $13 \times 13 \times 255$、$26 \times 26 \times 255$ 或者 $52 \times 52 \times 255$ 的特征图，转换成 507×85、2028×85 或者 8112×85 的候选框向量。这里 $13 \times 13 \times 3 = 507$，$26 \times 26 \times 3 =$

2028,52×52×3＝8112,85 的含义分别是 4 个位置信息、1 个置信度和 80 个类别概率。

目前,已经实现了两个模块的逻辑：

(1) 卷积模块,卷积层＋BN 层＋Leaky ReLU 激活函数层；

(2) 上采样层。

之后会在 darknet 模型类中的 forward 函数中实现：route、shortcut 和 YOLO 三个模块的逻辑。

17.1.2 forward(self,x)

首先来看详细的代码：

```
# 这个是 darknet 类的 forward 函数
def forward(self, x, CUDA):
    # 第一部分
    detections = []
    modules = self.blocks[1:]
    outputs = {}
    write = 0
    for i in range(len(modules)):
        module_type = (modules[i]["type"])
        # 第二部分
        if module_type == "convolutional" or module_type == "upsample":
            x = self.module_list[i](x)
            outputs[i] = x
        # 第三部分
        elif module_type == "route":
            # layers 一开始是元组(-1,36)
            layers = modules[i]["layers"]
            # 转成整型列表,[-1,36]
            layers = [int(a) for a in layers]
            if (layers[0]) > 0:
                layers[0] = layers[0] - i
            if len(layers) == 1:
                x = outputs[i + (layers[0])]
            else:
                if (layers[1]) > 0:
                    layers[1] = layers[1] - i
                map1 = outputs[i + layers[0]]
                map2 = outputs[i + layers[1]]
                x = torch.cat((map1, map2), 1)
            outputs[i] = x
        # 第四部分
        elif module_type == "shortcut":
```

```
            from_ = int(modules[i]["from"])
            x = outputs[i-1] + outputs[i+from_]
            outputs[i] = x
        # 第五部分
        elif module_type == 'yolo':
            # 这里 anchors 是 tuple 的列表:[(10,13),(16,30),…]
            anchors = self.module_list[i][0].anchors
            # 获取图像输入的尺寸,这里应该是 416
            inp_dim = int(self.net_info["height"])
            # 获取类别数目,80
            num_classes = int(modules[i]["classes"])
            # 计算候选框大小
            x = x.data
            print(x.shape)
            x = predict_transform(x,inp_dim,anchors,num_classes,CUDA)
            # 打印输出候选框的参数
            print(x.shape)
            if type(x) == int:
                continue
            if not write:
                detections = x
                write = 1
            else:
                detections = torch.cat((detections,x),1)
            outputs[i] = outputs[i-1]
    try:
        print('detection.shape:',detections.shape)
        return detections
    except:
        return 0
```

把 forward 函数分成 5 个部分。

（1）第一部分是定义变量。detections 是模型的输出那些候选框的 85 位的信息；在前面可以看到 cfg 文件中第一个是[net]，这不是某一个模块的参数，而是整个模型的参数，例如整个模型的学习率、batch 数量等，因此这个 module 不包括第一个元素 self.blocks；outputs 用来存储每一个模块输出的特征图，留给 route 和 shortcut 备用。

（2）第二部分是搭建网络，如果已经实现逻辑的卷积模块和上采样模块，则直接把输入数据 x 输入到这两种模块中，然后把返回值存储在 outputs 中。

（3）第三部分是 route 模块的逻辑实现。整个逻辑较容易理解，即把 layers 存放的两个数组对应的模块输出的特征图拼接在一起。例如，假设 layers 是[−1,36]，那么−1 就是把上一个模块的输出特征图取出来，与第 36 个模块的特征图进行拼接。当然，假设 layers 只有一个整数[36]，那么这个模块的输出就单纯等于第 36 个模块的输出。

（4）第四个部分是 shortcut 模块的逻辑实现。shortcut 与 route 类似，但由于每一个残差模块只有两个卷积，shortcut 的 form 永远都是－3。两个卷积模块这里是－3 的原因如图 17.3 所示。

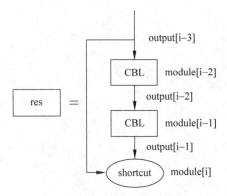

图 17.3　残差网络的索引实例

（5）最后一个部分是 YOLO 模块。主要是函数 predict_transform，该函数在后文会讲解，这里只考虑 x 变量的维度变化，在代码中，总共在 3 个地方打印，分别为：predict_transform 前后的 x 的维度以及最终 detections 的维度，输入如图 17.4 所示。

注意：在代码中可以查看 print 的位置。

```
torch.Size([1, 255, 13, 13])
torch.Size([1, 507, 85])
torch.Size([1, 255, 26, 26])
torch.Size([1, 2028, 85])
torch.Size([1, 255, 52, 52])
torch.Size([1, 8112, 85])
detections_shape: torch.Size([1, 10647, 85])
```

图 17.4　输出结果

可以看到，输入 predict_transform 之前是 255 个通道，$255 = 85 \times 3$，输出之后就变成 507×85 的候选框，$507 = 13 \times 13 \times 3$。同样，可以理解 13、26、52、255、10647 这几个数字的含义。

下面简单分析 predice_transform 的逻辑：

```python
def predict_transform(prediction,inp_dim,anchors,num_classes,CUDA = True):
    # prediction 是[1,255,13,13]这样的结构
    batch_size = prediction.size(0)
    # 下面开始会出现很多似曾相识的内容
    # 416//13 的余数是 32,Stride 就是 32
    Stride = inp_dim // prediction.size(2)
    # grid_size = 13
    grid_size = inp_dim // Stride
```

```
bbox_attrs = 5 + num_classes          # bbox_attrs = 85
num_anchors = len(anchors)            # number_anchors = 3,有3个输出平分9个先验框
# 每一个先验框都是相对416×416大小的,现在缩小Stride倍数,变成相对13×13特征图的
anchors = [(a[0]/Stride,a[1]/Stride) for a in anchors]
# prediction的尺寸变成[1,85 * 3,13 * 13] = [1,255,169]
prediction = prediction.view(batch_size,bbox_attrs * num_anchors,grid_size * grid_size)
# prediction.shape变成[1,169,255]
prediction = prediction.transpose(1,2).contiguous()
# prediction.shape变成[1,13 * 13 * 3,85]
prediction = prediction.view(batch_size,grid_size * grid_size * num_anchors,bbox_attrs)
# 在讲解理论的时候说过,为了防止图像的预测中心点超出cell
# 所以加上Sigmoid函数,将偏移值限制在0～1
prediction[:,:,0] = torch.Sigmoid(prediction[:,:,0])
prediction[:,:,1] = torch.Sigmoid(prediction[:,:,1])
prediction[:,:,4] = torch.Sigmoid(prediction[:,:,4])
# 之前已经计算了中心点相对于cell左上角的偏移值,下面是把中心点相对于特征图的坐标计
# 算出来
grid_len = np.arange(grid_size)
a,b = np.meshgrid(grid_len,grid_len)
x_offset = torch.FloatTensor(a).view(-1,1)
y_offset = torch.FloatTensor(b).view(-1,1)
if CUDA:
    x_offset = x_offset.cuda()
    y_offset = y_offset.cuda()
x_y_offset = torch.cat((x_offset,y_offset),1).repeat(1,num_anchors).view(-1,2).unsqueeze(0)
prediction[:,:,:2] += x_y_offset
# 中心点计算完成.下面是处理宽高的值.提示:预测的是先验框与预测框之间倍数的log值.
# anchors的形状是[3,2]
anchors = torch.FloatTensor(anchors)
if CUDA:
    anchors = anchors.cuda()
# 下面把anchors变成[1,13×13×3,2]
anchors = anchors.repeat(grid_size * grid_size,1).unsqueeze(0)
# prediction[:,:,2:4]本来是预测的倍数的log值,现在转换为候选框相对于13×13的宽和高
prediction[:,:,2:4] = torch.exp(prediction[:,:,2:4]) * anchors
# 把预测的概率值也Sigmoid一下
prediction[:,:,5: 5 + num_classes] = torch.Sigmoid((prediction[:,:,5 : 5 + num_classes]))
# 把4个相对于13×13的位置信息变成相对416×416的尺寸,就是真实像素
prediction[:,:,:4] *= Stride
return prediction
```

通过上述代码可以知道,整个模型输出的返回值的位置信息,是已经解码过的相对于

416×416 图片的真实位置信息。

至此,网络构建完毕,整个网络看起来非常复杂但是其实都是基本的逻辑,并没有使用晦涩难懂的方法。

17.1.3　小结

总的来说,这个网络的输入是 $416 \times 416 \times 3$ 的图片,输出是 10647×85 的向量,表示 10647 个候选框。

整个 darknet 有 5 个模块:卷积、上采样、route、shortcut、YOLO 检测模块。卷积核上采样在_init__(self)调用 create_modules()方法的时候已经实现逻辑,剩下的在 forward()中实现。

整个 YOLO 模型的搭建方法基本上就是 PyTorch 最标准最漂亮的写法了,看懂了这个模型结构,将来在工作或者学校需要写网络模型的时候,可以参照 YOLO 来写。

17.2　Detect. py

接下来看一下目标检测的主函数,这个目标检测实现的效果展示如图 17.5 所示。

图 17.5　目标检测的结果

这是一个复杂环境,有很多人和很多场景。可以看到,椅子、钟表和背包都检测出来了,还有很多定位准确的人。整体来看是非常有意思的一个项目。

注意:YOLO 模型可以实时监测,所以可以用于直接图像中的定位,也可以直接接收摄像头传输的实时数据进行定位。

下面来看主函数的代码,这里主要讲解代码,建议把附件的代码下载并运行。

```python
# 这个 argparse 库是 Python 的命令行库,在"问题解答"中详细讲解了,此处与 YOLO 模型关系不大
args = arg_parse()
# scales 此处是"1,2,3"
scales = args.scales
# images 是要测试图片的文件夹路径
images = args.images
# batch_size 是 1,因为是测试目标检测的效果
batch_size = int(args.bs)
# confidence = 0.5
confidence = float(args.confidence)
# nms_thesh = 0.4
nms_thesh = float(args.nms_thresh)
start = 0
# 检测是否能使用 GPU
CUDA = torch.cuda.is_available()
# 总共有 80 个检测类别,和之前讲的一致
num_classes = 80
classes = load_classes('data/coco.names')
```

上面的代码是一些基本设置,代码中的注释非常详细,这里不做赘述。接下来加载模型：

```python
# 加载模型,之前讲到这个,返回的就是模型,这个模型的输入就是检测图像
# 模型的输出是 10647×85 的预测值,读者还记着这 10647 和 85 的含义吗
model = Darknet(args.cfgfile)
# 加载模型权重文件
model.load_weights(args.weightsfile)
# args.reso 是 416,resolution 是分辨率的意思
model.net_info["height"] = args.reso
inp_dim = int(model.net_info["height"])
# 是否使用 GPU
if CUDA:
    model.cuda()
# 模型开启 eval 模式,eval 其实就是让模型中的 BN 层固定住,不取平均,而是使用训练好的数值
# 如果不这样,在测试的时候 batch = 1,这样 BN 层的平均就还是图片自己,起不到正则化的效果.
model.eval()
```

接下来导入图片：

```python
# 读取需要检测的图片
# 在一行的末尾加上 / 表示这一行太长了,下面一行也是这一行的内容
try:
```

```
# 这个就是检测 images 这个图片路径文件夹中有没有'.jpg','.png','.jpeg'结尾的文件
# 有的话把每个图片的路径返回到 imlist
imlist = [osp.join(osp.realpath('.'),images,img) for img in os.listdir(images) /
        if os.path.splitext(img)[1] == '.png' or /
        os.path.splitext(img)[1] == '.jpeg' or os.path.splitext(img)[1] == '.jpg']
except FileNotFoundError:
    # 如果 images 文件夹中没有上述结尾的文件,就报错,然后 exit()停止运行程序
    print ("No file or directory with the name {}".format(images))
    exit()
# 这个 args.det 是检测生成的图片存放的路径,如果这个路径没有这个文件夹,就创建一个文件夹
if not os.path.exists(args.det):
    os.makedirs(args.det)
# prep_image 是一个处理方法,把 imlist 的所有文件路径转换成图片
batches = list(map(prep_image,imlist,[inp_dim for x in range(len(imlist))]))
im_batches = [x[0] for x in batches]
orig_ims = [x[1] for x in batches]
im_dim_list = [x[2] for x in batches]
# 举例说明 repeat:假设 tensor.shape=[1,2,3],tensor.repeat(1,2,3).shape 就会是[1,4,9]
# 就是对应维度复制几次
im_dim_list = torch.FloatTensor(im_dim_list).repeat(1,2)
```

prep_image 函数是自定义的函数,其具体内容这里不做展示。该函数的功能是把 imlist 中的每一张图片转换成 inp_dim(416 个像素)大小的正方形。因为图片有长方形的,所以直接使用 resize,会造成图像拉伸。这个函数是把长方形原始图片的宽和高进行比较,把最长的缩到 416,从而短边等比缩小就会小于 416 个像素。再用值 128 去填充,让图形变成 416×416 的正方形,整个过程如图 17.6 所示,这个方法是现在常见的无扭曲地把长方形转换成正方形的方法。

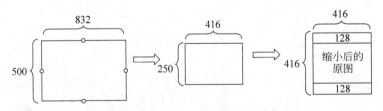

图 17.6　长方形图片转成正方形的步骤

这个函数返回 3 个值,第一张是处理后的 416×416 的图片,第二张是原始图片,第三张是每一个图像的尺寸,即 416。

下面生成 10647 个候选框:

```
# 在附件的代码中,会有很多 time.time()函数,这个是为了计算程序运行的时间的
# im_batches 是 416×416 的图片
for batch in im_batches:
```

```
# 判断是否使用 GPU
if CUDA:
    batch = batch.cuda()
# 测试的时候,不能更新模型的参数,所以禁用梯度下降
with torch.no_grad():
    prediction = model(batch,CUDA)
# write_results 是一个自定义函数,里面包括多个过程,稍后细讲这个函数
prediction = write_results(prediction,confidence,num_classes,nms = True,nms_conf = nms_thesh)
    # 这里留个悬念,prediction 为什么会是整数?
    if type(prediction) == int:
        i += 1
        continue
# 后面就是把 prediction 拼接到 output 中的操作了
prediction[:,0] += i * batch_size
if not write:
    output = prediction
    write = 1
else:
    output = torch.cat((output,prediction))
i += 1
```

现在已经有了 10647×85 的候选框。这里解释一下 write_results 函数：confidence＝0.5，是置信度的阈值；num_classes＝80，nms＝True，表示采用非极大值抑制（Non Maximum Suppression，NMS），NMS 的阈值设置为 0.4。

下面看一下 write_results 函数：

```
def write_results(prediction,confidence,num_classes,nms = True,nms_conf = 0.4):
    # prediction 的尺寸是[1,10647,85]
    conf_mask = (prediction[:,:,4] > confidence).float().unsqueeze(2)
    # conf_mask 的尺寸是[1,10647,1],如果没有 unsuqeeze(2),conf_mask.shape = [1,10647]
    # 如果置信度大于 confidence 的候选框,就会保留下来,小于的就会被置 0
    prediction = prediction * conf_mask
    # 这里说明了,如果所有的候选框的置信度都小于阈值,那么就返回一个整数 0
    try:
        ind_nz = torch.nonzero(prediction[:,:,4]).transpose(0,1).contiguous()
    except:
        return 0
    # box_a 是一个和 prediciton 同样尺寸的 tensor
    # 这里提醒一下,prediction 的 4 个位置信息已经被解码过了
    # 变成了相对于 416×416 图片的尺度了
    # 把中心点、宽高这样的信息直接转化成[xmin,ymin,xmax,ymax]的形式
    box_a = prediction.new(prediction.shape)
```

```python
box_a[:,:,0] = (prediction[:,:,0] - prediction[:,:,2]/2)
box_a[:,:,1] = (prediction[:,:,1] - prediction[:,:,3]/2)
box_a[:,:,2] = (prediction[:,:,0] + prediction[:,:,2]/2)
box_a[:,:,3] = (prediction[:,:,1] + prediction[:,:,3]/2)
prediction[:,:,:4] = box_a[:,:,:4]
batch_size = prediction.size(0)
# output.shape = [1,86]
output = prediction.new(1,prediction.size(2) + 1)
write = False
for ind in range(batch_size):
    # prediction.shape = [batch,10647,85], image_pred.shape = [10647,85]
    image_pred = prediction[ind]
    # Get the class having maximum score, and the index of that class
    # Get rid of num_classes softmax scores
    # Add the class index and the class score of class having maximum score
    # torch.max(Tensor,1)返回最大值的元素和最大元素的索引
    max_conf,max_conf_score = torch.max(image_pred[:,5:5 + num_classes],1)
    # max_conf 和 max_conf_score 的形状变成[10647,1]
    max_conf = max_conf.float().unsqueeze(1)
    max_conf_score = max_conf_score.float().unsqueeze(1)
    # 把 seq 中的所有 tensor 在第一维度上拼接,image_pred 会变成[10647,7]的形状
    # 4 位位置信息,1 位置信度,1 位最大类别概率,1 位最大类别索引
    seq = (image_pred[:,:5],max_conf,max_conf_score)
    image_pred = torch.cat(seq,1)
    # 把置信度等于 0 的都去掉.为什么会有 0 置信度的呢?
    # 在模型中的已经把置信度小于阈值的都重置为 0
    # non_zero_ind 是置信度不是 0 的索引
    non_zero_ind = (torch.nonzero(image_pred[:,4]))
    # 这里 image_pred 才是置信度不是 0 的候选框
    image_pred_ = image_pred[non_zero_ind.squeeze(),:].view(-1,7)
    # Get the various classes detected in the image
    try:
        # 这个返回的 img_classes 是置信度不是 0 的候选框中预测的类别种类集合
        # 比如预测框中,两个预测了人,一个预测了狗,那么 img_classes = ['人','狗']
        img_classes = unique(image_pred_[:,-1])
    except:
        continue
    # 下面最大非极值抑制,一张图片中预测到的所有类别
    for cls in img_classes:
        # image_pred 尺寸是[101,7] 这个 101 是假设有 101 个超过置信度阈值的候选框
        # cls_mask 尺寸就是[20,1] 这个 20 是假设在 101 个候选框中有 20 个属于 cls 类
        cls_mask = image_pred_ * (image_pred_[:,-1] == cls).float().unsqueeze(1)
        class_mask_ind = torch.nonzero(cls_mask[:,-2]).squeeze()
        # 这个 image_pred_class 的尺寸是[20,7]
        image_pred_class = image_pred_[class_mask_ind].view(-1,7)
        # 把 image_pred_class 按照置信度从大到小排序,然后获取从大到小的索引
```

```
            conf_sort_index = torch.sort(image_pred_class[:,4],descending = True )[1]
            # 按照这个排序的索引,重排序 image_pred_class
            image_pred_class = image_pred_class[conf_sort_index]
            # idx 就是之前假设的 20,有 20 个候选框预测同一个类别
            idx = image_pred_class.size(0)
            # 下面执行 non maximum suppression
            if nms:
                for i in range(idx):
                        # 计算这个候选框和其他所有置信度低于这个候选框置信度的候选框的 IoU 值
                        try:
                                ious = bbox_iou(image_pred_class[i].unsqueeze(0),image_pred_
class[i+1:])
                        except ValueError:
                            break
                        except IndexError:
                            break
                        # 把所有 IoU 值小于阈值的都设成 0
                        iou_mask = (ious < nms_conf).float().unsqueeze(1)
                        image_pred_class[i+1:] *= iou_mask
                        # 去除 IoU 小于阈值的候选框
                        non_zero_ind = torch.nonzero(image_pred_class[:,4]).squeeze()
                        image_pred_class = image_pred_class[non_zero_ind].view(-1,7)
            # 把剩下的候选框加上一个表示 batch 的,再拼接起来
            batch_ind = image_pred_class.new(image_pred_class.size(0),1).fill_(ind)
            seq = batch_ind,image_pred_class
            if not write:
                output = torch.cat(seq,1)
                write = True
            else:
                out = torch.cat(seq,1)
                output = torch.cat((output,out))
    return output
```

进一步讲解 NMS 的实现逻辑：

（1）确定一张图中有多少置信度低于置信度阈值的有效候选框；

（2）确定有效候选框中,总共检测到多少类别的事物；

（3）每一类的候选框根据置信度从高到低排序；

（4）每一个候选框都计算比它置信度低的其他候选框的 IoU,删除 IoU 小于阈值的低置信度候选框；

（5）剩下的就是 NMS 得到的结果。

整个检测的过程到此结束。在附件的代码中,剩下的内容是如何把框画到照片上,操作简单,与 YOLO 模型无关。虽然代码的学习是艰难的,但是从代码中可以看到原理的实现,到此代码原理合一,基本掌握了 YOLO v3 目标检测模型。

## 第 18 章

实战 7：人脸检测

本实战依然是目标检测算法，不同点在于，不对多种不同的物体进行检测，只检测人脸。本章节的基础内容：

(1) 学习 YOLO 目标检测的基础理论（不要求看懂实战）；

(2) 问题解答中的 PyTorch 模型类；

本章节的目标是直接从实战来一步步讲解 MTCNN 人脸检测算法，并且进一步理解目标检测中必用的内容——图像金字塔、边框回归和非最大值抑制的技巧。

18.1 什么是 MTCNN

多任务卷积网络（Multi-Task Convolutional Neural Network，MTCNN）之所以称为 Multi-Task 多任务是因为人脸检测有两个任务，分别是检测出图片中人脸的位置和给出人脸上的几个关键点的位置，这些点称为 landmark。MTCNN 给出 5 个关键点，分别是两个眼睛的位置、鼻子的位置和两个嘴角的位置。

MTCNN 整个流程由 3 个网络构成：PNet、RNet、ONet。这 3 个网络分别处理不同的任务，下面讲解具体流程。

18.2 MTCNN 流程

这次处理的是视频文件，其实和图片处理没有差别。视频是由一帧一帧的图片组成的，处理的其实是每一帧的图片。现在有一个正常的视频，从中取出一帧图片，这个图片的大小假设是 1080×1920（高×宽）。

注意：小知识，1080×1920 即表示 1080P。

在开始之前，先将图片缩小。1080P 图片太大，处理起来极为消耗性能，所以一般不用 1080P 直接作为输入的。图片的长和宽都乘以 0.25，得到 270×480 的图片大小比较合适。小分辨率的图片也能看出清晰的人脸。

这部分的代码如下：

```
import cv2
import Image
# 读取视频(没有声音只有图像)
video = cv2.VideoCapture(test_path) # test_path 就是视频文件的地址
# 读取视频的长度,视频由 v_len 帧的图片组成
v_len = int(video.get(cv2.CAP_PROP_FRAME_COUNT))
for j in range(v_len):
    # success 是 True,说明视频没有读取完毕,False 说明这是最后一帧;frame 是一个数组,表示
    # 图片
    success,frame = video.read()
    frame = Image.fromarray(frame) # 把数组转成图片格式,1080×1920
    frame = frame.resize([int(frame.size[0] * 0.25),int(frame.size[1] * 0.25)])
    # 把图片缩小 4 倍,270×480
```

18.2.1　图像金字塔

第一步,图像金字塔。把一张图片按照一定比例进行缩放。这里缩放比例是 0.5,当然缩放比例也可以是 0.6、0.7,缩放比例越大模型运行时间越长,但是不容易漏掉检测的人脸。这是由于经过第一次缩放,例如上面 270×480 的图片,依次变成 135×240、68×120、34×60 和 17×30。这样就相当于一个照片变成 5 个大小不一样的照片,然后在每一个大小的照片上找 12×12 的候选框,这样,12×12 的候选框放到原来大小的图片上,就是不同大小的候选框了。

17×30 中的 12×12 的候选框,放到 270×480 中就是 192×192;135×240 的中 12×12 的候选框放到 270×480 尺度下,就是 24×24。这样可以找到图片中不同大小的人脸的位置。

注意：其实具体过程中还有边框回归等步骤,上面讲述的只是简化的流程,目的是讲述图像金字塔的用处。

下面来看图像金字塔是如何实现的：

```
# 创建尺度金字塔
scale_i = pyramid_factor
minl = min(h,w)                    # h是图像的高,270;w是宽,480
scales = []                        # 存放图片缩放的比例
while True:
    if(minl * pyramid_factor > 12): # 判断图像缩小 0.5 倍之后,最小边长是否小于 12
        scales.append(scale_i)
        minl = minl * pyramid_factor
        scale_i = scale_i * pyramid_factor
    else:
        break
# print(scales) >>> [0.5,0.25,0.125,0.0625] #金字塔就 4 层,分别是缩小 0.5 倍、0.25 倍等
```

官方给出的缩放因子是 0.709,之所以不用 0.5 是因为每次长宽都缩小 0.5,那么图像整体缩小了 4 倍。所以就考虑每一次把面积缩小 2 倍,这样就是边长每次缩小 $\sqrt{2}$ 倍,所以因子就是 $1/\sqrt{2} \approx 0.71$。这里继续使用 0.5 的缩放比例,若要改成 0.709 只需改变代码开头的超参数。

18.2.2　PNet

PNet(Proposal Network。Proposal 是提议、建议的意思)就是提出大量可能的候选框,但是意见不一定都是对的,所以这些候选框中,很多都是没有意义的。

专业一点,PNet 就是一个目标检测的区域建议网络(Region Proposal Network,RPN)也称为区域生成网络。将经过图像金字塔变化的图片输入到这个网络中,经过 3 个卷积层,再由一个分类器来判断是否是人脸,同时使用边框回归技术来校正,而 PNet 的所有输出是很多的候选框,这些就是下一个网络 RNet 的输入。

下面来看一下 PNet 的代码,在代码中,要证实下面两件事情:

(1) PNet 的结构是否为 3 个卷积层;

(2) 边框回归是怎么实现的。

```python
class PNet(nn.Module):
    def __init__(self, pretrained=True):
        super().__init__()
        self.conv1 = nn.Conv2d(3, 10, kernel_size=3)          # 第一个卷积层
        self.prelu1 = nn.PReLU(10)
        self.pool1 = nn.MaxPool2d(2, 2, ceil_mode=True)        # PNet 就一个池化层
        self.conv2 = nn.Conv2d(10, 16, kernel_size=3)          # 第二个卷积层
        self.prelu2 = nn.PReLU(16)
        self.conv3 = nn.Conv2d(16, 32, kernel_size=3)          # 第三个卷积层
        self.prelu3 = nn.PReLU(32)
        self.conv4_1 = nn.Conv2d(32, 2, kernel_size=1)         # 分类器
        self.softmax4_1 = nn.Softmax(dim=1)
        self.conv4_2 = nn.Conv2d(32, 4, kernel_size=1)         # 预测分类框
        # 加载预训练模型文件
        if pretrained:
            state_dict_path = './pt/pnet.pt'
            state_dict = torch.load(state_dict_path)
            self.load_state_dict(state_dict)

    def forward(self, x):
        x = self.conv1(x)
        x = self.prelu1(x)
        x = self.pool1(x)
        x = self.conv2(x)
        x = self.prelu2(x)
```

```
        x = self.conv3(x)
        x = self.prelu3(x)
        classification = self.conv4_1(x)
        probability = self.softmax4_1(classification)
        regression = self.conv4_2(x)
        return regression, probability
```

从代码中，可以看到，PNet 模型定义的时候是三个卷积层，中间有一个池化层。整个模型输入的 shape 是[batch，3，宽，高]；可以看到这里使用了 PReLU 激活函数，是一个可以通过训练调整参数的 LeakyReLU 的版本，如果这个激活函数没有看懂，可以参考问题解答中的激活函数。

继续看这个代码的使用：

```
pnet = PNet()
# <---------- PNet ---------->
boxes = []
image_inds = []
for scale in scales:
    # 先根据 scale 缩放比例改变 imgs
    data = torch.nn.functional.interpolate(imgs, size = (int(h * scale), int(w * scale)))
    data = (data - 127.5)/128
    regression, prob = pnet(data)  # regression.shape = [16,4,63,115], prob.shape = [16,2,63.115]
    reg = regression.permute(0,2,3,1)        # reg.shape = [4,16,63,116]
    prob = prob[:,1]                 # prob[:,0]:不是人脸的概率, prob{:,1}:是人脸的概率
    mask = prob >= THRESHOLD[0]              # 是人脸的概率大于阈值
    mask_ind = mask.nonzero()               # mask_ind.shape = [853.3]
    # 计算候选框
    points = mask_ind[:,1:3].flip(1)
    points_right_down = ((points * 2)/scale).floor()    # 候选框从特征图映射回原图上
    points_left_up = ((points * 2 + 12)/scale).floor()
    boxes.append(torch.cat([points_right_down, points_left_up, prob[mask].unsqueeze(1), reg
[mask,:]], dim = 1))
    image_inds.append(mask_ind[:,0])
boxes = torch.cat(boxes, dim = 0)        # 把不同尺度的候选框放在一起, 总共 1189 个候选框
image_inds = torch.cat(image_inds, dim = 0)
```

使用 PNet 的主要过程如下。

（1）imgs 是[batch，3，270，480]的一个 Tensor 变量。

（2）使用 interpolate 插值进行缩小，如果是 Image 变量，可以用 resize 这个方法对图片缩小，但如果是 Tensor 变量，就不能用 resize 方法，使用 interpolate 插值方法对数组进行处理，需要注意的是，之前提到了缩小的倍数是从 0.5 开始，依次是 0.25、0.125 等，所以上述代码会循环多次，每一次都有不同的循环倍数。

（3）通过(data－127.5)/128，把像素归一化到－1～1 区间。正常的归一化是 0～1 这个区间，但是实践证明，如果采用有正有负的输入，收敛速度会更快。

(4) 最后把 data 放到 PNet 中,因为 PNet 中的卷积没有 Padding,还有一个池化层,所以最后输出的是[16,2,63,115]和[16,4,63,115]。重点是,16 是一个 batch 的数量,63 和 115 是原来图像 270、480 经过缩小 0.5 倍变成 135 和 240,然后 3 个卷积层和 1 个池化层就变成 63、115 的特征图大小(这一部分的计算会在后面详细解释)。关键在于"2"这个参数,它表示这个图像:不是人脸的概率和是人脸的概率;"4"这个参数表示图像 4 个边的偏移幅度,也就是用来做边框回归的。那么,问题是无法预测候选框的位置。可以用图 18.1 来解释 MTCNN 中候选框是怎么得到的。

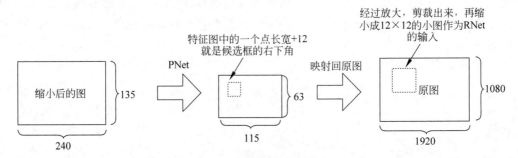

图 18.1　候选框的变换

现在假设特征图 $2\times63\times115$ 可以看作一个高 63 宽 115 的图片,每一个像素上有两个值,类似两通道特征图。假设特征图上有一个点(20,20),这个像素点的两个通道值可能是 20.2% 和 79.8%,这个点代表了一个特征图,这个特征图左上角的点的坐标为(20,20),右下角的点的坐标为(20+12,20+12),这个候选框是人脸的概率是 79.8%,所以保留下来。总之,63×115 特征图其实表示了 7245 个候选框。

(5) 现在每一张输入图片,在图像金字塔缩放比例为 0.5 的时候,产生了 7245 个候选框。要筛选这些候选框是不是人脸,可采用图 18.2 所示的 PNet 流程。

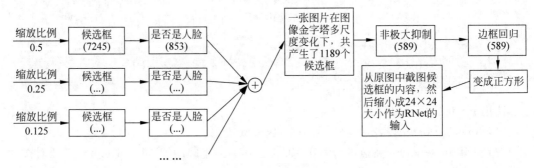

图 18.2　PNet 流程

如图 18.2 所示,在不同尺度下经过 PNet 产生了特征图,然后根据 PNet 的两通道输出做第一次筛选,是人脸概率大于 0.6 的候选框保留,然后把保留下来的所有候选框一起做非极大抑制(Non-Maximum Suppresion,NMS)。NMS 的逻辑很简单,就是把所有的候选框根据"是人脸的概率"（之后把这个概率称为模型给候选框的得分），从高到低排序，然后依次计算得分最高的候选框和其他所有的候选框的 IoU 值，IoU 大于一个阈值（MTCNN 中用的 0.7）的得分低的候选框就会删除。总之，就是比较两个候选框的 IoU 值，这个值过大表示两个候选框重叠部分过多，需要把得分低的删除。

NMS 的代码如下：

```
# 非极大抑制
pick = batched_nms(boxes[:,:4],boxes[:,4],image_inds,0.7)
boxes,image_inds = boxes[pick],image_inds[pick] # 只剩下 589 个候选框
```

其中，boxes[:,:4]是候选框的左上角右下角坐标，boxes[:,4]是每一个候选框的得分，0.7 是阈值，image_inds 是每一个候选框所属图片的标记，因为同时要对一个 batch（也就是 16 张图片）进行 NMS，不同图片的候选框肯定不需要比较，如何判断哪一个候选框是哪张图片呢？就用 image_inds 来判断，例如，有 3 个候选框，image_inds 可能是[0,1,1]，说明后两个候选框是属于同一张图片的。

（6）剩下的候选框做边框回归，就是根据 PNet 输出的另外一个四通道输出对边框进行矫正。

```
# 边框回归
regw = boxes[:,2] - boxes[:,0]
regh = boxes[:,3] - boxes[:,1]
point1 = boxes[:,0] + boxes[:,5] * regw    # (point1,point2)是左上角的坐标
point2 = boxes[:,1] + boxes[:,6] * regh
point3 = boxes[:,2] + boxes[:,7] * regw    # (point3,point4)是右下角的坐标
point4 = boxes[:,3] + boxes[:,8] * regh
```

其中，boxes[:,[5,6,7,8]]分别是候选框四边的矫正值。这个校正值×候选框的长或者宽，就是要调整的具体值。也就是说校正值是一个相对于原来候选框大小的矫正比例。为什么不让模型直接预测出来具体要修改候选框的像素值呢？因为输入的图片大小不同，有的缩小到 0.5 倍，有的缩小到 0.125 倍，如果预测像素值，那么就会有图片大且修改像素值大、图片小且修改像素值小的情况。这样神经网络预测的结果有大幅度的不同，就会造成训练的时候收敛困难。改成相对值就会好训练一些，抗干扰。

（7）最后，在边框回归之后，之前正方形的候选框就会变成长方形，这里再恢复成正方形。变化方式也很简单，如图 18.3 所示。

现在又变成正方形的候选框，从原图把这个候选框内的内容抠下来，然后缩小为 24×24 的小图，就可以作为 RNet 的输入。

变成正方形也很简单，在代码中可以直接封装成函数：

```
boxes = rectangleToSquare(boxes) # boxes 就是候选框
```

把原来的长方形按照长边变成新的正方形，中心点不变

图 18.3　长方形变成正方形

18.2.3　RNet

为了节约篇幅，RNet(Refine Network)的网络就不展示了，这里只做简单讲解。

RNet 的输入是候选框的图片。PNet 提出了很多建议，它觉得这些都可能是人脸的图片，所以 RNet 其实是一个常见的分类器，当然，RNet 也做了一个边框回归的工作。之前 PNet 经过重重筛选(两个，分别为概率和 NMS)，留下了 589 个候选框，那么 RNet 的输入的 shape 就是[589,3,24,24]，然后每张图片都给出两个输出，第一个输出就是这张图片是不是人脸的概率，是一个 1×2 的向量；第二个输出是这张图片需要做的边框回归，是 1×4 的向量。

```
# 把剪裁出来的图片放到 RNet 中
reg,prob = rnet(data)
prob = prob[:,1] # 和 pnet 一样，只要模型检测出来是人脸的部分就行了
mask = prob >= THRESHOLD[0]
boxes = torch.cat([boxes[mask,:4],prob[mask].unsqueeze(1)],dim=1) # boxes.shape=[208,5]
image_inds,reg = image_inds[mask],reg[mask]
# 再一次 NMS
pick = batched_nms(boxes[:,:4],boxes[:,4],image_inds,0.7)
boxes,image_inds,reg = boxes[pick],image_inds[pick],reg[pick] # 此时只剩下 103 个候选框
# 边框回归
regw = boxes[:,2] - boxes[:,0]
regh = boxes[:,3] - boxes[:,1]
point1 = (boxes[:,0] + reg[:,0] * regw).unsqueeze(1)
point2 = (boxes[:,1] + reg[:,1] * regh).unsqueeze(1)
point3 = (boxes[:,2] + reg[:,2] * regw).unsqueeze(1)
point4 = (boxes[:,3] + reg[:,3] * regh).unsqueeze(1)
boxes = torch.cat([point1,point2,point3,point4,boxes[:,4].unsqueeze(1)],dim=1)
# 长方形变成正方形候选框
boxes = rectangleToSquare(boxes)
```

整个过程和 PNet 差不多。先用是否是人脸的概率过滤掉一些候选框，再用 NMS 过滤

掉一些。然后做边框回归，再把结果变成正方形，最后从原图中把剩下的候选框抠下来，变成 48×48 的大小，作为最后一个网络 ONet 的输入。

18.2.4 ONet

ONet 是 Output Network 的缩写。在这部分，带着读者一起复习一下卷积层和池化层对特征图尺寸的影响：

```python
class ONet(nn.Module):
    def __init__(self, pretrained=True):
        super().__init__()
        self.conv1 = nn.Conv2d(3, 32, kernel_size=3)
        self.prelu1 = nn.PReLU(32)
        self.pool1 = nn.MaxPool2d(3, 2, ceil_mode=True)
        self.conv2 = nn.Conv2d(32, 64, kernel_size=3)
        self.prelu2 = nn.PReLU(64)
        self.pool2 = nn.MaxPool2d(3, 2, ceil_mode=True)
        self.conv3 = nn.Conv2d(64, 64, kernel_size=3)
        self.prelu3 = nn.PReLU(64)
        self.pool3 = nn.MaxPool2d(2, 2, ceil_mode=True)
        self.conv4 = nn.Conv2d(64, 128, kernel_size=2)
        self.prelu4 = nn.PReLU(128)
        self.dense5 = nn.Linear(1152, 256)
        self.prelu5 = nn.PReLU(256)
        self.dense6_1 = nn.Linear(256, 2)
        self.softmax6_1 = nn.Softmax(dim=1)
        self.dense6_2 = nn.Linear(256, 4)
        self.dense6_3 = nn.Linear(256, 10)
        if pretrained:
            state_dict_path = './.pt/onet.pt'
            state_dict = torch.load(state_dict_path)
            self.load_state_dict(state_dict)

    def forward(self, x):
        print(x.shape)
        x = self.conv1(x)       # 3×48×48 -> 32×46×46
        x = self.prelu1(x)
        x = self.pool1(x)       # 32×46×46 -> 32×23×23
        x = self.conv2(x)       # 32×23×23 -> 64×21×21
        x = self.prelu2(x)
        x = self.pool2(x)       # 64×21×21 -> 64×10×10
        x = self.conv3(x)       # 64×10×10 -> 64×8×8
        x = self.prelu3(x)
        x = self.pool3(x)       # 64×8×8 -> 64×4×4
        x = self.conv4(x)       # 64×4×4 -> 128×3×3
```

```
x = self.prelu4(x)
x = x.permute(0,3,2,1).contiguous()
x = self.dense5(x.view(x.shape[0], -1))   # 128×9 = 1152 -> 256
x = self.prelu5(x)
classification = self.dense6_1(x)          # 256 -> 2
probability = self.softmax6_1(classification)
regression = self.dense6_2(x)              # 256 -> 4
landmark = self.dense6_3(x)                # 256 -> 10
return regression,landmark,probability
```

这个输入跟 RNet 的输入类似,shape 是[保留候选框的数量,3,48,48]的图片。然后来看这个尺寸是如何变化的,下述所有卷积层都没有 Padding,Stride 都是 1:

(1) self.conv1 卷积核是 3×3 的,48×48->46×46,不理解的读者可以参考卷积的过程,或者思考一下 Padding 的意义何在;

(2) 池化层 self.pool1,尺寸减半,46×46->23×23;

(3) self.conv2 的卷积核 3×3,23×23->21×21;

(4) self.pool2 池化层,尺寸减半,向下取整,21×21->10×10;

(5) self.conv3 卷积核 3×3,10×10->8×8;

(6) self.pool3 池化层,尺寸减半,8×8->4×4;

(7) self.conv4 卷积核 2×2,所以尺寸减 1,4×4->3×3;

(8) 验证推导正确性,3×3×128=1152,与下一层的全连接层输入节点数 1152 相同,推导正确。

最后输出,相比 RNet 多了一个 landmark,这个是 1×10 的向量,也就是人脸的 5 个关键点的坐标。还输出了 1×2 的向量和 1×4 的向量,分别是概率和边框回归。

和之前一样,先用概率筛选掉一些候选框,再用 NMS 去重复,然后用边框回归,这一次就不需要转成正方形了。

注意:这里也可以先边框回归,再做 NMS。

最后的候选框就是目标检测的人脸位置。整个 MTCNN 的代码在附件中可以找到。效果见图 18.4。

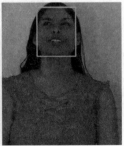

图 18.4 DeepFake 竞赛效果图

18.3 训练过程

训练一个这样的模型,没有一个强力的 CPU 基本上是得不到结果的。所以这里不会具体讲解训练的代码,只是讲解一些训练时候的技巧。模型文件在附件中给出,不用读者去训练网络。

训练一个 3 个网络的模型,自然有很多的数据。怎么训练网络呢? 因为 MTCNN 是要识别出人脸的位置,并且标出 landmark 的位置,所以训练的时候肯定是有训练图片以及图片中人脸的位置坐标,以及 landmark 的坐标。要根据上面的这些数据,扩展成以下四个部分。

(1) 正样本(Positive Face)。候选框的位置(也就是左上角坐标和右下角坐标)以及 label,这个 label 就是正样本候选框与真正人脸 groundtruth 的 IoU 值,IoU 大于 0.65;

注意:groundtruth 就是指人手工标注的、真实的人脸位置,而样本中的候选框,可能都和这个 groundtruth 有些许差异。

(2) 偏样本(Part Face)。候选框的位置以及 label,就是与 groundtruth 的 IoU 值,IoU 要小于 0.65,大于 0.4。

(3) 负样本(Negtive Face)。候选框位置和 label,IoU 值小于 0.3。

(4) 再加上 landmark 的数据。

上面的正偏负样本,就是在 groundtruth 附近,进行截图。想象一张图片,上面有一张人脸。然后在人脸的 groundtruth 附近截取,比较近的就是正样本,远的就是负样本,不远不近的就是偏样本。一张人脸图片可以产生很多的样本。

然后使用正负样本训练图片分类,再使用正偏样本训练边框回归。因为分类是要分是人脸或不是人脸,所以用正负样本训练;边框回归是找到半张脸希望可以让候选框偏移到整个人脸上,所以用正偏样本进行训练。

这里有一个小知识,从上述的讲解中,不难发现三个网络 PNet、RNet、ONet 都是卷积网络,而且都是 3~5 个卷积层的浅层网络。训练时 CPU 并不会节约多少的时间,反而数据在内存到显存之间重复复制,占用很多时间,所以 MTCNN 需要有一颗强力的 CPU。为了加快速度,可以通过修改图像金字塔的缩放比例,提高 NMS 的力度。

## 第 19 章

实战 8：自然语言处理

自然语言处理（Nature Language Process，NLP）虽然主观上感觉是跟图像处理类似的方向，但是其内部有诸多不同类型的模型，多且杂。本实战就带领读者看一下自然语言处理中的一些基础模型和基本操作，在以后学习的过程中很有可能听到这些模型的名字。

自然语言处理的内容比较散，入门起来相比图像处理更加困难与繁琐，所以希望通过这一章的内容，帮助读者快速搭建对自然语言处理的基础。

自然语言可以理解为人类日常交流的语言，比如英语、汉语等，对其进行处理就是希望计算机可以理解这些语言的含义，并且可以做到像人一样处理语言，做完形填空、写作文、看图说话、翻译等都是自然语言处理的应用。

19.1　正则表达式

正则表达式（Regular Expression，RE），或称 regex，是用来检索、替换符合某个规则的文本的。正则表达式最关键的就是如何检索，这里用代码来讲解（这个很基础但是很重要，很多场合都会用到）。

```
import re # 导入 Python 自带的正则表达式库 re
print(r'0:\n') # 这个字符串前多了个 r          >>> 0:\n
print('1:', re.match('a', 'bca\n'))            >>> 1: None
print('2:', re.match('a', 'abc\n')) >>> 2: <_sre.SRE_Match object; span = (0,1), match = 'a'>
print('3:', re.search('a', 'bca\n')) >>> 3: <_sre.SRE_Match object; span = (2,3), match = 'a'>
print('4:', re.search('a', 'abc\n').span())    >>> 4: (0,1)
print('5:', re.findall('a', 'abca\n'))         >>> 5: ['a', 'a']
print('6:', re.sub('a', 'b', 'abca\n'))        >>> 6: bbcb
```

在代码"＞＞＞"后面的内容就是输出。从上面代码中可以学习到以下内容。

（1）为什么要在字符串前面加上 r。字母 r 表示这个字符串是一个 raw string。字符串中"\n"表示换行，"\"符号是转义符。而在正则表达式中，往往需要让"\"符号作为它本身使用，而非转义符。所以通过在字符串前面增加 r，来让这个字符串单纯地不考虑转义符。

注意：r 一般在两种场合下使用，一个是正则表达式 re，另一个是系统路径中；另外"\"符号不能作为字符串的最后一个字符，就算加上了 r 也会被编译报错。

（2）首先输出 1～4 是对比 re. match 和 re. search 的区别。两者的第一个参数都是要匹配的对象，第二个参数是被匹配的字符串。re. match()只能从第一个开始匹配，从输出 1 和输出 2 的对比可以发现，输出 1 返回一个 None，说明没有匹配；而 search 是看整个字符串中是否存在要匹配的模板，所以输出 3 和输出 4 都返回了被匹配的内容。通过调用 span()方法，可以得到匹配的内容的位置信息。总之，search 的功能比 match 强大一点，但是两者只能匹配字符串中第一个出现的模板，而不是所有的，因此在 NLP 内容中不常用这两个方法。

（3）输出 5 是常用的方法，就是匹配字符串中所有的符合模板的对象，然后把这些所有符合的对象做成一个 list 返回。

（4）输出 6 也常用。re. sub 是替换，3 个参数，把第三个参数中所有符合第一个参数的对象换成第二个参数。对 re 的常见函数了解之后，看一些 re 的常见规则：

```
target = '102#4he%ll.;oW_'  # 这个就是目标字符串，里面有数字、符号、大小写字母
print('7:',re.findall('\d',target))  # '\d' = '[0-9]'     >>> 7: ['1','0','2','4']
print('8:',re.findall('[0-9]+',target))                   >>> 8: ['102','4']
print('9:',re.findall('[a-zA-Z]+',target))                >>> 9: ['he','ll','oW']
print('10:',re.findall('[^a-zA-Z]+',target))              >>> 10: ['102#4','%','.;','_']
print('11:',re.findall('\W+',target))                     >>> 11: ['#','%','.;']
print('12:',re.findall('\w+',target))                     >>> 12: ['102','4he','ll','oW_']
```

（1）输出 7。"\d"就是查询所有的数字，其实就相当于"[0-9]"。这个[…]表示字符集，是一个要匹配的模板的集合，"[0123456789]"就是匹配这 10 个数字，当然可以用"-"短横线来表示一个区间"[0-2]=[012]"。

（2）输出 8。"+"表示前面的字符（集）中最少出现一次。在输出 7 中，102 这个数字拆分成 1、0、2，使用了"+"，就会判断，第一个字符是不是数字，是的话再看第二个数字是不是，直到下一个字符不是"+"前面规定的字符集。顺便提一下"*"，这个符号就是说前面的字符（集）最少出现 0 次，就是可有可无。

（3）输出 9 和输出 10。"^"表示取反，输出 9 是输出大小写字母，输出 10 增加了取反就是输出英文字母之外的所有内容，因为加了"+"，所以是成堆输出的。

（4）输出 11 和输出 12。"\w"和"\W"表示大小写的区别。"\w"和"\d"都是系统已经设定好的字符集，"\d"就是数字，"\w"是大小写英文字母＋数组＋下划线"_"。如果把预设字符集的符号大写，就相当于增加了取反"^"，"\D"就变成不是数字的字符集，"\W"就变成了相对于英文的所有特殊符号。

这里就讲一些常见的 re 操作。如果有读者想使用正则表达来查找字符串，只要能想出来的逻辑，都可以用 re 的规则实现，更加复杂的操作可以自行查表，在这里这些简单的够用了。

19.2　快速上手 textblob

一般提到 NLP 的话,自然会想到 nltk(Nature Language Toolkit)库。这里使用基于 nltk textblob 库,除了 nltk 功能还有其他很方便的功能。总之,很适合跨专业的读者做一些简单的数据分析。

19.2.1　极性分析和词性标注

极性(Polarity)就是指一句话的情绪是 positive 还是 negative 的,这里暂时不考虑是怎么判断 positive 还是 negative 的。使用下面的代码来快速上手极性分析:

```python
from textblob import TextBlob  # 导入必要库
# 下面这句话就是要分析的对象了
text = "I love Python. I don't like to study Deep Learning? I feel really sad!"
blob = TextBlob(text)
```

一个自然语言处理的任务,基本上逃不开的就是分句分词。现在有一个文章或者段落(即很多句子),怎么分词分句呢?

```python
print(blob.words)                # 分词
print(blob.sentences)            # 分句
for sentence in blob.sentences:
    print(sentence.sentiment)    # 对每一个句子做极性分析
print(blob.noun_phrases)         # 名词短语列表
```

分词的输出为:

```
['I','love','Python','I','do',"n't",'like','to','study','Deep','Learning','I','feel','really','sad']
```

分句的输出为:

```
[Sentence("I love Python."),Sentence("I don't like to study Deep Learning?"),Sentence("I feel
really sad!")]
```

对每个句子做极性分析的结果:

```
Sentiment(polarity = 0.5,subjectivity = 0.6)
Sentiment(polarity = 0.0,subjectivity = 0.4)
Sentiment(polarity = - 0.625,subjectivity = 1.0)
```

可以看到分词就是把每个词划分开,而且删去了标点符号,"don't"也被划分成"do"和"n't"了。polarity 就是极性的意思,取值范围为 −1～1。−1 是最消极的,1 是最积极的。

可以看到"I love Python"是一个比较积极的话，"I feel really sad!"是一个消极的句子。subjectivity 是主观性判断，取值范围为 0～1，0 表示客观，1 表示主观。上面的句子的主客观判断结果也是合理的。

最后扩展一个知识，blob 可以找到一些名词短语，比方说上面句子中有哪些短语呢？['Python', 'Deep Learning']。不过这个函数的不多。

那么词性标注是什么呢？其实这也是一个常见的 NLP 任务，就是判断每一个单词是什么词性，例如动词、名词、代词或介词。看下面的代码：

```
text = "I love you. You have my love."
blob = TextBlob(text)
print(blob.tags)        # 这个 tag 就是标注的意思
```

输出结果为：[('I', 'PRP'), ('love', 'VBP'), ('you', 'PRP'), ('You', 'PRP'), ('have', 'VBP'), ('my', 'PRP$'), ('love', 'NN')]

后面的大写字母，就是常见的英文词性分类，人称代词(Personal Pronoun, PRP)；非第三人称单数动词(Verb, non-3rd ps. single, present, VBP)；名词(noun, NN)(更多的代词可以在附件的代码文件中查看，不需要记忆，都是英文语言学的划分)。这里唯一要提醒的就是，在上面的例子中，love 有动词也有名词，而词性标注也是可以区分出来的。

总之，极性分析常用在评论中，比方说电影评论，通过对评论的极性分析来判断这个评论是支持电影的还是反对电影的。上面的代码非常简单而且没有实现难度，非常适合文科的读者快速上手。

19.2.2　词干提取和拼写校正

词干提取就是英文中的名词复数都变成单数，动词过去式、第三人称形式都变成最基本的样子，这一步在自然语言处理中是很常见的；另外一个就是拼接校正，就是当写了一个错误的单词时，可以自动纠正过来。两个任务都很简单，下面看代码：

```
from textblob import TextBlob, Word
# 词干提取
print(Word('feet').lemmatize())
print(Word('became').lemmatize('v'))
# 拼写校正
print(TextBlob('Helllo worldd').correct())
# 单词校正意见
print(Word('footba').spellcheck())
```

词干提取的输出：

```
foot 和 become
```

拼写校正的输出：

```
Hello world
```

单词意见校正的输出：

```
[('foot',0.8),('footman',0.192),('football',0.008)]
```

lemmatize()就是词干提取、变体还原的意思。如果没有参数就是默认还原成名词单数，如果有'v'就还原成动词的基本形式。拼写校正也是正确的、单词校正意见就是根据单词，能给出多种可能想表达的方案，并且还附带上了每一个方案的置信度。

总之，本节内容非常简单，或许可以直接拿来做一个英文学习小软件或者拿来做一个英文电子词典。本节目的是让读者了解，现在自然语言处理的库使用基本功能是非常方便的。

19.2.3 单词字典

这个部分就是自然语言处理中的一个关键内容，做一个字典。比方说有这样一个文本："python I love. I love deep learning. i love hello word"。之前可以做到分词，但是分词的结果是包含多个重复的单词的，而一个字典中应该是每一个词只出现一次，所以用 textblob 来快速实现：

```
from textblob import TextBlob
text = "python I love. I love deep learning. i love hello word"
blob = TextBlob(text)
vocabulary = blob.word_counts
print('3,字典: ',vocabulary)
vocabulary = sorted(vocabulary.items(),key = lambda x:x[1],reverse = True)
print('4,排序之后的字典: ',vocabulary)
```

输出内容是：

```
3,字典: {'python': 1,'i': 3,'love': 3,'deep': 1,'learning': 1,'hello': 1,'word': 1})
4,排序之后的字典: [('i',3),('love',3),('python',1),('deep',1),('learning',1),('hello',1),('
word',1)]
```

可以看到通过 blob. word_counts 就可以快速地制作一个字典，还能统计每一个单词出现的频数（次数）。往往需要查看出现概率最高的词，所以这里又对这个字典根据键-值进行从高到低的排序，方便大家学习。

19.3 基本概念

19.3.1 朴素贝叶斯

朴素贝叶斯(Naïve Bayesian)，有时也被称为天真贝叶斯。这是基于贝叶斯公式的一个

分类思想,那么先看贝叶斯公式:

$$P(B \mid A) = \frac{P(A \mid B)P(B)}{P(A)} \tag{19.1}$$

贝叶斯公式涉及条件概率。其实式(19.1)可以写成:

$$P(A, B) = P(A \mid B)P(B) = P(B \mid A)P(A) \tag{19.2}$$

条件概率 $P(B|A)$ 的含义就是在已经知道 A 的情况下,B 发生的概率。那么贝叶斯定理解决的问题就是已知 $P(A|B)$ 求取 $P(B|A)$。它的用处很大,例如垃圾邮件识别:假设有 1000 条邮件,其中 499 条是垃圾邮件(spam),501 条不是垃圾邮件(ham,一般正常邮件都标记为 ham)。现在有一条新的邮件,想知道这个邮件是垃圾邮件的概率。那么目标是求得:P(spam|新邮件)和 P(ham|新邮件)。

这看起来可能会没有头绪,套用式(19.1):

$$\begin{cases} P(\text{spam} \mid \text{新邮件}) = \dfrac{P(\text{新邮件} \mid \text{spam})P(\text{spam})}{P(\text{新邮件})} \\[3mm] P(\text{ham} \mid \text{新邮件}) = \dfrac{P(\text{新邮件} \mid \text{ham})P(\text{ham})}{P(\text{新邮件})} \end{cases} \tag{19.3}$$

现在知道新邮件如果不是 spam,那么必是 ham,所以两个概率相加为 1。这样就可以把分母省略,因为两个分母相同。然后把分子部分看成贝叶斯模型给新邮件属于不同分类的打分,最后归一化到和为 1 就可以了。那么朴素贝叶斯分类器的思想就是看贝叶斯模型给不同分类的打分,哪一个类别的打分高则邮件就属于哪一个类别。总之,在朴素贝叶斯分类器中会看到这样的公式:

$$\text{score}(B \mid A) = P(A \mid B)P(B) \tag{19.4}$$

注意:①上面的 1000 个文本数据库,更专业一点的名字是 corpus 语料库。②score($B|A$)有的地方也会直接写成 $P(B|A)$。

现在要考虑的就是 P(新邮件|spam)和 P(spam)。后者可以用语料库中垃圾邮件的比例来代替,在上面的案例中,就是 $\dfrac{499}{1000}$;前者就用语料库中所有的 499 个垃圾邮件 spam 中含有新邮件内容的比例来代替。这里会提出问题:那么发垃圾邮件的人每次不会发同样的内容,那么这个概率就很可能是 0 了。

所以这里的新邮件不是指整个邮件,用之前讲到的分词分句,把这个新邮件分成一个一个单词,出现一些"打折""热销""日赚千万"这样的字眼的邮件更可能是垃圾邮件。

之前也讲了,朴素贝叶斯分类器就是按照打分最高的类别选取。所以这里可以写成:

$$c^* = \underset{c}{\arg\max}\ \text{score}(\text{spam} \mid \text{新邮件}) = \underset{c}{\arg\max}\ \text{score}(\text{新邮件} \mid \text{spam})P(\text{spam}) \tag{19.5}$$

把新邮件拆分成句子、词组,这样新邮件就可以用 $a_1, a_2, \cdots, a_n$ 表示。朴素贝叶斯基于一个假设:已知信息 a 之间相互条件独立。所以式(19.5)又可以写成:

$$P(a_1, a_2, \cdots, a_n \mid \text{spam}) = P(a_1 \mid \text{spam})P(a_2 \mid \text{spam}) \cdots P(a_n \mid \text{spam})$$

$$= \prod_{i=1}^{n} P(a_i \mid \text{spam}) \tag{19.6}$$

所以最终可以得到：

$$c^* = \underset{c}{\operatorname{argmax}} P(\text{spam}) \prod_{i=1}^{n} P(a_i \mid \text{spam}) \tag{19.7}$$

现在怎么理解 $P(a_i \mid \text{spam})$ 呢？可以是邮件拆分成的词组、单词；更多情况下是新邮件中的一些属性，比方说邮件的字数、邮件中阿拉伯数字的数量等，例如，一个邮件如果非常短、数字非常多，那么就更可能是垃圾邮件。总之，a_i 可以看成从新邮件这个语料中抽取出来的特征（类似于做了一个特征工程）。

到这里，朴素贝叶斯分类器已经讲完，这个模型不用梯度下降，不用训练，就是类似于查找数据库来计算概率的一个过程。

19.3.2　N-gram 模型

之前提到了一个"幼稚"贝叶斯，现在要提到马尔可夫假设：模型的当前状态仅仅依赖于前面的几个状态。这句话的含义就是：每一个单词仅仅与前面几个单词有关系。假设每一个单词 A 只跟前面一个单词 B 有关系，那么已知前面的单词 B，后面是单词 A 的概率是多少呢？答案是 $P(A \mid B)$。例如：

（1）I love deep learning.

（2）deep learning I love.

（3）I want apple.

这三句话就是语料库 corpus，想要计算 $P(\text{love} \mid I)$ 的概率，那么文本中"I"出现的次数是 3 次，"I love"出现的次数是两次，所以 $P(\text{love} \mid I) = \dfrac{2}{3}$。

可以发现，假如只跟前面一个单词有关系，那么就是两个相邻单词分成一组，这样的 N-gram 称为 Bi-gram 模型，Bi 就是双、二的意思；假如跟前面两个单词有关系，那么就是 3 个相邻单词分成一组，此时 N-gram 称为 Tri-gram 模型，Tri 是 3 个的意思。而一般来说，Bi-gram 和 Tri-gram 就是最常用的 N-gram 模型了。

N-gram 可以用来做很多事情。

（1）N-gram 可以用来判断句子是否合理：

$$P(I, \text{love}, \text{you}) = P(I) P(\text{love} \mid I) P(\text{you} \mid \text{love}) \tag{19.8}$$

这里使用了 Bi-gram 模型，这个概率越小，说明这句话可能越不够常见。

（2）N-gram 可以用来填词。"I love XXX"，XXX 的选定就可以根据 $P(\text{XXX} \mid \text{love})$ 的大小判断。

（3）N-gram 可以用来确定词性，依然是上面的例子：

$$P(\text{动词} \mid I \text{ 的词性}, \text{love}) = \frac{\text{前一个词是代词}, \text{love 是动词的组合的数量}}{\text{前一个词是代词}, \text{不管 love 是什么词性的组合的数量}} \tag{19.9}$$

这个也是用 Bi-gram 的模式，已知前面是一个代词，想要知道 love 的词性就是查询语料库中类似情况发生的概率。除此之外，N-gram 也可以做其他事情，例如情感预测、垃圾邮件分类等，都可以套用此模型。

下面来看一下如何用 textblob 实现 N-gram 分组：

```
from textblob import TextBlob
blob = TextBlob("It is a nice day")
print('5.trigram:',blob.ngrams(n = 3)) # tri - grams
```

输出结果：5. trigram：[WordList(['It', 'is', 'a']), WordList(['is', 'a', 'nice']), WordList(['a', 'nice', 'day'])]，和预期一致。

19.3.3 混淆矩阵

混淆矩阵(Confusion Matrix)是一个评估准确度的方法。这个方法可以处理数据不同类别样本不平衡的情况。样本不平衡是一个很大的问题，例如：语料库中总共有 1000 个邮件，其中有 200 个垃圾邮件 spam，800 个正常邮件 ham，再按照 4 : 1 的比例划分训练集和测试集，那么就会有 800 个样本的训练集和 200 个样本的测试集。而 800 个样本中有 160 个样本是 spam，640 个样本是 ham。

训练集样本不均衡怎么处理呢？从 160 个 spam 训练集样本中随机挑选复制，直到数量从 160 到 640，和 ham 一样，这样训练集总数变成 1280，不同类别之间的样本数量相同。

但是测试集不能这样处理。所以 200 个样本中 40 个 spam 和 160 个 ham。就算有一个完全不能分辨垃圾邮件的模型，在每一个输出都说是 ham，那么也有 $\frac{160}{200}=0.8$ 的准确率。其实没有任何意义。所以这里引入了混淆矩阵(之前目标检测实战中计算 mAP 的部分也讲过)。

混淆矩阵就是一个表格，如表 19.1 所示。

表 19.1 混淆矩阵(稍作修改，假设预测对了一个 spam)

混淆矩阵		真实值	
		spam(positive)	ham(negative)
预测值	spam(positive)	TP(1)	FP(0)
	ham(negative)	FN(39)	TN(160)

如图 19.1 所示，TP 是 True Positive，FP 是 False Positive。计算精确度如下：

$$Precision = \frac{TP}{TP + FP} = 1 \tag{19.10}$$

计算召回度 Recall 如下：

$$Recall = \frac{TP}{TP + FN} = 0.025 \tag{19.11}$$

计算 F1-Score 如下：

$$F1\_Score = \frac{2 * Precision * Recall}{Precision + Recall} = 0.04 \qquad (19.12)$$

F1_Score 范围 0~1，值越高预测效果越好，可以当作样本不均衡的模型衡量 metric。通过这样的方法，可以解决测试样本不均衡的问题。

这里加入一些个人理解，依然用垃圾邮件举例：TP+FP 是预测为垃圾的数量。所以精确度 Precision 就是预测是垃圾邮件的样本中有多少是正确的。这样的话如果预测的垃圾邮件越少，Precision 就会越高；TP+FN 是真的垃圾邮件的总数。所以召回度 Recall 就是真的垃圾邮件有多少被预测正确的，所以模型预测的垃圾邮件越多，Recall 就会越高，所以两个指标相互制约，来解决样本不平衡的问题。

一个通俗的比方，写作业的时候，同学是只写会做的呢？还是尽可能多写？不管对错，都写了，那么召回率就高；如果只写百分百确定是对的题，那么精确度就高。

19.4　基于朴素贝叶斯的垃圾邮件分类

根据 19.4 节内容，做一个简单的垃圾邮件分类，样本的内容如图 19.1 所示。

	label	context
0	ham	Go until jurong point, crazy.. Available only ...
1	ham	Ok lar... Joking wif u oni...
2	spam	Free entry in 2 a wkly comp to win FA Cup fina...
3	ham	U dun say so early hor... U c already then say...
4	ham	Nah I don't think he goes to usf, he lives aro...

图 19.1　垃圾邮件语料库

如图 19.1 所示，样本就是一列标注（如 spam 或 ham），另外一列是邮件的内容。

```
# 导入必要库
import textblob
import pandas as pd
import os
import random
import re
data = pd.read_csv('./SMSSpamCollection.csv',
             encoding = "unicode_escape", header = None, names = ['label','context'])
print('the number of whole data:{}'.format(len(data)))
print('the number of ham:{}'.format(data.label[data.label == 'ham'].count()))
print('the number of spam:{}'.format(data.label[data.label == 'spam'].count()))
```

输出内容说明，这个语料库中有 5572 个样本，其中 4825 个 ham 和 747 个 spam，这是一个样本不均衡的数据库。

```
train_ham = data.loc[data.label = = 'ham'].iloc[:int(0.8 * data.label[data.label = = 'ham'].
count())]
train_spam = data.loc[data.label = = 'spam'].iloc[:int(0.8 * data.label[data.label = = 'spam'
].count())]
test_ham = data.loc[data.label = = 'ham'].iloc[int(0.8 * data.label[data.label = = 'ham'].
count()):]
test_spam = data.loc[data.label = = 'spam'].iloc[int(0.8 * data.label[data.label = = 'spam'].
count()):]
```

这里按照 4∶1 划分训练集和测试集。但是训练集数据不均衡，所以需要处理一下：

```
train = pd.concat([train_ham,train_spam,train_spam,train_spam,train_spam,train_spam,train
_spam])
train = train.sample(frac = 1).reset_index(drop = True)  #打乱顺序
test = pd.concat([test_ham,test_spam])
```

可以看到，因为 spam 的数量大致是 ham 的六分之一，所以这里不采用随机抽取，直接拼接 6 个 spam 上，然后打乱顺序（这里不需要打乱顺序，因为用的贝叶斯分类器是匹配查询而不是 Batch 梯度下降，所以训练集的顺序是不影响结果的）。

在朴素贝叶斯分类器中提到的条件独立假设部分，提到 a_i 是从语料中做的特征工程，所以现在做几个常见的特征如下：

```
def word_number(x):
    blob = textblob.TextBlob(x)
    words = blob.words
    return len(words)
def character_number(x):
    return len(x)
def digit_number(x):
    pattern = re.compile('\d')
    return len(pattern.findall(x))
def punctuation_number(x):
    pattern = re.compile('\W')
    return len(pattern.findall(x))
def uppercase_number(x):
    pattern = re.compile('[A - Z]')
    return len(pattern.findall(x))

train['word_number'] = train.context.apply(word_number)
train['character_number'] = train.context.apply(character_number)
train['digit_number'] = train.context.apply(digit_number)
```

```
train['punctuation_number'] = train.context.apply(punctuation_number)
train['uppercase_number'] = train.context.apply(uppercase_number)
test['word_number'] = test.context.apply(word_number)
test['character_number'] = test.context.apply(character_number)
test['digit_number'] = test.context.apply(digit_number)
test['punctuation_number'] = test.context.apply(punctuation_number)
test['uppercase_number'] = test.context.apply(uppercase_number)
```

总共 5 个特征：

（1）使用 blob.words 方法分词，然后统计字数（分词的过程称为 tokenize）；

（2）统计字符的数量；

（3）统计数字的数量（这里用到了正则表达式 compile。re.compile 和之前的用法一样，可以不用 compile，直接用 re.findall('\W',x)）；

（4）统计标点符号的数量；

（5）统计大写字母的数量。

下面训练一个朴素贝叶斯分类器：

```
import sklearn.naive_bayes as nb
clf = nb.MultinomialNB()
feature = ['word_number','character_number','digit_number','punctuation_number','uppercase_
number']
clf.fit(train[feature],train['label'])
```

然后用测试集的不均衡数据进行测试：

```
# 测试分类器
results = clf.predict(test[feature])
```

使用混淆矩阵方法来计算预测效果：

```
num_TP = 0
num_TN = 0
num_FP = 0
num_FN = 0
for pred,target in zip(result,test.label):
    if pred == 'spam' and target == 'spam':
        num_TP += 1
    if pred == 'ham' and target == 'spam':
        num_FN += 1
    if pred == 'spam' and target == 'ham':
        num_FP += 1
    if pred == 'ham' and target == 'ham':
```

```
        num_TN += 1
print('TP = {} FP = {} TN = {} FN = {}'.format( num_TP,num_FP,num_TN,num_FN ))
precision = num_TP / float( num_TP + num_FP )
recall = num_TP / float( num_TP + num_FN )
f1 = 2 * precision * recall / ( precision + recall )
print('precision = {} recall = {} f1 = {}'.format( precision,recall,f1 ))
print('accuracy:{}'.format((num_TP + num_TN)/(num_TP + num_FP + num_TN + num_FN)))
```

输出结果如图19.2所示。根据混淆矩阵计算出来的f1约为0.78,但是如果使用以前的方法,即预测对的数量除以全部数量,那么预测准确度约为0.94,看起来虽然高但却是虚高。

```
TP=128 FP=49 TN=916 FN=22
precision=0.7231638418079096 recall=0.8533333333333334 f1=0.782874617737003
accuracy:0.9363228699551569
```

图19.2　混淆矩阵的结果1

19.5　基于随机森林的垃圾邮件分类

本节使用随机森林的模型实现垃圾邮件分类:

```
from sklearn.ensemble import RandomForestClassifier
feature = ['word_number','character_number','digit_number','punctuation_number','uppercase_
number']
clf = RandomForestClassifier(n_jobs = 2)
clf.fit(train[feature],train['label'])
#测试分类器
results = clf.predict(test[feature])
```

运行随机森林的混淆矩阵的评估如图19.3所示。可以看到准确率似乎提升了很多,说明朴素贝叶斯分类器的效果比较差。进一步改进的方法:寻找更多更有效的特征;使用不同的分类器。

```
TP=137 FP=7 TN=958 FN=13
precision=0.9513888888888888 recall=0.9133333333333333 f1=0.9319727891156462
accuracy:0.9820627802690582
```

图19.3　混淆矩阵的结果2

## 第 20 章

Python 与 PyTorch 相关

20.1 PyTorch 模型类

PyTorch 是一个易学且清晰明了的深度学习库。本节讲解如何查看一个模型的结构。首先,最简单创建模型的方式如下:

```
# 导入必要库
import torch.nn as nn
myNet = nn.Sequential(
    nn.Linear(2,10),
    nn.ReLU(),
    nn.Linear(10,1),
    nn.Sigmoid()
)
```

这样就创建了一个只有两层全连接层的小网络。但是这种在主函数中直接定义网络的方式,会大大降低代码的可读性(即不够简洁)。假设一个网络几百层,那至少要用 1000 行代码来定义一个这样的模型,如果一个程序要好几个这样的网络,那就几千行代码。而且神经网络是一个黑匣子,除了在定义的时候需要了解网络内部的结构之外,在主函数中,只需要把网络当成一个函数,给定一个输入得到一个输出。

一般来说,PyTorch 的模型都会定义成一个类,然后在主函数中直接实例化这个类。

注意:实例化的概念就好比,"汽车"是一个概念(类),想要表达"一辆汽车"这个概念就把"汽车"类实例化成"一辆汽车";模型类是表达模型结构的一个类,想要使用这个概念的时候,实例化它,就变成了"一个神经网络"。有点像是类是设计图,实例化就是按照这个设计图做出来的实物。

来看一个比较标准的 PyTorch 模型类定义的方法:

```
#导入必要库
Import torch
Import torch.nn as nn
import torch.nn.functional as F
#开始定义模型类
class Network(nn.Module):
    def __init__(self):
        super(Network,self).__init__()
        self.dis = nn.Sequential(
            nn.Linear(2,32),      # nn.Linear(输入大小,输出大小)
            nn.LeakyReLU(0.2),
            nn.Linear(32,32),     #第一个数字要与上面一层的第二个输入相等才能运行
            nn.LeakyReLU(0.2),
            nn.Linear(32,1),   #第一个数字与第二个数字之间一般都是按照过往经验取值,随意
            nn.Sigmoid()
        )
    def forward(self,x):
        x = self.dis(x)
        return x
```

在上面模型类中主要包含以下知识点。

（1）必须要继承 nn.Module。所以假设在阅读一个新的 PyTorch 编写的代码时,只需要找到 nn.Module,就可以知道代码中定义模型的地方了。

（2）在__init__(self)方法中,第一行 super(类的名字,self).__init__()都要有。原因不需要了解。这个方法主要是设置网络的结构,在上面代码中,设置了一个组件称为 self.dis,里面包含了 3 个全连接层。

（3）forward(self,x)方法是模型如何处理数据的过程。假设定义了上面的网络,然后实例化此网络:

```
#实例化网络
Net = Network()
```

该模型本质上就是一个函数,一个映射关系,输入数据时可以根据这个函数关系计算出输出数据。现在创建一些输入数据:

```
#创建一些数据
input = torch.FloatTensor(5,2)
print(input)
```

该数据的 shape 是[5,2],结果如图 20.1 所示。

注意：本节中的[5,2]表示的是变量的尺寸,就是 input 变量是一个 5×2 大小的向量。

```
tensor([[ 1.4057e+29,  4.5619e-41],
        [-1.7134e+29,  3.0949e-41],
        [ 1.3156e+04,  4.5619e-41],
        [ 0.0000e+00,  0.0000e+00],
        [ 0.0000e+00,  0.0000e+00]])
```

图 20.1 数据打印

这个数据的第一维度是 5,表示 batch_size 是 5;数据的第二维度是 2,表示这个网络的输入数据是 2。现在输入数据:

```
#输入数据
output = net(input)
```

output 的 shape 是[5,1]的。这里总结一下过程。

(1) 在实例化网络时: net = Network(),这个过程调用了 Network 类中的__init__函数。

(2) 在网络接收到输入数据 input 时,实际上是调用了 Network 类中的 forward 函数,也可以说调用了 net 这个实例的 forward 函数;forward 函数中的 x 其实就是输入数据 input,forward 函数 return 回来的值就是 output 值。

```
class Network(nn.Module):
    def __init__(self):
        super(Network,self).__init__()
        self.dis1 = nn.Sequential(
            nn.Linear(2,32),
            nn.LeakyReLU(0.2),
            nn.Linear(32,32),
            nn.LeakyReLU(0.2)
        )
        self.dis2 = nn.Sequential(
            nn.Linear(16,1),
            nn.Sigmoid()
        )

    def forward(self,x):
        x = self.dis1(x)
        output1 = x.view(-1,16)
        output2 = self.dis2(output1)
        return output1,output2
```

现在对上面的模型做一个小变换来更好地感受 PyTorch 的灵活性,在初始化的时候定义两个组件。第一个组件输出的维度是 32,而第二个组件输入的维度是 16。

这样在 forward 函数中,第一个组件 dis1 的输出是[5,32]维度的,然后修改 x 的 shape

变成[10,16]，再放进第二个组件 dis2 中。output1 和 output2 可以同时返回。

20.2　PyTorch 的 data 类

对于深度学习，整个流程比较重要的两个部分一个是之前讲的模型的定义，另外一个就是数据的处理。模型其实对于数据的要求是比较高的，一个是需要数据的质量高，一个就是要求数据的格式统一。例如，一个图像分类的卷积模型的输入图片，假设模型输入要求大小为 416 像素的正方形图片。而原始图片是长方形或者尺寸大小不是 416 的图片，这样就需要对图片进行一些预处理，比方说在原始图片中剪裁出 416 的正方形部分或者把原始图片压缩到 416 像素大小。

本节主要讲解就是 PyTorch 中另外两个类，DataLoader 类和 Dataset 类。

一般在 PyTorch 代码中，标志性的代码一个是上面的 nn. Module 代表模型的定义，另一个是训练的时候会看到的，如下：

```
# 训练模型
for epoch in range(num_epoch):
    for i,data in enumerate(loader):
        …
```

第一层循环就是要循环的 epoch 次数，第二层就是要讲的 DataLoader 了，从 DataLoader 中用循环的方式不断取出来一个 batch 的数据。可以把 DataLoader 看成[第一个 batch 的数据，第二个 batch 的数据，第三个 batch 的数据……]。

那么每次从 dataloader 中取出来的数据，定义如下：

```
# dataloader 的实例化
loader = DataLoader(dataset = set, batch_size = 2)
```

可以看到，DataLoader 类实例化的时候，定义了一个 batch 的大小。Dataset 就是定义每一个 batch 的数据的。例如：

```
from torch.utils.data import Dataset,DataLoader
import os
class MyDataset1(Dataset):
    def __init__(self):
        self.data = ["我","爱","祖","国"]
    def __getitem__(self,index):
        return self.data[index]
    def __len__(self):
        return len(self.data)
# 实例化数据集类
```

```
set = MyDataset1()
loader = DataLoader(dataset = set,batch_size = 2)
print("len(loader):",len(loader))
♯从 dataloader 中抽取 batch 数据
for data in loader:
    print(data)
```

输出的结果如图 20.2 所示。可以发现以下关系。

(1) 在调用 len(loader)的时候,返回值是 Mydataset1 类中的__len__(self)方法的返回值。

(2) 每一次从 loader 中取出来的 data,就是 Mydataset1 类中的__getitem__(self, index)的返回值,然后根据 batch_size 设置的值,组成 batch 数据返回,变成 data。

```
len(loader): 2
['我', '爱']
['祖', '国']
```

图 20.2　输出结果打印

这就是比较直观、简单的关系: 在 dataset 中处理数据,返回的数据经过 DataLoader 加工变成 batch 数据。

当然,一般__getitem__方法返回什么都可以,要看具体任务。如果是图像分类,可以返回图片,如果是大数据分析,可以返回特定样本数据。

20.3　激活函数

激活函数其实是神经网络可以拟合任意函数的灵魂。假设一个两输入、一输出的全连接网络没有激活函数,那么每一层之间的关系都是 $wx + b$ 的形式。无论有多少层,每一层有多少的神经元,最后总可以用 $y = c_1 x_1 + c_2 x_2 + c_3$ 这样的公式表示。线性的堆积多少层都是线性的。然而在利用神经网络分类的时候,很多分类界限是非线性的。简单来说,激活函数可以把线性的关系映射成非线性的,这样神经网络才有能力去逼近任意的函数。

激活函数有几十种之多,这里主要介绍常见的几种激活函数。首先介绍 PyTorch 深度学习库中已经封装好的激活函数:

```
import torch.nn as nn
import matplotlib.pyplot as plt
♯随便定义一个画图函数
def plot(x,y,name = ""):
    plt.plot(x,y,'r')
    plt.xlim(( - 2,2))
```

```
    plt.ylim((-2,2))
    plt.grid()
    plt.title(name)
x = torch.arange(-2,2,0.01)
Activation = nn.ReLU()
# Activation = nn.Sigmoid()
# Activation = nn.Tanh()
# Activation = nn.LeakyReLU()
y = Activation(x)
plot(x,y,'ReLU')
plt.show()
```

上面代码利用 PyTorch 中的激活函数层,绘制这个函数在[−2,2]区间上的函数图像,如图 20.3 所示。

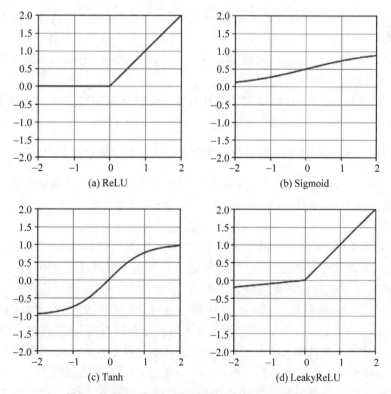

图 20.3　ReLU、Sigmoid、Tanh、LeakyReLU 激活函数

在图 20.3 中的 4 个激活函数是最经典常见的,优缺点如下。

(1) ReLU:线性整流单元(Rectified Linear Unit)。由图 20.3(a)可以看出,大于零的值经过这个函数没有影响,小于 0 的值经过这个激活函数会变成 0。数学表达:$\mathrm{ReLU}(x)=\max(0,x)$。

优点 1：ReLU 的收敛速度快于 Sigmoid/Tanh(因为 Sigmoid 激活函数的最大值只有 1,而 ReLU 没有最大值的限制)。

优点 2：ReLU 要求的计算量小,因为没有指数运算(见 Sigmoid 的数学表达)。

缺点：ReLU 对于小于 0 的数据的梯度是 0(因为 ReLU 的导数在 $x<0$ 的时候是 0,而不是因为 ReLU 在 $x<0$ 的时候为 0)。梯度为 0 意味着不会再更新,不会再更新意味着梯度一直是 0,这样神经元就“坏死”了,没用了。避免这样情况发生的操作就是设置一个比较小的学习率(Learning Rate)。

(2) Sigmoid：把输入压缩成 0~1 的值,负无穷映射 0,正无穷映射 1。数学表达：$Sigmoid(x)=\dfrac{1}{1+e^{-x}}$。

优点：非线性的经典激活函数,而且压缩成 0~1 刚好体现了概率值。在图像分类任务中,希望模型输出的正是输入图像属于每一个类别的概率。

缺点 1：依然是梯度消失问题(Gradient Vanishing)。与 ReLU 的坏死类似,当输入非常大或者非常小的时候,可以发现 Sigmoid 的导数近乎为 0,这样就产生了梯度消失问题。

缺点 2：不难发现,因为输出的数据是 0~1,所以 Sigmoid 的输出不是 0 均值的(zero-centered,以 0 为中心),导致收敛速度缓慢。

缺点 3：包含指数运算,计算量大。但是其实这个计算量相对于整个模型的计算,九牛一毛,这个缺点其实不算什么问题,在后续的讲解中不会再提及。

(3) Tanh：与 Sigmoid 类似。数据的输出范围是 $[-1,1]$。数学表达：$Tanh(x)=\dfrac{e^{x}-e^{-x}}{e^{x}+e^{-x}}$。

注意：不难发现 $Tanh(x)=2Sigmoid(2x)-1$,不过这涉及一些数学计算,不重要。

优点：从图中看到,解决了 Sigmoid 的 zero-centered 的问题。

缺点：依然存在 gradient vanishing 的问题。

(4) LeakyReLU：是 ReLU 的改进版本,为了解决 ReLU 的坏死问题,LeakyReLU 在 $x<0$ 的时候用一个较小的斜率(图中的斜率是 0.1,不过一般默认是 0.01)。

优点：解决了 ReLU 的坏死问题。

缺点：$x<0$ 斜率的取值是一个问题。这里简单提及一下 PReLU 激活函数(Parametric Rectified Linear Unit),这是一个可以根据训练过程,自动找到一个好的斜率的 LeakyReLU。换句话说,PReLU 的 $x<0$ 部分的斜率也参与到了梯度下降中。

以上就是常见的 4 种激活函数。最后再提一下 Softmax 激活函数。

这个不与上面的放在一起是因为这个函数的输入要求多个值,一般用在多分类任务上。数学表达式：$Softmax(x_i)=\dfrac{e^{x_i}}{\sum\limits_{n=1}^{N}e^{x_n}}$。假设有一个三分类的问题,一张图片最后对于 3 个分类的得分分别是：1、2、3。那么 $[1,2,3]$ 经过 Softmax 之后,会变成什么呢? 首先计算分母的数值：$\sum_{n=1}^{N} e^{x_n} = e^1 + e^2 + e^3 \approx 30.19$，那么可以得到 3 个类别的概率分别是 $[0.09, 0.24, 0.67]$。这个就是 Softmax 计算的过程。

20.4　损失函数

本节的内容是代码与理论的结合。希望有设备的读者可以一边尝试着编程一边看着原理。使用的库依然是 PyTorch。先引入必要库：

```
# 导入必要库
import torch
import torch.nn as nn
```

20.4.1　均方误差

均方误差(Mean Squared Error, MSE)非常经典，是真实值和估计值的差的平方的期望。数学公式是：

$$\mathrm{MSE}(y, \hat{y}) = \frac{1}{\mathrm{Batch}} \sum_{m=1}^{\mathrm{Batch}} (y_m - \hat{y}_m)^2 \tag{20.1}$$

先设置两个变量：

```
# 设置两个变量
a = torch.FloatTensor([1,1,1])
b = torch.FloatTensor([1,2,4])
```

在上面的两个变量 a、b 中，batch 是 3。来计算一下 a 和 b 的均方误差：

$$\mathrm{MSE}(a, b) = \frac{1}{3} \times (0^2 + 1^2 + 3^2) \approx 3.33$$

用代码来验证一下：

```
# 定义 Loss 函数
loss_function = nn.MSELoss()
# loss_function = nn.MSELoss(reduction = 'mean')
print(loss_function(a,b))
```

输出结果就是：$\mathrm{tensor}(3.3333)$。正确。

这里可以看到注释的方法参数中有 reduction，它表示是否沿着 batch 这一个维度进行缩减。就是说如果输入"reduction = 'sum'"，那么会返回 10，MSE 公式中求均值就会变成求和，上式中就不会先乘以 1/3。

注意：reduction 默认是求均值，一般使用的也是求均值的版本。

20.4.2　交叉熵

交叉熵(Cross Entropy,CE)是最常见的 Loss 函数，经常用来处理多分类问题，当然也可以处理二分类问题。

想象一个多分类的神经网络，这个网络输出层的节点个数应该是与分类任务的类别数量相等，假设这是一个三分类问题(猫、狗、鸟)，有一个样本——狗的图片，所以这个样本的分类真实值应该是 1(如果是猫的话就是 0，如果是鸟的话就是 2)。

当然神经网络输出的三个节点的值是没有限制的，假设这三个值分别是[-1,0.5,2]。

上面是铺垫内容，下面是重点。关键词：Softmax,NLLLoss。

Softmax 的意义就是把这些没有限制的值变成概率值，把模型打分的高低转换成图片属于某一个类别的概率。

注意：[-1,0.5,2]通常被称为模型对输入数据的打分，模型属于第一类别的话，打-1分 Softmax 把打分转换成概率。

这里回顾一下 Softmax 的数学表达：

$$\text{Softmax}(x_i) = \frac{e^{x_i}}{\sum_{n=1}^{N} e^{x_n}} \tag{20.2}$$

计算过程就是先对[-1,0.5,2]每个元素做一个 exp 运算，变成[0.37,1.65,7.39]。然后把这 3 个数分别除以它们的和，得到概率[0.04,0.18,0.78]。这表明模型有 78% 的概率认为输入图片是一只鸟，说明模型对图片的分类是不对的。到这里，Softmax 的过程完成。下一步是对 Softmax 的结果取自然对数，概率变成：[-3.22,-1.71,-0.25]。

然后讨论 NLLLoss，就是把数组中对应真实分类的数的相反数取出来，如果是多个样本，就把每一个样本做同样的操作然后求均值。

这里有些复杂，因为这个输入样本是一只狗，真实类别为 1，所以取出来的数就是-1.71，去掉负号得到相反数 1.71。这个值就是交叉熵。

当然假设这个真实类别不是狗，而是鸟，那么真实类别为 2，取出来的数就是-0.25，相反数是 0.25。交叉熵变小了。可以发现，图片被模型判断正确的概率越大，交叉熵越小。交叉熵的意义是什么呢？展开细说就要涉及信息论这门学科了，简单说：交叉熵是表明实际输出的概率与期望输出的概率的距离，交叉熵越小，两个概率越接近。

注意：交叉熵 CrossEntropy 就是完全等价于一个 Softmax+自然对数 ln+NLLLoss。一般如果 Softmax 在模型中嵌入了，那就直接可以 NLLLoss 作为损失函数。

例如，依然是"猫狗鸟"三分类问题，现在同时有两个样本，一个狗一个鸟，模型给的打分分别是[-1,0.5,2]和[-1,0.5,3]。先经过 Softmax，得到两个样本的概率[0.04,0.18,0.78]和[0.02,0.07,0.91]，算自然对数：[-3.22,-1.71,-0.25]和[-3.91,-2.66,

—0.09],取出对应类别的值取相反数得到 1.71 和 0.09,然后求均值为:0.9。所以这两个样本组成的 batch 算出来的最后的交叉熵就是 0.9。下面用代码验证:

```python
#计算 Softmax
output = torch.FloatTensor([[-1,0.5,2],[-1,0.5,3]])
Softmax = nn.Softmax(dim = 1)
output = Softmax(output)
print('做一个 Softmax: \n{}'.format(output))
```

输出结果就是:

```
tensor([[0.0391,0.1753,0.7856],
    [0.0166,0.0746,0.9088]])
```

结果正确。

```python
#求自然对数
output = torch.log(output)
print('做一个自然对数: \n{}'.format(output))
```

输出结果:

```
tensor([[-3.2413,-1.7413,-0.2413],
        [-4.0957,-2.5957,-0.0957]])
```

虽然误差越来越大了,但是是对的。

```python
#计算 NLLLoss
NLLLoss = nn.NLLLoss()
output = NLLLoss(output,torch.tensor([1,2]))
print('做 NLLLoss: {}'.format(output))
```

输出结果:

```
0.91849285364151
```

与 0.9 基本一样。正确。下面直接用 CrossEntropy 计算:

```python
#直接用 CrossEntropy
output = torch.FloatTensor([[-1,0.5,2],[-1,0.5,3]])
loss_function = nn.CrossEntropyLoss()
CE = loss_function(output,torch.tensor([1,2]))
print('重新直接用 CrossEntropyLoss:{}'.format(CE))
```

输出结果就是：

```
0.91849285364151.
```

正确！

20.5 model.train()与 model.eval()

在代码中可能会看到这样的代码，在训练的时候调用 model.train()告诉模型现在要开始训练了，在测试或者验证的时候调用 model.eval()告诉模型现在不训练了。

直观上训练和不训练的区别就在于是否更新参数，这样的话，其实这里并不是不迭代优化器，不用 loss.backward()这样的代码就可以了。关键在于：

(1) model.train()是启用模型的 BatchNormalization 和 Dropout 层；

(2) model.eval()是限制模型的 BatchNormalization 和 Dropout 层。

注意：如果这里看不太懂 loss.backward()也无妨，看到实战内容中就会有了。

先来看 Batch Normalization，这个比较好理解，在学习了 BN 层之后，可以知道 BN 计算均值和方差是需要一整个 batch 的数据进行计算的，而测试集中是没有 batch 的（怎么理解呢？测试集测试模型的时候是一个一个放到模型中的，所以没有 batch 的概念，或者说每一个 batch 就只有一个样本）。因此测试集中无法计算 BN。

注意：BN 在问题解答的"新兴深度学习相关"的"Normalization 规范化"中讲解。

所以对于 BN 的数学公式如下：

$$y = \frac{x - \text{mean}(x)}{\text{std}(x) + \varepsilon} \text{gamma} + \text{beta} \tag{20.3}$$

gamma 和 beta 是训练中学习的参数，在测试过程中，已经训练完成并且固定下来了，那均值和方差就是用训练集的全部样本来计算均值和方差。

Dropout 层则更简单，如果是训练过程，就让一定量的神经元失活，即让这个神经元不再输出内容，在测试过程中，Dropout 层失效，没有神经元失活。这其中有一个小小的知识点，就是如何平衡训练和测试过程中，有效神经元数量不同的问题。

假设 Dropout rate=0.2，就是会有 20%的神经元失活，那么存活的 80%的神经元输出的值就要除以 0.8 来抵消有 20%神经元失活的事实，如图 20.4 所示。

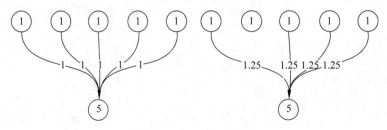

图 20.4 Dropout 对比图

假设 Dropout＝0.2,5 个神经元中 Dropout 掉了一个,剩下的每一个输出值都要除以 0.8,来抵消 Dropout 的影响。

这里简单总结一下。

(1) model.train()启用 BN 层的训练,并且求取一个 batch 数据的均值和方差;Dropout 层正常启用,并且存活的神经元输出值会经过处理来抵消 Dropout 失活的影响。

(2) model.eval()限制 BN 层,参数不再学习,使用所有训练数据求取均值和方差;Dropout 禁止使用,不对神经元输出值做任何处理。

注意:一般 BN 层和 Dropout 层不同时使用。

20.6　Python 的命令行库 argparse

在 Github 网页或者是做有关项目时,往往可以看到 argparse 库函数的使用。新手一般可以使用 PyCharm 或者是 Notebook 进行 Python 编程,运行时一般也是直接在 PyCharm 上单击"运行"命令来运行程序。

一旦出现了 argparse 库,事情就变得不那么简单了,这意味着可以通过命令行来运行脚本。这里不要求读者学会这个库的使用,但是在学习别人的代码时,很可能会遇到这个库,所以不要求会用,只要能够理解相关代码即可。例如:

```
import argparse
parser = argparse.ArgumentParser(description = '这里一般是讲述 code 是干什么的')
parser.add_argument('- - name',default = '啥也没写',
                    help = '这里输入你的名字')
parser.add_argument('- - age',default = '不告诉你我几岁',
                    help = '这里填入你的生日')
args = parser.parse_args()
print('你的名字: {}'.format(args.name))
print('你的年龄: {}'.format(args.age))
```

如果从 PyCharm 上直接运行代码,输出结果如图 20.5 所示。

你的名字: 啥也没写
你的年龄: 不告诉你我几岁

图 20.5　打印输出结果

从这个例子中可以知道,就算有了命令行库,也是可以照常运行代码的。args 中存放了信息,有两个属性,一个是 name,另一个是 age。为什么有 name 和 age 这两个属性呢?因为之前使用 add_argument 向其中添加了属性,而"--name"中的"name"就是添加属性的名字。而 default 中的内容就是属性的默认值。下面看在命令行中运行的效果,如图 20.6 所示。

```
D:\Kaggle\出书\问题解答\PyThon的命令行库argparse>python 命令行库argparse.py --name 陈某某
你的名字：陈某某
你的年龄：不告诉你我几岁
```

图 20.6　命令行运行 1

可以看到，在运行的时候，只要在后面加上"--name XXX"，这个 XXX 就会赋值给 args. name，如果没有赋值就会使用 default 中的默认值。而在运行一个代码时，往往不知道如何正确地使用命令行，所以要查询帮助，如图 20.7 所示。

```
D:\Kaggle\出书\问题解答\PyThon的命令行库argparse>python 命令行库argparse.py --help
usage: 命令行库argparse.py [-h] [--name NAME] [--age AGE]

这里一般是讲述这个code是干什么的

optional arguments:
 -h, --help    show this help message and exit
 --name NAME   这里输入你的名字
 --age AGE     这里填入你的生日
```

图 20.7　命令行运行 2

不管遇到什么代码，只要输入"--help"就可以查询如何正确地使用这个命令行，并且查询到每一个属性的 help 内容。

总之，这里希望读者在看到命令行库的时候，不要觉得很难，其实很简单就可以理解。

## 第 21 章

机器学习相关

21.1 训练集、测试集、验证集

本质上讲,在做一个训练任务的时候,能获取的所有的数据包含两类,一类有特征和标签;另一类有特征没有标签需要预测标签,即测试集。在第一类有特征有标签的数据中,一般会分为训练集和验证集。

例如,学生的学习过程如图 21.1 所示,训练集就是课本,验证集就是模考卷子,测试集就是考试。考试只能考一次,而且不知道答案。

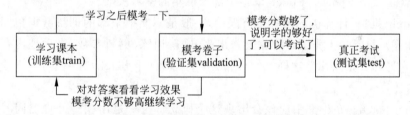

图 21.1　测试机训练集验证集的区别

最常见的问题就是验证集究竟是否参与到训练过程中。如果不参与,那么岂不是浪费了这些有标签的数据吗?这里引入 n-fold 的方法,如图 21.2 所示。

把所有的给了标签的数据三等分,然后每一份都作为一个验证集,这样每一个验证集对应的训练集应该占全部有标签数据的三分之二,而且每一个训练集和对应的验证集之间的数据不重复。训练 3 个模型,每一个模型只用训练集数据训练,然后用对应的验证集进行检验,判断模型是否训练完成。最后在预测测试集标签时将 3 个模型的输出求均值。

总之,这样的方法可以增强模型的泛化能力,而且可以利用所有的可用数据并且防止数据泄露问题。

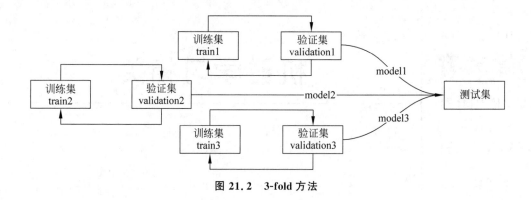

图 21.2　3-fold 方法

21.2　epoch、batch、mini-batch 等

讲到机器学习神经网络,绕不开的就是这几个基础概念。现在假设要处理的是图片分类任务,总共有 10 张图片作为全部的训练集。

(1) sample。每一张训练集中的图片,称为一个样本,总共有十个样本。

(2) Epoch。假想一个人在背书学习的时候,只看一遍书够吗?不够的,要翻来覆去反复多次地看。这里也是一样,10 张图片模型看过一遍称为一个 Epoch,但是模型没学好又看了一遍,就是 2 个 Epoch。Epoch 就是全部训练集的学习次数。

(3) batch(批)。计算机的内存是有限的,一般是不能把全部的训练数据集同时放到内存中进行计算。只能从十张图片中拿五张出来,进行训练,更新参数,之后把内存中的数据清空,再放入另外五张图片。这样,一个 Epoch 中就有两个 batch,每一个 batch 会更新一次模型的参数。

(4) mini-batch。在论文中应该会出现这个概念。这个是用在多处理器同时训练的情况下的。依然是上面的例子,假设为了加快训练速度,准备了 5 个处理器并行训练,这样一个 Batch 就会被分成 5 个 mini-batch,每一个 mini-batch 就是一张图片。在这种情况下,是每一个 mini-batch 更新一次参数而不是一个 batch 更新一次参数。

这里,假设一个 batch 包含全部的训练数据,就是每一个 Epoch 中只有一个 batch 的时候,学习算法称为"批量梯度下降";假设 batch 中只有一个样本,称为"随机梯度下降";更一般的,batch 的大小在两者之间时,称为"小批量梯度下降"。

21.3　规范化

本节主要讲解批规范化(Batch Normalization,BN)。虽然到目前为止出现多种规范化手段,但是常见的依然是 BN。BN 是 Google 公司在 2015 年提出的方法,算是一种优化手段。其好处是加快模型训练速度和收敛,稳定深层网络模型并缓解网络层数过深造成的梯度消失的问题。现在基本是卷积神经网络的标准配置,一层卷积层一个 BN 层一个卷积层一个 BN 层,也许在 BN 层后再加一个 Dropout 层。

21.3.1 内部协变量偏移

在 BN 相关论文中,提出了内部协变量偏移(Internal Covariate Shift,ICS)问题。简单来说,就是发现深度学习中有 ICS 这样一个问题,需要用 BN 去解决。

首先来了解一下什么是独立同分布(Independently Identically Distribution,IID)假设。在训练神经网络的时候会分出来训练集和测试集,理想状态下希望这两个数据集是独立同分布的,独立在于两者没有相关,不会发生数据泄露的问题,同分布是希望两者是从同样的分布中采样出来的,即两者的本质是一样的。例如,一个学生在复习高考,他在刷模拟卷子。这个模拟卷子就是训练集,高考卷子就是测试集,测试他的学习效果如何。独立就是高考原题不太可能出现在模拟卷试题中,如果出现了,在机器学习中有一个名词来形容这个问题——数据泄露。同分布就是希望做的模拟题和未来的高考题的考的知识点,这些本质的东西是一样的,可以通过学习模拟题来提高答对高考题的概率。

那么什么是协变量偏移(Covariate Shift)? 这个问题是不可避免的,依然用高考来举例,现在准备 2020 年高考,但是市面上的所有模拟题、参考书都是基于 2019 年以前的高考题目。严格来说,2020 年高考模拟题应该是与 2019 年之前高考真题同分布,没有人知道 2020 年高考真题是一个什么分布,这就是协变量偏移。可以把协变量理解为一个一个的样本、一道一道的题,2020 年模拟题和 2020 年高考题发生了偏移。

注意:在这个例子中,是把 2020 年模拟题看成对 2019 年之前所有的高考真题的分布的采样。这也体现了机器学习中利用已有知识推断未知知识的思想。

用一幅图来帮助理解,如图 21.3 所示。

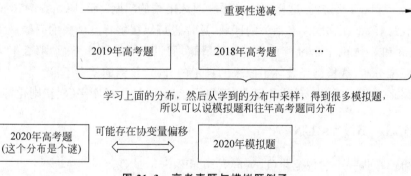

图 21.3 高考真题与模拟题例子

深度网络的内部协变量偏移问题就是每一层的网络输入分布问题。假设神经网络有两层,那么输入数据自然是训练集和测试集了,在经过第一层的非线性变换后,训练集和测试集在第一层的输出都达到了第二层的输入口,这时候两者的第二层的输入数据是否依然保持同分布? 如果还有第三层、第四层……

在模型的内部,数据经过了非线性变换很难能够保持同分布。如果网络深度比较深,那么第一层网络的参数变化了,然后第二层的输入分布就会变化,然后这个变化就会层层累积到深层的网络中,因此上层就会不断地适应底层的参数更新,这样就造成收敛速度慢,波动大,学习率、初始化权重等都很难设置。

注意:一般神经网络的底层就是浅层,上层就是深层,数据从底层向深层流动。

这里读者只需大致明白 ICS 是什么问题。在设计模型的时候,对于新手加上 BN 层就没问题。

21.3.2　批规范化

BN 可以解决 ICS 问题,BN 的数学表达如下:

$$y = \frac{x - \text{mean}(x)}{\text{std}(x) + \varepsilon} * \text{gamma} + \text{beta} \tag{21.1}$$

式(21.1)中有以下内容:

(1) x 是一组数,具体内容后文讲解。

(2) x 先减去均值,再除以标准差。就是把 x 变成均值为 0,方差为 1 的标准分布。

(3) BN 层中有两个可以学习的参数,gamma 和 beta。gamma 控制了 y 的方差,beta 控制了 y 的均值,所以最后 y 并不是一个标准分布,y 的分布是要学习的。

(4) ε 一般是 0.00001,值很小,只是为了防止分母为 0。

这里就用最简单的例子来理解,两个样本[1,2]和[3,4]组成一个 batch,放入模型中。那么经过 BN 层时,x 不是[1,2],不是一个样本,而是所有样本的某一个维度,x 是[1,3]和[2,4]。

假设 gamma 和 beta 学习非常理想,则底层参数的改变不会影响上层的分布,因为分布是由 gamma 和 beta 决定的,这样就可以缓解训练困难的问题;而且 gamma 和 beta 合适的话,可以把数据约束在梯度没有消失的区域,这样也可以缓解梯度消失的问题。

gamma 和 beta 两个学习参数是 BN 的精髓,假设没有这两个参数,那么 BN 就只能把分布改成标准分布,这样已经破坏了原来的真正的分布,预测的就会不准。

而且诸多实验证明 BN 有种种优点,例如优化激活函数、梯度平缓、正则化等。

21.3.3　BN vs LN

这里再简单提一下层规范化(Layer Normalization,LN)。

(1) 2015 提出的 BN。规范的是每一个 batch 中的数据。从上述的例子中可以看到,需要一个 Batch 中有多组数据才能进行规范,如果 batch 中只有一个样本,那么 BN 的结果没有意义。

(2) 2016 年提出了 LN。称为层规范化。因为 BN 极大地依赖于 batch 中数据的好坏,所以 LN 只考虑一个样本,是横向比较,在上述例子中,规范化的 x 就是[1,2]和[3,4]。

在这个例子中[1,2]和[3,4],BN 是计算一个 batch 中不同样本的同一个特征的均值和方差,所以均值分别是 2 和 3;LN 是计算一个样本中的不同特征的均值和方差,所以均值分别是 1.5 和 3.5。

在图像卷积网络中是 BN 效果好,在 RNN 中是 LN 效果好。

21.4　SGD 与 MBGD

在"神经网络"章节中已经推导了梯度下降的公式,最终可以表示为:

$$w_{jk}^l = w_{jk}^l - \eta \frac{\partial C}{\partial w_{jk}^l} \tag{21.2}$$

就是对每一个参数更新的算法。也可以写成梯度算子的表达:

$$w = w - \eta \nabla C \tag{21.3}$$

注意:C 就是 Loss,写成 C(Cost)和 L(Loss)都可以。以下写成 L。

这里的损失 L 是由 Loss 函数计算得到的,每一个样本经过模型得到的标签估计值和标签真实值之间就可以得到一个损失,一个 batch 里面有多少样本,就可以得到多少损失,然后把一个 batch 的损失求均值就是梯度下降算法中的 L,也就是式(21.3)中的 C。

假设一个 batch 内包含很多的数据,这样计算损失的时候就需要消耗大量的计算力。所以为了解决这个问题,随机梯度下降(Stochastic Gradient Descent,SGD)出现了。之前普通的梯度下降是需要计算一个 batch 中所有样本的损失然后求均值,而 SGD 就是随机选取一个样本,仅仅计算这一个样本的损失,然后用这个损失来近似整个 batch 的损失。听起来就像是为了提高运行速度,省略了一些步骤。

其实上述讲解有一些瑕疵,但是不影响读者理解 SGD 的特点。下面将会讲一下几种不同的梯度下降的对比,如果与上述内容有冲突,则以下面为准。

(1) 批量梯度下降(Batch Gradient Descent,BGD)。这个就是最原始的形式。每一次迭代都用全部样本的损失的平均值来计算梯度。所以如果全部样本非常多,模型的收敛速度就会非常慢,训练时间非常长,因此不常用。

(2) SGD。每次迭代只用一个样本来对参数进行更新,速度快了,但是准确度下降,其实现在也不是很常用。

(3) 小批量梯度下降(Mini-Batch Gradient Descent,MBGD)。这个就是引入了常说的 Batch 的概念。把全部的数据分成 Batch,然后每一个 batch 进行一次迭代,这个常用。

例如,总共有 100 个样本,那么对于 BGD 来说,每次更新参数都需要计算 100 个样本;对于 SGD 来说,每次更新参数只需要计算一个样本;对于 MBGD 来说,假设 Batch_size 为 10,那么就是每次更新参数计算 10 个样本,是一种对 BGD 和 SGD 的均衡。

注意:其实 BGD 中并没有引入 batch 的概念,而 MBGD 中才引入了常说的 batch 的概念;这与 21.2 节讲的 batch 与 Mini-Batch 的概念不同,要注意区分。

21.5   适应性矩估计

适应性矩估计(Adaptive Moment Estimation,Adam)是一种可以代替传统的梯度下降(SGD 和 MBGD)的优化算法,在 2015 年提出。Adam 算法结合了适应性梯度算法(AdaGrad)和均方根传播(RMSProp)的优点。

21.5.1   Momentum

Momentum 在学习机器学习时是很可能遇到的,是动量的意思。动量不是速度和学习率,应该说是类似于加速度。来看一下梯度下降中更新参数公式:

$$w = w - \eta \nabla L \tag{21.4}$$

想象一下,梯度下降就是为了找到损失最小时候的 w,假设 w 是一个小车,在损失的大平原上行驶,w 希望开向地势最低的地方。$\eta \nabla L$ 就是小车的 GPS,给 w 导航指路。在 GPS 中,$\eta \nabla L$ 是 w 小车的速度。而有了动量概念后,$\eta \nabla L$ 就是小车的加速度了,用图 21.4 来帮助理解。

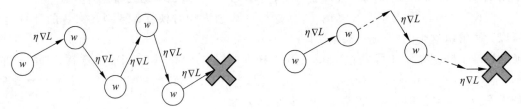

图 21.4   动量示意图

注意:图 21.4 可能会发现不严谨的地方,此图目的是帮助理解动量是一种类似加速度的概念。

假设一个变量 v,在没有引入 Momentum 的时候,v 就是 $\eta \nabla L$,现在引入这个概念,有了以下的数学表达:

$$w_t = w_{t-1} - v_t \tag{21.5}$$

$$v_t = \alpha v_{t-1} - \eta \nabla L \tag{21.6}$$

把动量的关键理解为加速度也可以,理解为考虑了上一时刻的速度也可以。例如,假设每一次梯度 ∇L 相同,意味着小车 w 每一次的加速度相同,那么小车的速度 v 就会越来越大。用数学推导如下:

(1) $v_0 = 0$;

(2) $v_1 = -\eta \nabla L = -(1)\eta \nabla L$;

(3) $v_2 = -\alpha \eta \nabla L - \eta \nabla L = -(1+\alpha)\eta \nabla L$;

（4）……

可以看到每一次速度都会增加，所以理解为加速度有几分道理。

21.5.2　AdaGrad

适应性梯度算法的特点在于：独立地调整每一个参数的学习率。在 SGD 中，所有的参数都是用相同的学习率 η，而 AdaGrad 的特点就是可以独立地调整每一个参数的学习率。调整数学公式如下：

$$r_t = r_{t-1} + \nabla L \odot \nabla L \tag{21.7}$$

$$w_t = w_{t-1} - \frac{\eta}{\varepsilon + \sqrt{r_t}} \odot \nabla L \tag{21.8}$$

（1）$\odot$ 是哈达玛积，就是两个向量对应元素相乘，例如，$[1,2] \odot [1,2] = [1,4]$。

（2）假设 ∇L 是 $[1,2]$，并且 $r_{t-1} = 0$，所以 $r_t = [1,4]$。所以 $\frac{\eta}{\varepsilon + \sqrt{r_t}} \odot \nabla L = \frac{\eta}{\varepsilon + [1,2]}$

$\odot [1,2]$。因为 ∇L 中第二个元素梯度大，所以 r_t 的第二个元素大，所以 $\frac{\eta}{\varepsilon + \sqrt{r_t}}$ 中第二个元素的分母大，所以学习率小。总之就是梯度越大，AdaGrad 处理后的学习率会变小，从而有一种归一化的效果。这样的好处就是收敛速度快。

（3）ε 是一个接近 0 的数，防止出现分母为 0 的情况。

总之，AdaGrad 给每一个参数都设置独立的学习率，让梯度大的参数的学习率较小，梯度小的学习率较大，来加快模型的收敛速度。

21.5.3　RMSProp

均方根传播的核心是通过指数衰减来丢弃很久以前的信息。

从 AdaGrad 中的公式：

$$r_t = r_{t-1} + \nabla L \odot \nabla L$$

不难想到，这个 $\nabla L \odot \nabla L$ 一定是非负数，随着时间的推移，这个 r_t 一定越来越大，所以这种累加的方法可能会导致学习率变得非常小，从而参数更新停滞。所以根据 RMSProp 的丢弃过时的老旧信息的思想，改成：

$$r_t = \rho r_{t-1} + (1-\rho) \nabla L \odot \nabla L \tag{21.9}$$

这样的话，过去的信息对现在的影响就会不断减弱，保证学习率不会太小。

21.5.4　Adam 算法小结

最后 Adam 就非常简单包含以下 4 个步骤。

（1）把 RMSProp 的丢弃过去信息的思想加入到 Momentum 中：

$$v_t = \rho v_{t-1} - (1-\rho) \nabla L \tag{21.10}$$

（2）把 RMSProp 丢弃过去信息的思想融合到 AdaGrad，为每一个参数独立设置学习率中：

$$r_t = \rho' r_{t-1} + (1 - \rho') \nabla L \odot \nabla L \tag{21.11}$$

（3）Adam 对上面两步得到的 v_t 和 r_t 再做进一步的处理称为偏差修正，可以得到更好的效果。

$$\hat{v}_t = \frac{v_t}{1 - (\rho)^t} \quad \hat{r}_t = \frac{r_t}{1 - (\rho')^t} \tag{21.12}$$

（4）更新参数：

$$w_t = w_{t-1} - \frac{\eta \hat{v}_t}{\varepsilon + \sqrt{\hat{r}_t}} \odot \nabla L \tag{21.13}$$

注意 1：偏差修正中，分母中就是 ρ 的 t 次方。当 t 很小的时候，分母小于 1，偏差修正有一个放大的效果，而当 t 很大的时候，分母接近 1，从而逐渐没有修正。

注意 2：官方给出的参数建议值为 $\eta = 0.001, \rho = 0.9, \rho' = 0.99$。

21.6　正则化与范式

正则化（Regularization）是防止模型过拟合，增强模型的泛化能力。范式（Paradigm），主要有 3 个：L0、L1 和 L2。

在机器学习领域中，范式是一种正则化的方法，正则化还有很多其他方法，比如：数据增强、Dropout、Earlystopping。

1. 正则化

在一个神经网络中，可以有成百上千的参数，但是并不是每一个参数都是有用的，不是每一个参数都可以体现数据的本质特征。神经网络学习数据的时候，能学到数据的本质，也能学到一些没什么意义的东西。例如，考试卷子上第 3 个选择题选 B，模型可以学到真正的知识，从而正确地推导这道题的答案，这个就是模型的泛化能力，也是想要的能力；模型也可能学到考试卷子的第 3 题就选 B。这个就是过拟合情况，没学到本质。

正则化就是帮助模型学习泛化能力，避免过拟合的手段。

2. L0、L1、L2 范式

（1）L0 范式就是限制模型参数中非零参数的个数；

（2）L1 范式表示每一个参数绝对值的和；

（3）L2 范式表示每一个参数的平方和的开方值。

可以把范式看成附加到模型上的一些限制条件，让模型拘束着去学习泛化能力。L0 范式就是限制参数的非零个数，也可以说这是实现模型参数的稀疏化；L1 和 L2 会让模型的参数值较小。为什么较小参数值好呢？因为神经网络参数很多，没有限制的话，模型会尽可能地让所有的训练集都预测正确，这样往往是过拟合了，通过限制，让模型只能实现大多数样本的正确预测,这样就可以自发地避免一些对噪声数据、异常数据的学习,从而学到真实的正确的本质。

3. 其他的正则化手段

数据增强一般在图像处理中,比如对图像做一些增强处理,常见的有:随机旋转、随机平移、随机剪裁,让数据集尽可能地丰富多彩一些。

Dropout 就是随机让一些神经元失活,不起效果。

Earlystopping 是让模型提早停止训练。因为实现中不知道模型到底需要训练多少个 epoch 才能刚好达到最强泛化能力,而又不过拟合,所以就这是一个 Earlystopping,例如让验证集的预测准确率在 5 个 epoch 内都不再提升了,就说明模型训练可以,然后把 5 个 epoch 之前的模型文件作为最终的训练好的模型。

21.7　标签平滑正则化

标签平滑正则化(Label Smoothing Regularization,LSR)是通过向标签中添加噪声进行约束的方法。

例如,一个图像分类问题,总共有 3 个类别,猫狗鸟,假设一个图片是狗,那么类别就是 1。把这个标签经过 one-hot 编码转换,变成[0,1,0]。LSR 就是平滑了 one-hot 编码,变成 [0.1,1,0.1]。最终效果可能会有提升,可以作为提升模型效果的一个小技巧。

21.8　RBM 与 DBN

受限玻尔兹曼机(Restricted Boltzman Machine,RBM)的结构看起来就是两层的全连接层,但略有差别,如图 21.5 所示。

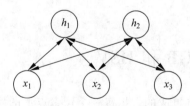

图 21.5　RBM 结构图

第一层(x 层)称为可见层,也有的称为输入层,第二层称为隐层或者隐藏层。RBM 之所以称为受限的,是因为同一层之间神经元没有连接。

注意:相比一般的全连接网络来说没有输出层。

不难发现,RBM 中权重是双向的,而一般神经网络中权重一般都是单向的、前向传播的。这是因为 RBM 在训练的时候不仅仅包括前向传播和梯度下降,还多了一个反向传播的过程(此处的反向传播不是常说的反向传播梯度下降的反向传播)。假设一个样本 3 个特征,从 x 层输入到 RBM 中,计算 h 的方法也和神经网络一致,以 h_1 为例:

$$h_1 = \text{activation}(x_1 w_{x_1,h_1} + x_2 w_{x_2,h_1} + x_3 w_{x_3,h_1} + b_{h_1}) \tag{21.14}$$

计算出来隐层的值,然后开始反向传播,重新计算 x 层的值,此处以 x_1 为例:

$$\hat{x}_1 = \text{activation}(h_1 w_{x_1,h_1} + h_2 w_{x_1,h_2} + b_{x_1}) \tag{21.15}$$

最后使用 KL 散度计算输入样本的分布和反向传播又得到了输入层的估计值的分布之间的距离,像是神经网络一样梯度下降。

从上述的过程可以发现,RBM 是一种无监督学习的模型,并且发现 RBM 与 AutoEncoder 特别相近。

而深度信念网络(Deep Belief Network,DBN)就是多个 RBM 的堆叠。训练过程主要分两步,如图 21.6 所示。

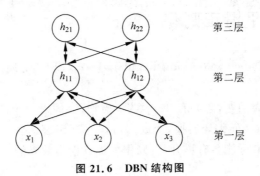

图 21.6 DBN 结构图

先训练第一层和第二层,假装第三层不存在。训练好一、二层之后,固定住一、二层的权重值,然后训练二、三层,就这样把所有层训练完。最后整个 DBN 一起训练,进行参数的微调。

总的来说,RBM 现在用的不是很多,RBM 与 AE 相近,而 DBN 与 Stack AE 模型非常相近。

21.9 图片的 RGB 和 HSV

一张黑白图片是由像素点组成的。把每一个像素点上的黑白颜色划分成 256 个级别,0 是黑色,255 是白色。这样,一张黑白图片就是一个矩阵,这个矩阵上每一个元素都对应一个像素的黑白强弱值。而在计算机看到的其实不是人眼看到的图片,而是这些表示图片颜色强度的矩阵。

一张彩色图片同样是由像素点组成的,但是每一个像素点都是彩色的。任意一种颜色可以通过光的三原色(红色、绿色、蓝色,即 Red、Green、Blue)的某种组合来实现,所以类似黑白强度矩阵,彩色图片可以分布三个大小相同的强度矩阵,分别表示红色强度、绿色强度和蓝色强度。这样组合起来就是一张任意色彩的彩色图片。

有时还会看到图片的 HSV,这是根据颜色的直观特性创建的,通俗来讲就是 H 表示色调(Hue),S 表示饱和度(Saturation),V 表示明度(Value)。色调 H 取值范围是 0°～360°,0°表示红色,120°是绿色,240°是蓝色,黄色 60°,青色 180°,品红 300°,这个色调就是光谱色。饱和度 S 的取值范围是 0%～100%,是光谱色(色调)与白色混合的程度,假如饱和度为 0%,就是白色;如果是 100%,就是光谱色。明度 V 表示颜色明亮的程度,形容一种反射程度,如果是 0,那么没有反射能力,图片是黑色的,如果是 1,反射能力非常强,看起来白茫茫一片。下面用图 21.7 来表示饱和度和明度的感觉。

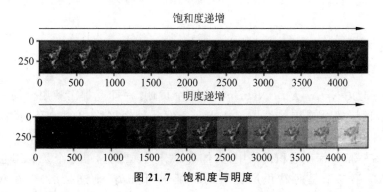

图 21.7　饱和度与明度

由图 21.7 可以看到饱和度低了有一种苍白的感觉,高了有一种过于浓艳的感觉;明度低了没反射能力跟黑洞一样,反射能力高了有点刺眼。

下面用 Python 来读取一张图片的 RGB 矩阵:

```
# 导入必要库
from cv2 import cv2
import numpy as np
# 读取图片
img = cv2.imread('eagle.jpg')
print('读取了 RGB 的变量尺寸: ', img.shape)
# 输出: 读取了 RGB 的变量尺寸: (512,773,3)
```

Img 的 3 个维度就是图片的高、宽、颜色。这证明了一张彩色图片可以分解为 3 个矩阵;下面把 RGB 转换为 HSV。

```
# 一步转换
hsv_img = cv2.cvtColor(img,cv2.COLOR_RGB2HSV)
print('色调最大值: ',np.max(hsv_img[:,:,0]))      # 色调最大值: 179
print('饱和度最大值: ',np.max(hsv_img[:,:,1]))    # 饱和度最大值: 255
print('明度最大值: ',np.max(hsv_img[:,:,2]))      # 明度最大值: 255
```

可以发现,色调为 0°～360°,这里显示最大 179,就是简单地减半。HSV 在 cv2 中用

$0\sim180$ 表示 $0°\sim360°$；另外饱和度和明度都是用 $0\sim255$ 来表示 $0\sim100\%$ 的取值。

另外有一个小知识点，如果使用 Python 的 Matplotplot.pyplot.imshow 来绘制 RGB 图片，会出现色差，这是因为读取 cv2 的图片是 RGB 的，而 plt.imshow 绘制图片是用 BGR 图片，所以，可以这样转换：

```
#一步转换
img = img[:,:,[2,1,0]]
#或者
img_hsv = cv2.cvtColor(img,cv2.COLOR_RGB2BGR)
```

21.10 网中网结构

2013 年的论文 *Network In Network* 有两个贡献：一个是提出了用全局池化层来代替一般卷积模型顶层的全连接分类器；另外一个就是神经网络中的神经网络（Network In Network，NIN）。

第一点，在一般的深度卷积网络中，大体可以分为两部分，第一个是利用卷积层对图片特征进行提取，第二个是对卷积层提取的特征进行分类（全连接层）。在 VGG 或者是 GoogLeNet 中，最后往往是预留出来 1000 个全连接节点。例如，假设卷积模块之后得到了 $7\times7\times512$ 的特征图，然后把特征图拉平，用输入 25088（$7\times7\times512$），输出 4000 的全连接层连接，激活函数再用输入 4000 输出 1000 的全连接层连接，这样可能就是典型的卷积模型的结构。但是这样的参数太多了，模型参数过多导致运算慢，甚至出现过拟合问题。

所以用全局池化层就很简单，假设还是要求出来 1000 个节点作为模型的最终输出，那么就直接让卷积模块输出 $7\times7\times1000$ 的特征图，然后用一个 7×7 的池化层进行处理就可以得到 1000 个输出节点了。

注意：这里的卷积模块是很多卷积层（可以加上 BN 层）。

第二个是 NIN 结构。这个结构很简单，就是在一个卷积层后面跟上两个 1×1 的卷积层，如图 21.8 所示。

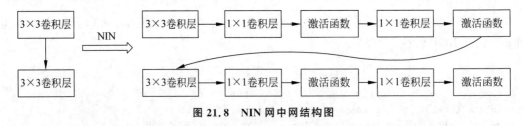

图 21.8 NIN 网中网结构图

通过增加 1×1 卷积和激活函数，来提升模型效果。之前的单个 3×3 卷积层称为 Conv 层，而使用了网中网增加了两组 1×1 卷积层和激活函数的称为 MLPConv。这里有两个概念需要分清楚。

(1) 首先在没有 NIN 结构之前的原始模型是一个 Network,用了 NIN 结构,一个卷积层变成了 3 个卷积层+2 个激活函数,这样可以看作一个卷积层变成了一个微型网络,所以就是另外的一个 Network,用微型网络代替卷积层堆积起来的 Network 就是 NIN(也可以理解为一个深一点的 Network)。

(2) 多层感知机(Multiple Layer Perceptron,MLP)简单说就是多个全连接层拼接起来的模型,那么为什么称为 MLPConv 呢? 因为假设两个 1×1 的卷积层是全连接层,那么再加上激活函数,就正是一个两层的 MLP 网络。而实际上 1×1 的卷积层可以看作一个全连接层。1×1 卷积层的卷积核其实是 1×1×channel 的长条形状的卷积核,可以看作是一个输入为 channel,输出为 1 的全连接层。不理解为什么等价的话可以先留下这个疑问,只需知道什么是 MLPConv 就可以。

注意:有的时候说全连接层是包含激活函数这个部分,有的时候全连接层就是指其中的线性计算部分,不过没有什么影响,根据语境自行判断即可。如果说全连接层是线性层,那么就不包括激活函数这个非线性组件。

MLPConv 的 PyTorch 实现如下:

```
def NIN_block(in_channels,out_channels,kernel_size,Stride,padding):
    blk = nn.Sequential(
    nn.Conv2d(in_channels,out_channels,kernel_size,Stride,padding),
    nn.ReLU(),
    # 模拟全连接的多层感知机
    nn.Conv2d(out_channels,out_channels,kernel_size = 1),
    nn.ReLU(),
    nn.Conv2d(out_channels,out_channels,kernel_size = 1),
    nn.ReLU()
    )
return blk
# 之前的卷积层
nn.Conv2d(in_channels,out_channels,kernel_size,Stride,padding),
# 现在改成 NIN
NIN_block(in_channels,out_channels,kernel_size,Stride,padding)
```

因为 PyTorch 官网没有给出实现的 NIN 结构,所以采用自定义函数 NIN_block,这个函数返回的就是一个微型网络。其中激活函数采用最简单的 ReLU,在代码的最后展示了如何使用这个定义的函数。其实就是把原来网络中的所有的 nn.Conv2d 改成 NIN_block,参数不用修改。

这里有一个比较常见的问题:为什么 MLPConv 的效果会比 Conv 好? 简单来说就是增加了模型的深度。在 Resnet 网络和 GoogLeNet 网络中,都有用 1×1 卷积层来增加深度并且降低计算量的操作,可能 NIN 是第一个提出这种可能性的架构。

21.11 *K*-近邻算法

KNN 听起来像是某种神经网络的名字,如 RNN、CNN 等,其实不然,这是一种经典、简单的分类算法——*K*-近邻算法(*K*-Nearest Neighbor,KNN)。与无监督学习讲解的聚类算法不同,KNN 是一个有监督算法。

整个算法流程也非常的简单。想象有一整个训练集,每一个样本都有特征 x 和标签 y。有一个测试数据,这个测试数据只有特征要去预测标签。这里需要有一个表示距离的算法,来衡量两个样本的特征之间的距离,例如:样本 1 的特征是 $[1,2,3]$,样本 2 的特征是 $[2,3,4]$,也许可以用欧氏距离作为两者特征距离的衡量。

以上都准备完毕后,开始 KNN 算法的流程:

(1) 计算出这个测试数据与所有训练集中的样本的距离;

(2) 对这个距离进行排序,然后选取距离测试数据最近的 k 个样本;

(3) 对这被选取的 k 个样本的标签进行统计,k 个样本中哪一种标签的数量最多,这个测试数据就属于哪个类别。

整个流程非常的简单,而且模型的准确度也比较高,但是计算量大,尤其是当训练集的数据量是千万级别的时候。

此外,在进行统计的时候,最简单的改进就是距离越小的样本的标签的权重越大,距离越远的样本的标签的权重小;这就是 KNN 的一个变种;另外一个就是用"选取一定距离范围内的样本"来代替"选取最近的 k 个样本",这就有点像无监督学习聚类算法中的密度聚类了。

21.12 模拟退火算法

模拟退火算法(Simulatied Annealing,SA)是一种避免局部最优的方法,这种方法可以看作是爬山算法的优化版本。首先什么是爬山算法(Hill Climbing)呢?

很简单,先说条件:有小山 A 和大山 B,两者之间有一个盆地 C,目标是走到尽可能高的地方去。全局最优解就是走到大山 B 上,局部最优解就是走到小山 A 上。爬山算法就是一种完全的贪婪算法,就是说,一个人每走一步都必须是向上走的。这意味着这个人可能走到小山 A 的顶上,也可能走到大山 B 上,这取决于这个人是从哪里出发的。

类比到机器学习上,一个模型梯度下降的时候,可能下降到局部最优点小山 A,也可能下降到全局最优点大山 B,这取决于机器学习参数初始化的好坏。

但是这不够好,有远见的人应该学会短暂放弃眼前利益去追求更大的机遇。这个人如果在小山 A 上可以放下身姿,穿过盆地 C,就可以登上更高峰大山 B。然而,爬山算法做不到这种效果。

爬山法完全不接受下降,也就是完全不接受不如现在的新状态,而 SA 有一定概率接受下降,接受一个更糟糕的状态。

这样的话,那个人就有可能从小山 A 上下来,走到盆地 C,然后走到大山 B 上了。但是上面并不能体现退火的含义。退火是指概率在退火。刚开始的时候,概率很大,这个人就像是漫无目的闲逛一样,上山下山都可以,然后随着时间的推移,概率逐渐减小(逐渐退火),算法逐渐从 SA 向爬山法靠拢,这个过程就是退火的过程。在神经网络中很多地方也会用到类似的思想,比如在增强学习中的 DQN 算法就是使用了 ε-贪婪学习算法,这个算法其实就是 SA。基于概率 ε,如果一个随机数大于 ε,那么就用贪婪算法,如果小于 ε,就随机地执行。然后 ε 会随着时间的推移逐渐减小。ε-贪婪学习某种意义上就是退火算法的另一个名字。

21.13　流形学习

流形学习是一种对于数据特征本质学习的过程。

欧氏距离可以衡量两个特征点之间的距离,这两个特征点的特征维度是二维的也好,是十维的也好,都可以用欧氏距离计算出距离。但是用欧氏距离计算高维数据的距离真的可以表示两者的距离吗?

把地球想象成一个三维空间坐标系,然后北京和上海的距离就不能用欧氏距离体现,而是用两者之间的球面距离(一个弧线而非两者之间的直线)体现。

所以在特征工程中,有很多高维度的数据,如果在高维度空间直接衡量他们的距离,也可以,但是需要找到一个适合高维度空间的、适合数据特征的距离函数。否则,可以把高维的特征映射到低维上,然后用低维的距离来表示样本的距离。

自编码器(Auto Encoder)就是一个降维的操作。可以把一个图片的高维数据降维成低维数据。

当然流形学习还有一个观点:生成。高维数据冗杂很多,所以通过降维操作来提取数据特征的本质,过滤冗余。高维数据冗杂太多,高维空间中并不是每一个点都是有意义的。假设要生成手写数字,高维空间中并不是每一个点都对应一张图片,因为有冗杂。所以把高维数据映射到低维空间中,这样低维空间中的数据较少冗杂,更能体现数据本质,从而低维空间中的每一个点都是有效的、可以生成图片的。再把低维数据映射回高维中,就可以产生有意义的图片了。这也是 VAE 和 GAN 中应用到的一些思想。

总之流形学习的思想有:

(1) 高维数据之间的距离衡量函数比较困难,不妨映射到低维中用欧氏距离。

(2) 高维空间并不是每一个点都有意义,用更能表示本质特征的低维空间来生成有意义的样本。

(3) 降维降低的是冗杂信息,希望保留的是本质特征,所以自编码器的使用其实非常广泛。

21.14 端侧神经网络 GhostNet(2019)

　　GhostNet 是华为诺亚方舟实验室提出的一个新型神经网络结构,目的类似 Google 公司提出的 MobileNet,都是为了硬件、移动端设计的轻小网络,但是其效果比 MobileNet 更好。

　　GhostNet 基于 Ghost 模块,其特点是不改变卷积的输出特征图的尺寸和通道大小,但是可以让整个计算量和参数数量大幅度降低。简单来说,GhostNet 的主要贡献就是减低计算量、提高运行速度的同时,精准度降低的更少了,而且这种改变,适用于任意的卷积网络,因为它不改变输出特征图的尺寸。下面来具体看一看 GhostNet 到底是怎么实现的。

　　GhostNet 发现了一个这样的问题:想象一张要进行分类的图片,这张图片经过卷积层,假设产生了 32 个通道的特征图,如果把 32 个通道的图画出来,变成 32 张黑白图片,那么可以保证每一个特征图都体现了原来图片不同的特征吗?

　　图 21.9 是处理 MNIST 手写数据集中第一层卷积层产生的 32 张特征图的图像,可以找到很多组重复的、极为类似的特征图。GhostNet 的想法就是,既然有这么多的特征图都是相似的,那么生成相似的特征图的那部分计算量就是多余的,可以节省。其中,相似的特征图,称为 Ghost。

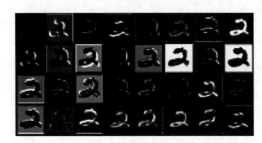

图 21.9　特征图比较

　　GhostNet 的整体结构是仿照 MobileNet-v3 的结构,只是用 Ghost Module 作为基本组件,这里也不多讲 MobileNet-v3 的结构了。从 GhostNet 中可以学到怎么用 GhostNet 的基本思想来降低模型的计算量。下面的内容就会围绕着 GhostNet 的 Ghost-Blockneck 展开。Ghost-Blockneck 是基于 Ghost Module 组件,还有 SE Module 和 Depthwise 卷积。

21.14.1　Ghost Module

Ghost Module 是 GhostNet 的主要贡献。代码如下:

```
class GhostModule(nn.Module):
    def __init__(self,inp,oup,kernel_size=1,ratio=2,dw_size=3,Stride=1,relu=True):
        super(GhostModule,self).__init__()
        self.oup = oup
```

```
            init_channels = math.ceil(oup / ratio)
            new_channels = init_channels * (ratio - 1)
            self.primary_conv = nn.Sequential(
                nn.Conv2d(inp, init_channels, kernel_size, Stride, padding = kernel_size//2, bias =
False),
                nn.BatchNorm2d(init_channels),
                nn.ReLU(inplace = True) if relu else nn.Sequential(),
            )
            self.cheap_operation = nn.Sequential(
                nn.Conv2d(init_channels, new_channels, dw_size, Stride = 1,
                        padding = dw_size//2, groups = init_channels, bias = False),
                nn.BatchNorm2d(new_channels),
                nn.ReLU(inplace = True) if relu else nn.Sequential(),
            )
        def forward(self, x):
            x1 = self.primary_conv(x)
            x2 = self.cheap_operation(x1)
            out = torch.cat([x1, x2], dim = 1)
            return out[:, :self.oup, :, :]
```

这是一个非常标准的 PyTorch 模型类的定义。代码中主要有以下内容需要注意。

（1）inp 就是输入的通道数，oup 就是输出的通道数。这里的参数 ratio 是一个重点，体现了特征图中有多少的特征图不是 Ghost 的比例。例如，生成 16 个特征图，如果 ratio＝2，就说明有 $\frac{16}{2}＝8$ 个特征图不是 Ghost，如果 ratio＝4，则只有 4 个特征图不是 Ghost。

（2）init_channels 为不是 Ghost 的特征图的通道数量，new_channels 为 Ghost 特征图的通道数量。两者相加应该是等于 oup 的，但是因为 math.ceil(oup/ratio) 是向上取整，所以可能出现两者相加大于 oup 的情况，所以在 forward 函数的 return 中，仅仅返回前 oup 个通道，来保证输出特征图和预想的通道数是一致的。

（3）整个过程也很简单，先用卷积生成 init_channels 通道数量的特征图，认为这些是有效的、不重复的，然后再用这些 init_channels 通道特征图通过卷积生成 new_channels 个 Ghost 通道特征图，是 Ghost 的和不是 Ghost 的在通道维度上拼接起来，就完事了。但是在生成 Ghost 特征图的过程中，卷积中出现了一个陌生的参数 groups 是分组卷积的知识，下一节会讲解。

（4）Conv 层＋BN 层＋ReLU 激活函数是标准配置。

21.14.2　分组卷积

之前在 MobileNet 的深度可分离卷积中已经讲了什么是 Depthwise，其实这就是分组卷积的一种形式。如果分的组数等于输入特征图的通道数，那么就是 Depthwise 了，如果分的组没有那么多，就是一般的分组卷积（Group Convolution）。具体区分如图 21.10 所示。

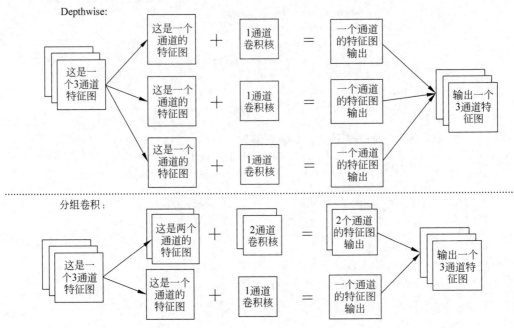

图 21.10 分组卷积与 Depthwise 的区别

在这里介绍分组卷积只是因为在代码中使用到了这个概念。在代码中可以看到生成 Ghost 特征图的时候,使用的是分组卷积(也是 Depthwise):

```
self.cheap_operation = nn.Sequential(
    nn.Conv2d(init_channels,new_channels,dw_size,Stride = 1,
            padding = dw_size//2,groups = init_channels,bias = False),
    nn.BatchNorm2d(new_channels),
    nn.ReLU(inplace = True) if relu else nn.Sequential(),
)
```

参数 groups 就是要分的组数,如果 groups 的数值等于输入通道数,那么就是 Depthwise 的方法。

注意:现在用分组卷积的话,一般就是用 Depthwise 的方法,所以要是看到 Depthwise,实现的时候要想到用分组卷积 groups 参数。

21.14.3 SE Module

SE(Squeeze-and Excitation)Module 是 SENet 网络提出的 Module,这个网络在 2017 年的 ImageNet 的图像分类任务中拿到了冠军。SENet 不做赘述,2017 年的冠军现在在 AI 领域中现在已经有点过时了,但是 SENet 的核心 SE Module 保留了下来。代码如下:

```
class SELayer(nn.Module):
    def __init__(self,channel,reduction = 4):
        super(SELayer,self).__init__()
        self.avg_pool = nn.AdaptiveAvgPool2d(1)
        self.fc = nn.Sequential(
                nn.Linear(channel,channel // reduction),  # //是求商,%是求余数.8//2 = 4,
8 % 2 = 0
                nn.ReLU(inplace = True),
                nn.Linear(channel // reduction,channel),
                )

    def forward(self,x):
        b,c,_,_ = x.size()
        y = self.avg_pool(x).view(b,c)
        y = self.fc(y).view(b,c,1,1)
        y = torch.clamp(y,0,1)
        return x * y
```

自适应池化层,可以随便设置池化之后的尺寸,都可以适应。例如,输入的维度是[16,64,7,7],batch 中有 16 个特征图,每张图片有 64 个通道,特征图的尺寸是 7×7 的,假设设置的参数是(5,7),那么可以得到的池化结果为[16,64,5,7]。具体过程就不讲解了,在这里只需了解怎么使用。

这里的参数是 1,那么就会产生[16,64,1]这样的结果。说白了,就是一个全局平均池化层。

继续上面的例子,把[16,64,1]变成[16,64]之后输入到全连接层,经过两层全连接层后还是[16,64]的尺寸,x×y 就是 SE Module 的最终返回值。

其实很好理解,相当于 SE Module 对通道进行了一个权重的评估。有的通道可能重要,有的通道可能不重要,所以经过这个过程让特征图的每一个通道,得到了一个权重值。如何体现权重值的? 就是让通道的每一个值,都乘上这个权重值,虽操作简单但是是有效果的。SE Module 中使用到了全连接层,如果每一层都是用 SE Module 的话,可能增加 10%左右的计算量。

参 考 文 献

[1] Han K, Wang Y, Tian Q, et al. GhostNet: More Features from Cheap Operations [J/OL]. (2020-05-13) [2020-07-01]. https://arxiv.org/pdf/1911.11907.pdf.

[2] Hu J, Shen L, Sun G. Squeeze-and-excitation networks[C]//Proceedings of the IEEE Conference on Computer Vision and Pattern Recognition,2018:7132-7141.

[3] Chen T, Guestrin C. Xgboost: A scalable tree boosting system[J/OL]. (2016-05-09) [2020-07-01]. https://arxiv.org/abs/1603.02754.

[4] Ke G, Meng Q, Finley T, et al. Lightgbm: A highly efficient gradient boosting decision tree[M]// Michael I J, LeCunY, Solla A. Advances in Neural Information Processing Systems. Cambridge, MA, USA:MIT Press,2017:3146-3154.

[5] Prokhorenkova L, Gusev G, Vorobev A, et al. CatBoost: unbiased boosting with categorical features [M]//Michael I J, LeCunY, Solla A. Advances in Neural Information Processing Systems. Cambridge,MA,USA:MIT Press,2017:6638-6648.

[6] Szegedy C, Liu W, Jia Y, et al. Going deeper with convolutions[C]//Proceedings of the IEEE Conference on Computer Vision and Pattern Recognition,2015:1-9.

[7] Ioffe S, Szegedy C. Batch normalization: Accelerating deep network training by reducing internal covariate shift[J/OL]. (2015-05-02)[2020-07-01]. https://arxiv.org/abs/1502.03167.

[8] Szegedy C, Vanhoucke V, Ioffe S, et al. Rethinking the inception architecture for computer vision// Proceedings of the IEEE Conference on Computer Vision and Pattern Recognition,2016:2818-2826.

[9] Szegedy C, Ioffe S, Vanhoucke V, et al. Inception v4, inception-resnet and the impact of residual connections on learning[C]//Thirty-first AAAI Conference on Artificial Intelligence,2017.

[10] He K, Zhang X, Ren S, et al. Deep residual learning for image recognition//Proceedings of the IEEE Conference on Computer Vision and Pattern Recognition,2016:770-778.

[11] Howard A G, Zhu M, Chen B, et al. Mobilenets: Efficient convolutional neural networks for mobile vision applications[J/OL]. (2017-04-17)[2020-07-01]. https://arxiv.org/abs/1704.04861.

[12] Tan M, Le Q V. Efficientnet: Rethinking model scaling for convolutional neural networks[J/OL]. (2019-05-28)[2020-07-01]. https://arxiv.org/abs/1905.11946.

[13] Johnson J, Alahi A, Fei-Fei L. Perceptual losses for real-time style transfer and super-resolutions[J/OL]. (2016-03-27)[2020-07-01]. https://arxiv.org/abs/1603.08155.

[14] Goodfellow I J, Pouget-Abadie J, Mirza M, et al. Generative Adversarial Networks [J/OL]. (2014-06-10)[2020-07-01]. https://arxiv.org/abs/1406.2661.

[15] Mirza M, Osindero S. Conditional Generative Adversarial Nets[J/OL]. (2016-03-27)[2020-07-01].

[16] Kingma D P, Welling M. Auto-encoding variational bayes[J/OL]. (2014-05-01) [2020-07-01]. https://arxiv.org/abs/1312.6114.

[17] Redmon J, Divvala S, Girshick R, et al. You Only Look Once: Unified, Real-Time Object Detection [C]// Computer Vision & Pattern Recognition. IEEE,2016.

[18] Redmon J, Farhadi A. YOLO9000: Better, Faster, Stronger[C]// IEEE Conference on Computer Vision & Pattern Recognition. IEEE,2017:6517-6525.

[19] Redmon J, Farhadi A. Yolo v3: An incremental improvement[J/OL]. (2014-04-08)[2020-07-01].

https://arxiv. org/abs/1804. 02767.

[20] Mnih V,Kavukcuoglu K,Silver D,et al. Playing Atari with deep reinforcement learning[J/OL]. (2013-12-26)[2020-07-01]. https://arxiv. org/abs/1312. 5602.

[21] Wang Z,Schaul T,Hessel M,et al. Dueling network architectures for deep reinforcement learning[J/OL]. (2016-04-05)[2020-07-01]. https://arxiv. org/abs/1511. 06581.

[22] Van Hasselt H, Guez A, Silver D. Deep reinforcement learning with double q-learning[J/OL]. (2015-12-08)[2020-07-01]. . https://arxiv. org/abs/1509. 06461.

[23] Radford A, Metz L, Chintala S. Unsupervised Representation Learning with Deep Convolutional Generative Adversarial Networks [J/OL]. (2016-01-07)[2020-07-01]. https://arxiv. org/abs/1511. 06434.

[24] Arjovsky M,Chintala S,Bottou L. Wasserstein GAN[J/OL]. (2017-12-07)[2020-07-01]. https:// arxiv. org/abs/1701. 07875.

[25] Gulrajani I,Ahmed F,Arjovsky M,et al. Improved Training of Wasserstein GANs[J/OL]. (2017-12-25)[2020-07-01]. https://arxiv. org/abs/1704. 00028.

[26] Larsen A B L,Sonderby S K, Larochelle H, et al. Autoencoding beyond pixels using a learned similarity metric[J/OL]. (2016-02-10)[2020-07-01]. https://arxiv. org/abs/1512. 09300.

[27] Bao J,Chen D,Wen F, et al. CVAE-GAN: fine-grained image generation through asymmetric training[C]//Proceedings of International Conference on Computer Vision,IEEE. 2017:2745-2754.

[28] Norvig P. How to write a spelling corrector[J/OL]. (2016-08-01)[2020-07-01]. http://norvig. com/spell-correct. html.

图书资源支持

感谢您一直以来对清华大学出版社图书的支持和爱护。为了配合本书的使用，本书提供配套的资源，有需求的读者请扫描下方的"书圈"微信公众号二维码，在图书专区下载，也可以拨打电话或发送电子邮件咨询。

如果您在使用本书的过程中遇到了什么问题，或者有相关图书出版计划，也请您发邮件告诉我们，以便我们更好地为您服务。

我们的联系方式：

地　　址：北京市海淀区双清路学研大厦 A 座 701

邮　　编：100084

电　　话：010-83470236　010-83470237

资源下载：http://www.tup.com.cn

客服邮箱：tupjsj@vip.163.com

QQ：2301891038（请写明您的单位和姓名）

用微信扫一扫右边的二维码,即可关注清华大学出版社公众号。

教学资源·教学样书·新书信息

人工智能科学与技术
人工智能|电子通信|自动控制

资料下载·样书申请

书圈